컬러판

전기설비 보수·관리

알기 쉬운 측정 실무

타누마 카즈오 지음 / **백주기** 감역 / **고운채** 옮김

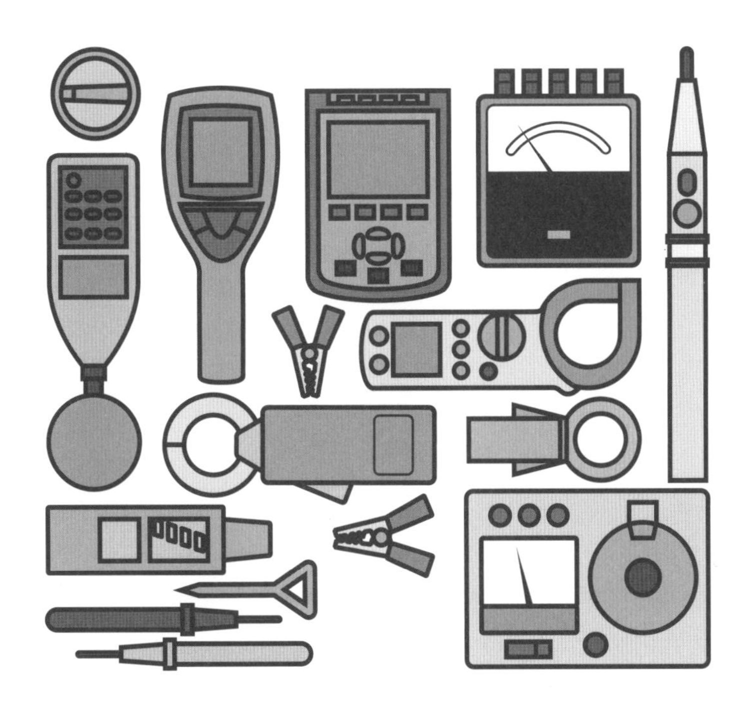

BM (주)도서출판 **성안당**

日本 옴사 · 성안당 공동 출간

전기설비 보수·관리

알기 쉬운 **측정 실무**

서문

자가용 전기설비는 운전하고 있는 동안에 서서히 열화되어 효율이 저하하거나 고장이 발생하기도 합니다. 또한 감전이나 화재 등 재해의 원인이 되기도 합니다. 이 때문에 자가용 전기설비를 보수·관리하는 전기기술자는 항상 전기설비의 상태를 파악해 두어야 하며, 불량이나 이상 또는 고장의 징후가 발견된 경우에는 적절하게 대응하여 전기의 보안확보를 위해 노력해야 합니다.

그러나 전기는 눈에 보이지 않기 때문에 전기설비의 점검에는 각종 측정기를 사용할 필요가 있습니다. 이 측정기들은 잘못 사용하면 정밀도에 큰 영향을 미칩니다. 경우에 따라서는 중대한 실수나 위험에 빠질 우려가 있습니다.

이 책에서는 자가용 전기설비 보수·관리 현장에서 사용하는 기본적인 측정기와 편리한 측정기 등을 예시하고, 그 측정원리부터 취급방법, 측정 상의 주의점 등을 구체적으로 설명합니다. 또한 측정의 포인트와 주의점을 이해하기 쉽도록 사진이나 도표를 많이 실었습니다.

현장의 측정에서는 노이즈나 측정조건의 변화 등 다양한 외부적인 방해가 있기 때문에 오차를 피할 수 없지만, 그것을 가능한 한 최소한으로 억제한 정확한 측정이 요구되고 있습니다. 또한 최근의 측정기는 디지털 타입이 주류를 이루고 있습니다. 기기의 디지털화에 의해 기능이 고도화되고 있으며, 사용에 대하여 특별한 지식이나 숙지가 필요하지 않은 반면, 내부의 구조나 동작원리를 알기 어려워 블랙박스화가 진행되고 있습니다.

이와 같은 상황에서도 측정기의 동작원리와 그 특성을 충분히 이해해 두면, 큰 실수를 피할 수 있고, 또한 측정조건이 바뀌어도 대응할 수 있습니다. 이 때문에 이 책에서는 측정원리를 자세하게 설명하고 있습니다.

또한 측정값의 취급방법이나 정밀도·오차의 판단방법 등 측정에 관한 기본적인 사항과 함께 계기의 교정이나 트레이서빌리티 등 품질관리에 관한 사항도 설명하고 있습니다. 이것들을 이해하게 되면 측정결과를 유효하게 활용할 수 있습니다.

이 책이 많은 분들의 측정 현장에 조금이라도 도움이 될 수 있기를 기원합니다.

2015년 11월

다누마 카즈오

차례

제1장 측정의 기초

제2장 전류 측정

제3장
절연저항 측정

제4장
접지저항 측정

제5장 온도 측정

제6장 전원품질 측정

제7장 차단기·케이블의 사고지점 탐사

제8장 환경·에너지 절약 측정

제9장 전기안전·기타

제10장 측정기 관리

제1장

측정의 기초

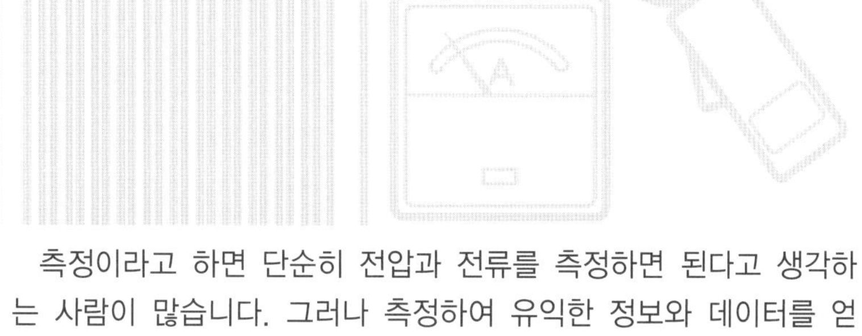

측정이라고 하면 단순히 전압과 전류를 측정하면 된다고 생각하는 사람이 많습니다. 그러나 측정하여 유익한 정보와 데이터를 얻기 위해서는 다양한 연구가 필요합니다. 창의적인 연구를 통하여 측정의 정밀도와 질은 향상됩니다. 이것이 측정자의 기술을 보여줄 수 있는 부분입니다. 그러기 위해서는 당연히 측정기 자체의 취급 방법을 알아야 하며, 측정 기법에 대한 지식도 필요합니다.

이 장에서는 측정방법에 관한 기본적인 사항에 대하여 기술했습니다. 특히 오차와 정밀도, 유효숫자의 판단법은 측정 전반에 관련된 중요한 문제입니다. 측정에 관한 폭넓은 지식을 습득함으로써 측정목적을 달성할 수 있습니다.

또한 최근에는 디지털 측정기가 많아져 디지털로 표시하면 정밀도가 좋을 것으로 생각되지만, 디지털이라고 해서 반드시 정밀도가 높은 것만은 아닙니다. 표시되는 부분이 디지털일 뿐이어서 측정값을 읽는 데 오차가 없을 뿐이므로 주의가 필요합니다.

1 측정방법

사진 1 큐비클 반용전류계

사진 2 휴대용 전압계

사진 3 디지털 멀티 미터

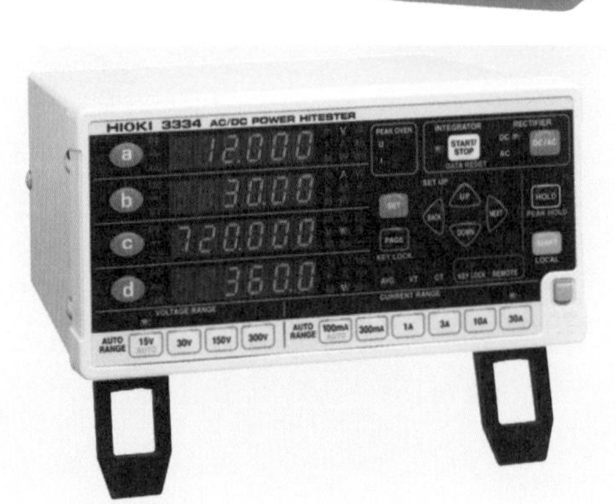

사진 4 벤치탑 전력계

(1) 전기의 시각화

전기는 눈에 보이지 않기 때문에 흐르고 있는 전류의 크기나 공급되고 있는 전압 수치, 전력의 사용 상황 등을 오감으로 감지할 수 없습니다. 이와 같이 보이지 않는 전기를 시각화하는 것이 측정기입니다.

사진 1~사진 4는 자가용 전기설비의 보수·관리 현장에서 자주 사용되는 측정기의 일례입니다. 측정기에는 여러 종류가 있으므로 측정 목적에 맞는 것을 사용해야 합니다.

또한 어디를 측정할 것인지, 측정 시 주의해야 할 점은 무엇인지도 알아야 합니다.

측정기를 능숙하게 다루어 전기를 '시각화' 하기 위해서는 측정기의 원리는 물론, 측정기의 사양, 취급방법 등을 잘 이해하는 것이 중요합니다.

(2) 측정과 계측

무엇인가를 재는 것을 '측정'이라고 하거나 '계측'이라고도 하지만, 일반적으로는 같은 의미로 사용되고 있습니다.

그러나 일본공업규격 JIS Z 8103(계측용어)에서는 측정과 계측을 다음과 같이 정의하고 있습니다.

① 측정

어떠한 양을 기준으로 하여 이용하는 양과 비교하여, 수치 또는 부호를 이용하여 나타내는 것.

② 계측

특정한 목적을 가지고 사물을 양적으로 파악하기 위한 방법 · 수단을 연구하고 실시하며, 그 결과를 이용하여 소기의 목적을 달성하는 것.

이 정의에 따르면, '측정'이란 단순히 '양을 수치화한다'는 의미입니다.

반면, '계측'은 '목적 · 수단 · 실시 · 결과(평가)'의 의미를 가지고 있는 것으로, 보다 포괄적인 의미가 있습니다.

또한 '측정', '계측' 이외에 '계량'이라는 용어를 사용하는 경우도 있습니다. 계량법에서는 사물 또는 서비스 거래에 관계되는 계측을 계량이라 정의하고 있습니다. 여기에는 거래용 전력량계와 수도 미터 등이 해당되며, 검정의 의무나 유효기한도 있습니다.

이것들의 용어에 관한 것은 그림 1과 같습니다.

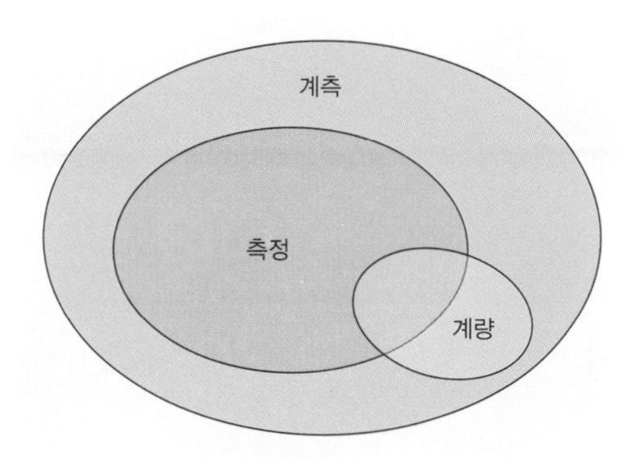

그림 1 측정 · 계측 · 계량

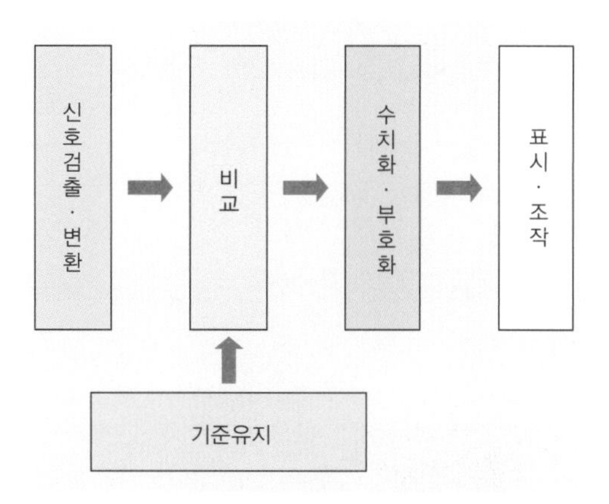

그림 2 측정기의 기본기능

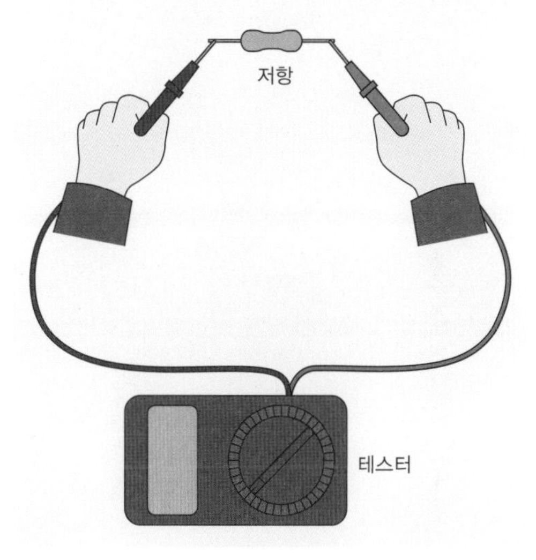

그림 3 직접 측정

(3) 측정기의 기능

측정의 정의는 전술한 바와 같이 '어떠한 양을 기준으로 하여 이용하는 양과 비교하여, 수치 또는 부호를 이용하여 나타내는 것'이므로 최소한 그림 2에 나타낸 기능이 필요합니다.

① 신호검출 · 변환기능

센서로 대상에 관한 정보를 수집하여 이것을 전기량으로 변환합니다. 변환된 양이 센

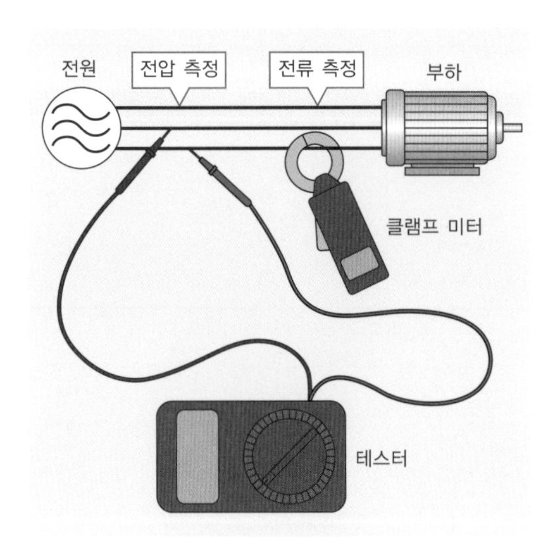

그림 4 간접 측정

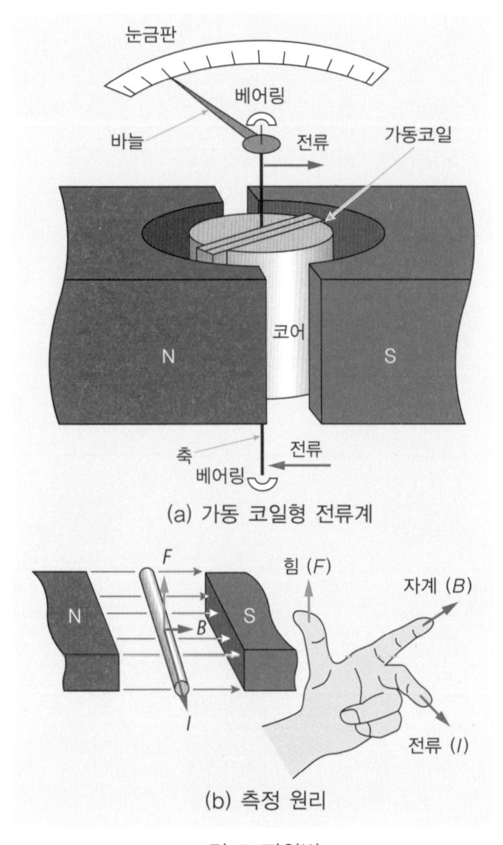

그림 5 편위법

서의 출력신호가 됩니다. 센서는 입력신호를 검출하므로 검출기라 불리는 경우도 있습니다. 또한 전기신호로 변환하므로 변환기라고도 합니다.

② 기준량과의 비교 기능

기준이란 측정된 양의 척도가 되는 양입니다. 따라서 유지하기 쉽고 비교하기 쉬운 전압과 저항 등이 자주 사용됩니다.

③ 수치화 · 부호화 기능

비교된 측정대상의 신호는 수치화 또는 부호화되어 측정기에 표시됩니다. 아날로그형의 경우 비교와 표시가 동시에 일어나는 경우가 많습니다.

④ 표시 · 조작 기능

표시 및 조작은 측정기와 사람의 인터페이스 부분입니다.

(4) 측정법

① 직접 측정과 간접 측정

측정량과 동일한 종류의 기준량을 직접 비교하여 그 양을 측정하는 것이 직접 측정입니다. 그림 3과 같이 테스터로 직접 저항을 재는 경우가 이에 해당합니다.

한편, 측정량과 일정한 관계가 있는 다른 측정량을 측정하고, 이로부터 계산을 통해 구하는 것이 간접 측정입니다. 그림 4와 같이 테스터와 클램프 미터로 전압과 전류를 측정하여 연산($P=V\cdot I$[W])에 의해 전력을 구하는 경우가 이에 해당합니다.

② 편위법과 영위법

측정량을 0에서의 편위로 변환하여 읽어내는 방식을 편위법이라고 합니다. 그림 5(a)와 같은 가동 코일형 전류계가 이에 해당됩니다. 가동 코일형 전류계는 그림 5(b)의 플레밍의 왼손 법칙을 사용한 측정기입니다. 가동 코일에 측정전류를 흘리면 자계 내에서 코일에 토크가 발생하여 회전합니다. 코일에는 바늘이 고정되어 있으므로 눈금을 읽을 수 있습니다.

편위에 필요한 전력은 측정 대상에서 취하므로 대상의 상태가 변하는 경우가 있습니다.

영위법은 측정량과 독립되어 크기를 조정할 수 있는 기준량을 따로 준비하고, 이 기준량을 측정량과 평형하도록 하여 기준량의 크기로부터 측정량을 구하는 방식입니다. 전위차계와 그림 6(a)와 같은 휘트스톤 브리지 등이 이 방식입니다.

그림 6(b)는 휘트스톤 브리지의 원리도입니다. 가변저항를 조정하여 검류계에 흐르는 전류를 0으로 했을 때 다음의 관계가 성립합니다.

$$I_A \cdot R_A = I_S \cdot R_B$$

$$I_X \cdot R_X = I_S R_S$$

$$\therefore \frac{I_S}{I_X} = \frac{R_X}{R_S} = \frac{R_A}{R_B}$$

$$\therefore R_X = \frac{R_A}{R_B} \cdot R_B$$

이런 식으로 미지의 저항 R_x를 측정할 수 있습니다.

편위법과 영위법의 비교를 표 1에 나타냈습니다.

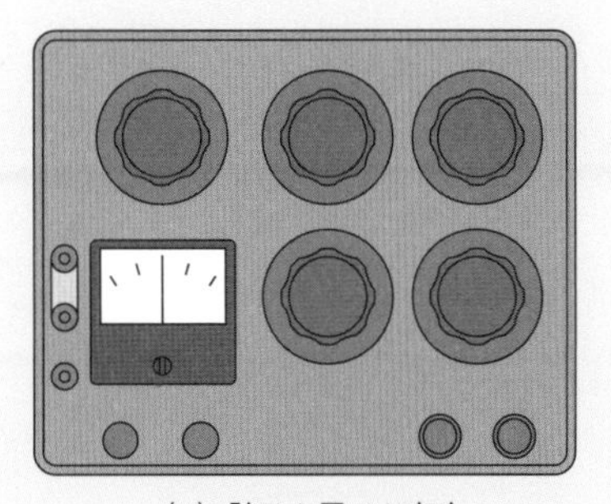

(a) 휘트스톤 브리지

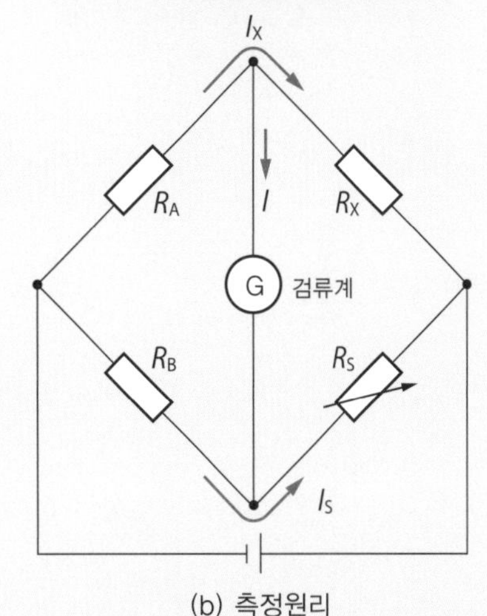

(b) 측정원리

R_X : 미지저항, R_S : 가변저항(기지),
R_A, R_B : 기지저항, I, I_X, I_S : 지로전류

그림 6 영위법

표 1 편위법과 영위법의 비교

항목	편위법	영위법
조작	지시값을 읽기만 하면 됨 (간단)	측정량과 기준량이 동등하게 될 때까지 조정이 필요
측정에너지	측정대상에서 공급함(측정기 자체가 부하)	측정대상으로부터 에너지를 취하지 않음
측정값의 변동	따라가면 연속적으로 지시	재조정이 필요
정밀도	측정량의 정밀도는 측정기의 정밀도보다 정밀도가 떨어짐	기준량의 정밀도로 측정 가능 (정밀측정에 적합)

2 단위와 오차

표 1 기본단위

	양	단위의 명칭	단위기호
(a)	길이	미터	m
(b)	질량	킬로그램	kg
(c)	시간	초	s
(d)	전류	암페어	A
(e)	열역학 온도	켈빈	K
(f)	물질량	몰	mol
(g)	광도	칸델라	cd

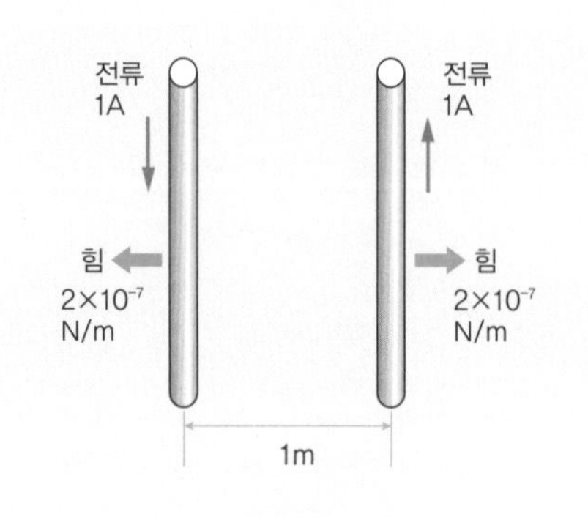

그림 1 암페어의 정의

표 2 조립단위의 예
(기본단위를 이용하여 표현되는 것)

양	단위의 명칭	단위기호
면적	제곱미터	m^2
부피	큐빅미터	m^3
속도	초당미터	m/s
가속도	초 제곱당 미터	m/s^2
파수	미터	m−1
밀도	미터 세제곱당 킬로그램	kg/m^3
전류밀도	미터 제곱당 암페어	A/m^2
자계강도	미터당 암페어	A/m
농도(물질량)	미터 세제곱당 몰	mol/m^3
휘도(밝기)	미터 제곱당 칸델라	cd/m^2

(1) 단위

어떤 양을 수치로 나타낼 경우에는, 그와 동일한 종류의 일정량과 비교할 필요가 있습니다. 이 비교 기준이 되는 특정 양이 단위입니다.

소수의 '기본 단위'와 그것들을 조합하여 산출된 다수의 '조립단위'로 구성되는 합리적인 단위의 체계를 단위계라 합니다.

통상적으로는 국제단위계(SI)가 사용되는데, 그 밖에 MKS 단위계, MKSA 단위계, CGS 단위계 등도 있습니다.

(2) 국제단위계

국제단위계는 국제도량형위원회가 1960년에 '모든 나라가 채용할 수 있는 실용적인 하나의 단위제도'로서 결정한 것으로, 현재 많은 국가에서 의무적으로 사용되고 있습니다.

일본 내에서는 일본 공업규격(JIS)이 1991년에 국제단위계에 준거되었습니다.

① 기본단위

기본이 되는 단위로, 단위끼리는 서로 독립되어 있다. 표 1에 나타낸 7개의 단위가 있습니다. 기본단위 정의는 다음과 같습니다.

(a) 미터(m) : (1/299,792,458)초의 시간에 빛이 진공 속을 통과하는 거리

(b) 킬로그램(kg) : 질량의 단위이며, 국제

킬로그램원기의 질량과 동일

(c) 초(s) : 세슘 133 원자의 기저상태의 2개의 초미세 준위 사이의 천이에 대응되는 방사 주기의 9,192,631,770배의 연속 시간

(d) 암페어(A) : 진공 중에 1미터 간격으로 평행하게 배치된 무한하게 작은 원형 단면적을 가지며 무한하게 긴 2줄의 직선도체의 길이 1미터당 2×10^{-7} 뉴턴의 힘이 발생되게 하는 각각의 직선도체에 흐르는 전류의 크기

그림 1에서 암페어의 정의를 나타냈습니다.

(e) 켈빈(k) : 물의 삼중점의 열역학 온도의 1/273.16

(f) 몰(mol) : 0.012킬로그램의 탄소12에 포함되는 원자와 동일한 수의 요소입자를 포함하는 계의 물질량

(g) 칸델라(cd) : 주파수 540×10^{12} 헤르츠의 단색 방사를 방출하여, 특정 방향에서의 방사 강도가 스테라디안 당 1/683와트인 광원의 해당 방향에서의 광도

② 조립단위

기본단위끼리의 연산에서 얻어지는 단위입니다. 표 2에 기본단위를 사용하여 표시되는 조립단위의 예를 나타냈습니다. 또한 표 3은 고유 명칭과 기호로 나타나는 조립단위의 예입니다.

③ 접두어

물리량을 단위만으로 나타내면 수치에 따라 자릿수가 커져 취급이 복잡해지는 경우가 있습니다. 이러한 경우에 사용하는 것이 표

표 3 조립단위의 예
(고유명칭, 기호를 사용하는 것)

양	단위명칭	단위기호	단위 또는 다른 조립단위에 의한 표시방법
주파수	헤르츠	Hz	s^{-1}
힘	뉴턴	N	$kg\cdot m/s^2$
압력, 응력	파스칼	Pa	N/m^2
에너지	줄	J	N·m
작업률	와트	W	J/s
전하, 전기량	쿨롱	C	A·s
전압, 기전력	볼트	V	J/C
정전용량	패럿	F	C/V
전기저항	옴	Ω	V/A
컨덕턴스	지멘스	S	Ω^{-1}
자속	웨버	Wb	V·s
자속밀도	테슬라	T	Wb/m2
인덕턴스	헨리	H	Wb/A
광속	루멘	lm	cd·sr
조도	럭스	lx	lm/m2

표 4 접두어

제곱수	명칭	기호
10^{24}	요타(yotta)	Y
10^{21}	제타(zetta)	Z
10^{18}	엑사(exa)	E
10^{15}	페타(peta)	P
10^{12}	테라(tera)	T
10^{9}	기가(giga)	G
10^{6}	메가(mega)	M
10^{3}	킬로(kilo)	k
10^{2}	헥토(hecto)	h
10^{1}	데카(deca)	da
10^{-1}	데시(deci)	d
10^{-2}	센티(centi)	c
10^{-3}	밀리(milli)	m
10^{-6}	마이크로(micro)	μ
10^{-9}	나노(nano)	n
10^{-12}	피코(pico)	p
10^{-15}	펨토(femto)	f
10^{-18}	아토(atto)	a
10^{-21}	젭토(zepto)	z
10^{-24}	욕토(yocto)	y

표 5 오차의 종류

계통오차	이론오차	측정원리에 기인하는 오차
	측정기오차	각각의 측정기가 갖는 고유 오차 시간의 경과에 따른 구성부품의 변화, 교정 부족 등에 기인함
	개인오차	측정자 개인의 버릇에 의한 오차 측정 눈금을 읽을 때, 크게 읽는가 작게 읽는가, 짝수로 읽는가 홀수로 읽는가 등의 습관
과실오차		
우연오차	계통오차나 과실오차 이외의 오차로, 원인이 판명되지 않고 우연성에 지배되는 오차 공기의 흔들림, 측정기의 진동 등의 환경조건이 원인이 될 수 있으며, 측정값에 편차가 나타남	

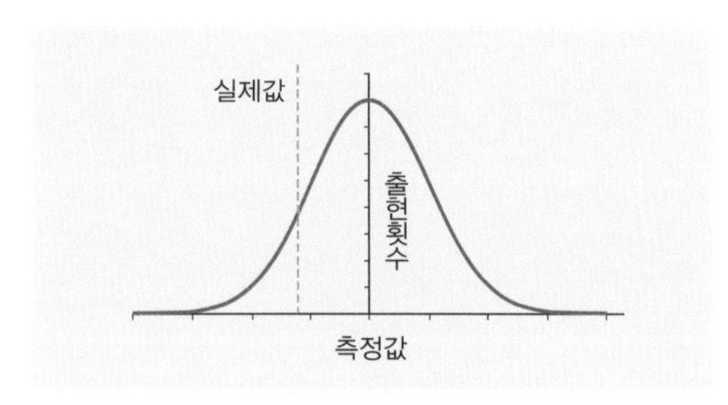

그림 2 정규분포

실제값	정확성	정밀성
	○	○
	×	○
	○	×
	×	×

그림 3 정확성과 정밀성

4의 접두어입니다. 접두어를 사용하면 10의 정수 제곱배로 나타낼 수 있습니다.

(3) 오차

측정 시에 아무리 세밀하게 측정을 해도 실제값을 구할 수 없습니다. 따라서, 측정에 오차가 포함되는 것을 피할 수 없습니다.

측정값을 M, 실제값을 T라고 하면, 오차 ε는 다음 식으로 표현할 수 있습니다.

$$\varepsilon = M - T$$

오차 ε를 실제값 T에 대한 백분율로 표현한 것을 오차율 ε'라고 하며, 다음 식으로 표현할 수 있습니다.

$$\varepsilon' = \frac{M-T}{T} \times 100[\%]$$

오차를 오차율로 특별히 구별할 때는 절대오차라고 부릅니다.

오차를 그 성질에 따라 분류하면 표 5와 같습니다.

(4) 정밀도

같은 조건에서 측정을 반복하면 그림 2와 같은 결과를 얻을 수 있습니다. 이 그림은 x축이 측정값, y축이 출현횟수입니다. 출현횟수가 가장 많은 측정값의 좌우 대칭으로 편차를 가진 분포가 만들어집니다. 이러한 분포를 정규분포(가우스 분포)라고 합니다.

또한 정밀도란 측정 결과의 정확성과 정밀성을 포함한 측정량의 실제값과의 일치 정도를 말합니다. 정확성은 한쪽으로 치우치는 정도가 작은 정도를 말하며, 정밀성은 편차가 작은 정도를 말합니다.

정확성과 정밀성을 정규분포로 나타내면 그림 3과 같습니다.

(5) 측정값의 처리

① 오차의 전파

간접 측정의 경우, 복수의 측정값을 사용하여 계산에 의한 값을 구합니다. 이 때, 각각의 측정값의 오차가 계산결과에 미치는 영향을 오차의 전파라고 합니다.

실제값 X_1, X_2의 측정값이 x_1, x_2이고, 각각의 오차를 ε_1, ε_2라고 하면,

$$X_1 = x_1 + \varepsilon_1$$
$$X_2 = x_2 + \varepsilon_2$$

가 됩니다.

이 경우, 가감승제의 오차가 어떻게 되는지를 그림 4에 나타냈습니다. 또한 곱셈계산의 예를 그림 5에 나타냈습니다.

② 유효숫자

측정값이 많은 자릿수로 표현되어 있어도, 오차보다 작은 자릿수의 수치는 의미가 없습니다. 유효숫자란 측정된 수치 중 의미가 있는 부분을 말합니다.

예를 들어, 그림 6의 예시에서는 전압계의 바늘이 1.4V에서 1.5V의 사이를 가리키고 있습니다(아래 눈금). 바늘은 1.5V보다 1.4V에 가까우며, 1.42V 정도라고 할 수 있습니다. 그러나 마지막 자릿수는 부정확하기 때문에 이 예에서는 유효숫자는 두 자릿수로 표시해야 합니다.

이와 같이 유효숫자를 고려하면 예를 들어 5.0V와 5.00V는 동일하지 않습니다. 5.0V

$$X = X_1 \pm X_2 = (x_1 + \varepsilon_1) \pm (x_2 + \varepsilon_2)$$
$$= (x_1 \pm x_2) + (\varepsilon_1 \pm \varepsilon_2)$$

X의 오차는 $\varepsilon = \varepsilon_1 \pm \varepsilon_2$이며, 각각의 절대오차의 합 또는 차가 된다.

(a) 합차의 경우

$$X = X_1 \times X_2 = (x_1 + \varepsilon_1) \times (x_2 + \varepsilon_2)$$
$$= x_1 x_2 + x_1 \varepsilon_2 + x_2 \varepsilon_1 + \varepsilon_1 \varepsilon_2$$

$\varepsilon_1 \varepsilon_2$는 값이 작으므로,

$$X \fallingdotseq x_1 x_2 + x_1 \varepsilon_2 + x_2 \varepsilon_1$$

X의 오차는 $\varepsilon = x_1 \varepsilon_2 + x_2 \varepsilon_1$가 된다. $x_1 x_2$로 나누어 상대오차를 구하면,

$$\frac{\varepsilon}{x_1 x_2} = \frac{x_1 \varepsilon_2 + x_2 \varepsilon_1}{x_1 x_2} = \frac{\varepsilon_1}{x_1} + \frac{\varepsilon_2}{x_2}$$

가 되며, 각각의 상대오차의 합이 된다.

(b) 곱의 경우

$$X = \frac{X_1}{X_2} = \frac{x_1 + \varepsilon_1}{x_2 + \varepsilon_2} = \frac{x_1}{x_2}\left(\frac{x_1 + \varepsilon_1}{x_1}\right)\left(\frac{x_2}{x_2 + \varepsilon_2}\right)$$
$$= \frac{x_1}{x_2}\left(1 + \frac{\varepsilon_1}{x_1}\right)\left(1 + \frac{\varepsilon_2}{x_2}\right)^{-1}$$
$$\fallingdotseq \frac{x_1}{x_2}\left(1 + \frac{\varepsilon_1}{x_1}\right)\left(1 - \frac{\varepsilon_2}{x_2}\right)$$
$$\fallingdotseq \frac{x_1}{x_2}\left(1 + \frac{\varepsilon_1}{x_1} - \frac{\varepsilon_2}{x_2} - \frac{\varepsilon_1 \varepsilon_2}{x_1 x_2}\right)$$

$\varepsilon_1 \varepsilon_2$는 값이 작으므로,

$$X \fallingdotseq \frac{x_1}{x_2} + \frac{x_1}{x_2}\left(\frac{\varepsilon_1}{x_1} - \frac{\varepsilon_2}{x_2}\right)$$

X의 오차는 $\varepsilon = \frac{x_1}{x_2}\left(\frac{\varepsilon_1}{x_1} - \frac{\varepsilon_2}{x_2}\right)$가 된다. $\frac{x_1}{x_2}$로 나누어 상대오차를 구하면,

$$\frac{\varepsilon}{(x_1/x_2)} = \frac{\varepsilon_1}{x_1} - \frac{\varepsilon_2}{x_2}$$

가 되며, 각각의 상대오차의 차가 된다.

(c) 나누기의 경우

(a)는 절대오차, (b), (c)는 상대오차의 크기를 유사한 정도로 하는 것이 좋다.

(주) 상대오차란 오차/측정값을 말한다.

그림 4 오차의 전파

부하의 전압과 전류를 측정하여 다음의 측정값을 얻었다. 이 측정값을 이용하여 계산하여 전력을 구하면, 오차의 전파에 의하여 정밀도는 어떻게 될까?

전압	102.5V	오차	±0.1V
전류	3.17A	오차	±0.02A

그림 4(b)에서,

$X \fallingdotseq 102.5 \times 3.17 \pm (102.5 \times 0.02 + 3.17 \times 0.1)$

$= 324.925 \pm (2.367)$ 〔W〕

$X_{max} \fallingdotseq 324.925 + 2.367 = 327.292$ 〔W〕

신뢰값은 2자리이다.

그림 5 오차 계산 예

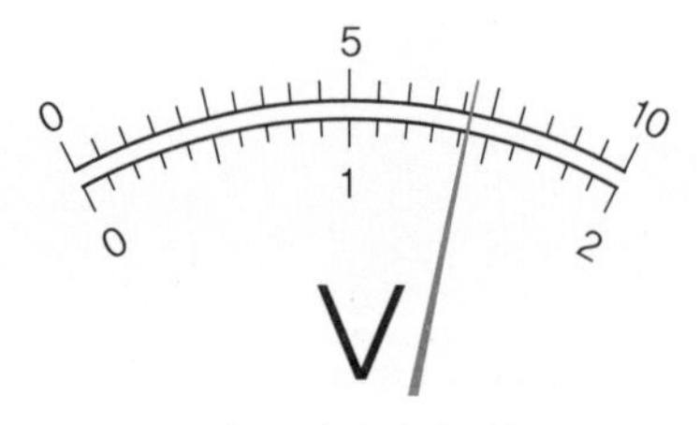

그림 6 전압계의 바늘

어떤 수치를 유효숫자 n자리 또는 소수점 이하 n자리의 수치로 반올림하는 경우는,

① (n+1)자리의 숫자가 5 이하

반올림한다

② (n+1)자리의 숫자가 5일 경우로, (n+2)자리 이하의 숫자가 0이 아닌 경우

반올림에 의해 올린다

③ (n+1)자리의 숫자가 5일 경우로, (n+2)자리 이하의 숫자가 불명 또는 0

n자리가 짝수일 경우 버림을 하고, 홀수인 경우는 올림을 한다

그림 7 수치 반올림 방법

는 5±0.05V의 범위에 전압이 존재하고, 5.00V는 5±0.005V의 범위에 전압이 존재하는 것을 의미합니다.

JIS Z 8401에서는 측정값을 반올림할 경우의 원칙이 정해져 있습니다(그림 7).

또한, 사칙연산을 하는 경우의 유효숫자의 고려 방법은 다음과 같습니다.

- 합차의 경우는 원래의 유효숫자 중 소수점 이하의 자릿수가 가장 적은 것에 맞춥니다.

(예)

$1.42 \times 10^{-8} - 0.3 \times 10^{-8}$

$= 1.1 \times 10^{-8}$

- 곱셈과 나눗셈의 경우는 원래의 유효숫자 중에서 자릿수가 가장 작은 것에 맞춥니다.

(예)

$2.34 \times 4.5 = 1.1 \times 10^{1}$

(6) 불확실성

최근에는 오차나 정밀도 대신에 불확실성을 사용하게 되었습니다. 이것은 오차나 정밀도는 실제값을 기준으로 한 것이지만, 실제로는 실제값을 알 수 없기 때문입니다. 그래서 실제값은 아무도 모른다는 전제 하에 측정값의 분산, 편차를 통계적으로 처리하여 추정한 것이 불확실성입니다.

불확실성은 예를 들어 전압측정의 경우, 측정값 120V, 불확실성 ±1V, 신뢰도 95% 등으로 표현합니다.

3 아날로그와 디지털

(1) 아날로그, 디지털 측정

사진 1(a)는 아날로그 측정기의 표시부, 사진 1(b)는 디지털 측정기의 표시부입니다. 최근에는 디지털 측정기가 주류가 되고 있습니다만, 아날로그 측정기도 아직 많이 사용되고 있습니다.

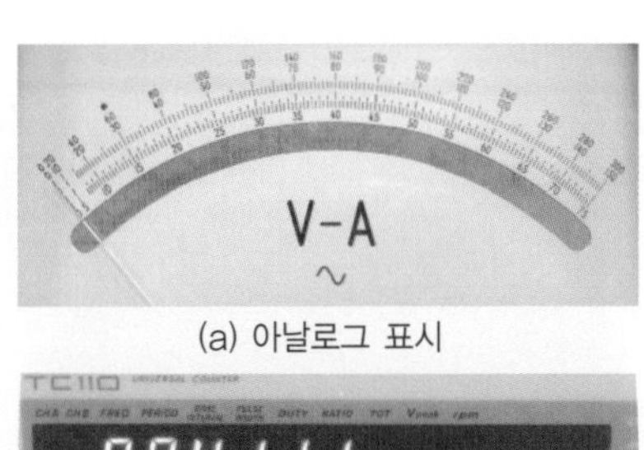

(a) 아날로그 표시

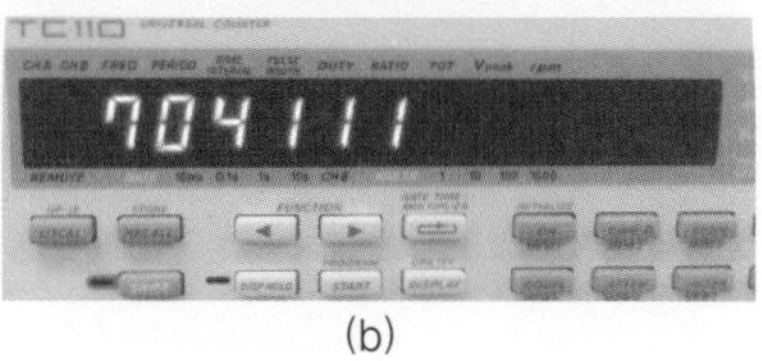

(b)

사진 1 측정기의 표시부

아날로그(analog)란 상사적이라는 의미로, 크기가 연속적으로 변화하는 것을 말합니다.

그림 1과 같이 자연계에 존재하는 온도, 무게, 전력 등의 물리량은 모두 아날로그량입니다.

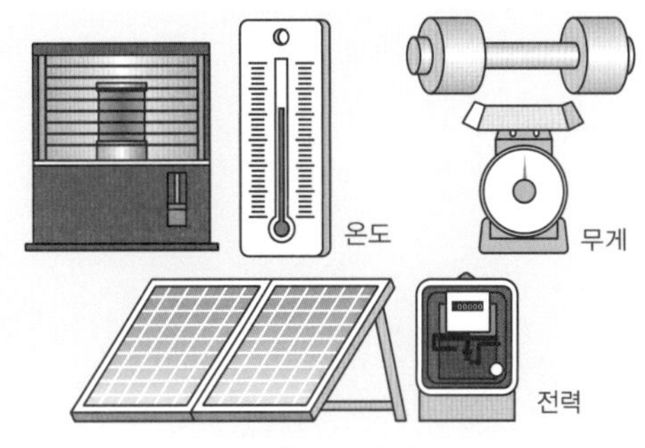

그림 1 물리량

아날로그 측정이란 측정량을 전압의 변화 등의 연속적인 물리량의 변화에 대응시켜 표시하는 방식입니다. 즉, 아날로그량을 다른 아날로그량으로 변환하여 표시하는 것이 아날로그 측정입니다.

한편, 디지털(digital)이란 숫자라는 의미로, 이산적(비연속)인 수치를 말합니다.

따라서, 디지털 측정이란 측정량(아날로그)을 수치(디지털)로 변환하여 표시하는 방식입니다.

그림 2에 아날로그 측정과 디지털 측정의 관계를 나타냈습니다.

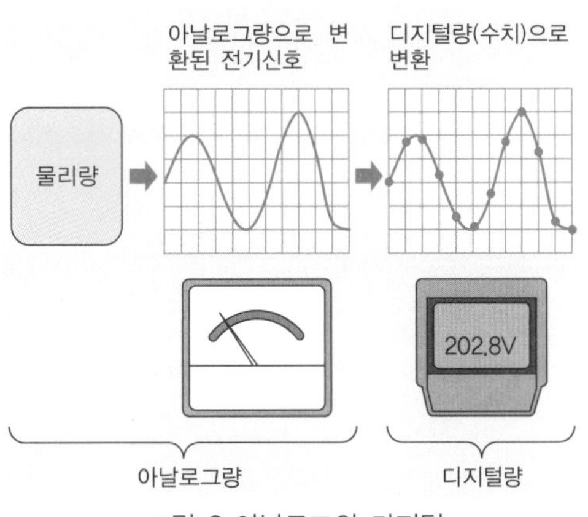

그림 2 아날로그와 디지털

(2) 아날로그 측정

아날로그 측정기는 크게 구동장치, 제어장치, 제동장치로 구성되어 있습니다.

표 1 아날로그 측정기의 종류

종류	기호	구동 토크	사용회로	표시값	용도
가동 코일형		영구자석에 의한 자계와 그 자계 안에 놓인 가동코일에 흐르는 전류 사이에 발생하는 전자력	직류	평균값	전압계 전류계 저항계
가동 철편형		고정 코일에 흐르는 전류에 의한 자계 안에 고정철편과 가동철편을 놓아 양자 사이에 발생하는 전자력	(직류) 교류	실효값	전압계 전류계
정류형		정류기에 의하여 교류를 직류로 변환하여 가동 코일형으로 측정	교류	평균값	전압계 전류계
유도형		이동자계·회전자계와 금속판에 발생하는 과전류 사이에 발생하는 전자력	교류	실효값	전력량계
열전대형	(직열형)	히터에 전류를 흐르게 하고 열전대를 가열하여 발생하는 기전력을 가동 코일형으로 측정	직류 교류	실효값	전류계
전류력계형	(공심형)	고정 코일과 가동 코일에 흐르는 전류에 의한 전자력	직류 교류	실효값	전압계 전류계 전력계
정전형		고정 전극과 가동 전극 사이에 발생하는 정전력	직류 교류	실효값	고전압계

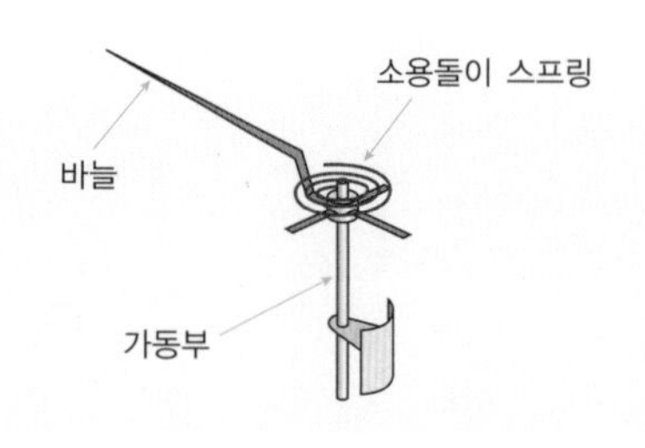

그림 3 제어장치의 예

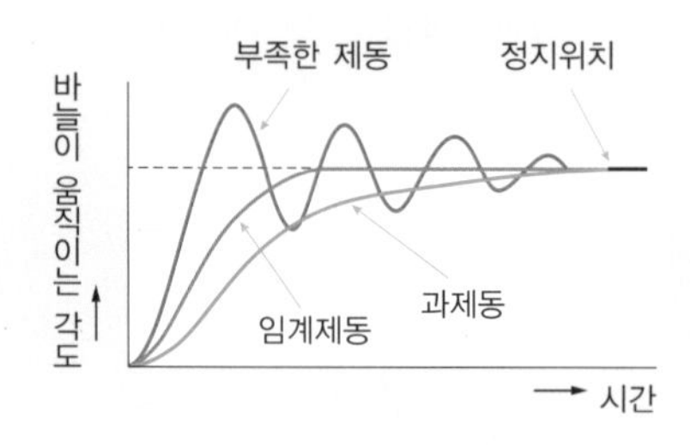

그림 4 제동 특성

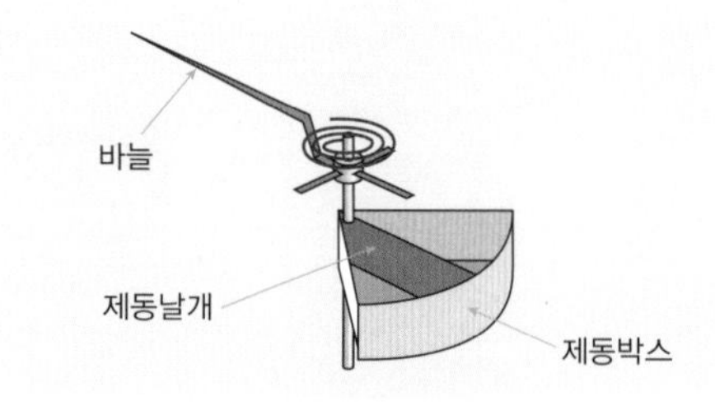

그림 5 제동장치의 예

① 구동장치

구동장치는 아날로그 측정기의 특징이며, 측정량을 구동 토크로 변환하여 바늘 등의 가동부분을 움직이는 장치입니다. 아날로그 측정기를 구동 토크 발생방법의 차이에 의하여 분류하면 표 1과 같습니다.

② 제어장치

구동 토크만으로는 바늘이 눈금을 벗어나게 되어 적절한 측정량을 나타낼 수 없습니다. 제어장치는 구동 토크와 균형을 이루는 제어 토크를 발생시켜 바늘을 측정량에 맞는 위치에 멈추게 하는 역할을 담당하고 있습니다. 통상적으로 사용되는 것은 소용돌이 형상의 스프링(그림 3)을 이용한 것이나 토트 밴드(taut band) 방식 등입니다.

③ 제동장치

구동장치에 입력을 가했을 때, 바늘은 소정의 눈금 전후에서 진동(그림 4)하여, 정지할 때까지 시간이 걸립니다. 그렇게 되면 눈금을 올바르게 읽을 수 없기 때문에 빨리 정지하도록 가동부분에 제동(브레이크 또는 댐핑)을 가하는 것이 제동장치입니다. 제동장치에는 다음과 같은 종류가 있습니다.

- 공기제동(그림 5) : 알루미늄 호일로 만들어진 날개의 공기저항을 이용
- 유제동 : 공기제동의 공기 대신에 기름을 이용하여 제동력을 강화
- 과전류제동 : 금속이 자계 안에서 움직이면 과전류가 발생한다. 이것에 의한 전자력을 이용

(3) 디지털 측정

디지털 측정기의 기본구성은 그림 6과 같습니다. 입력된 아날로그 데이터는 측정기 내부에서 디지털 데이터로 변환되어 표시됩니다.

① 신호변환부

신호변환부는 광범위한 레벨의 신호를 처리할 수 있도록 디지털 측정기에 입력된 측정량을 차단(次段)의 아날로그-디지털 변환부(A/D 변환부)에서 처리할 수 있는 레벨의 직류전압으로 변환하는 부분입니다.

② A/D 변환부

아날로그량을 디지털량으로 변환하는 회로로, 디지털 측정기의 심장부라고 할 수 있는 부분입니다. 그림 7에 나타낸 것과 같이 변환됩니다. 그림 7(a)는 아날로그 입력의 빠르기에 따라 샘플 시간을 정하여 샘플값을 추출하는 과정으로, 표준화라고 합니다. 그림

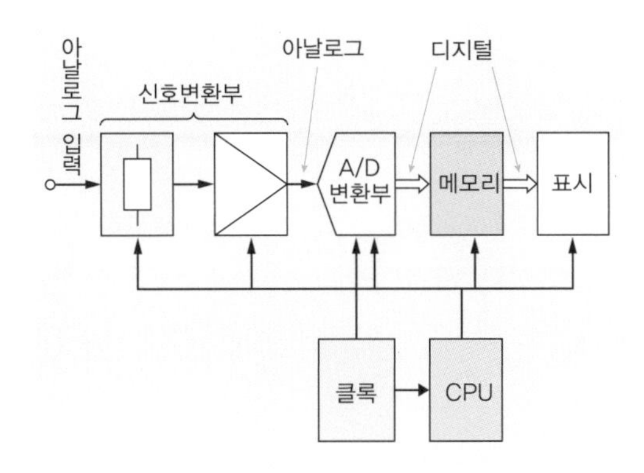

그림 6 디지털 측정기의 기본구성

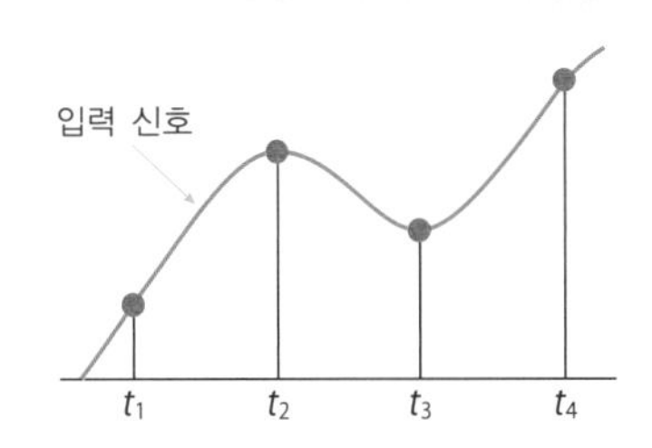

(a) 표준화(t_1, t_2, t_3, ···)

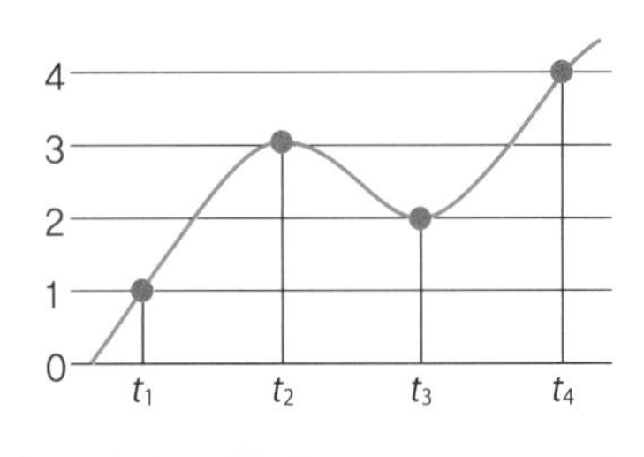

(b) 양자화(1, 2, 3, ···)

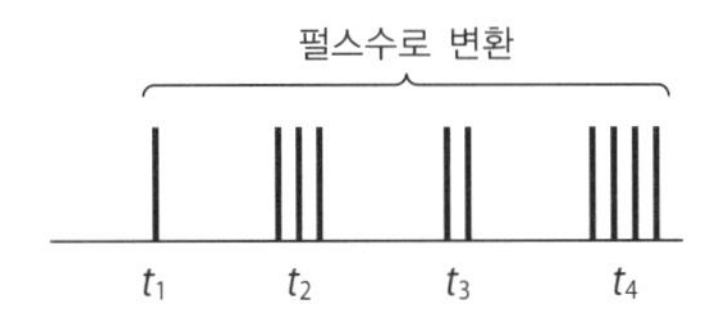

(c) 부호화(펄스수)

그림 7 A/D 변환부

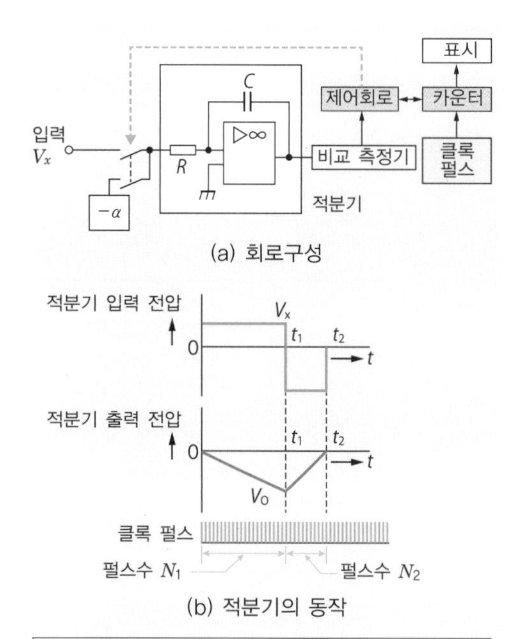

(a) 회로구성

(b) 적분기의 동작

입력전압의 크기와 표준 직류전압의 크기를 각각 펄스의 수로 변환하여 비교하여 측정한다.

① 적분기의 출력전압을 영으로 맞춘 후에, 입력 전압(V_X)을 일정시간(t_1) 적분한다. 이 때, 콘덴서에는 전하가 쌓이고, 출력전압은,

$$V_0 = -\frac{t_1}{RC} V_X \,[\mathrm{V}]$$

② 다음으로, 입력전압과는 반대 방향으로 기준 직류전압($-\alpha$)을 적분기에 입력하여, 적분기의 출력이 0이 될 때까지(t_2-t_1)를 적분한다. 이 때, 콘덴서의 전하는 방전되어,

$$V_0 = -\frac{t_2-t_1}{RC} \alpha \,[\mathrm{V}]$$

③ 따라서, $-V_0 = \frac{t_1}{RC} V_X = \frac{t_2-t}{RC} \alpha$ 로부터,

$$V_X = \frac{t_2-t_1}{t_1} \alpha \,[\mathrm{V}]$$

각각의 시간은 카운터에서 펄스수를 카운트 하여 구한다. t_1=펄스수 N_1, t_1-t_2=펄스 수 N_2이므로, 입력전압은,

$$V_X = \frac{N_2}{N_1} \alpha \,[\mathrm{V}]$$

여기서 α와 N_1은 정수이므로, N_2를 카운트하여 입력전압을 구할 수 있다.

(c) 동작원리

그림 8 이중적분형 A/D 변환기

7(b)는 표준화된 샘플값을 수치화하는 과정으로, 양자화라고 합니다. 그림 7(c)는 양자화된 수치를 2진 부호 또는 펄스값으로 변환하는 과정으로, 부호화라고 합니다.

- 순차비교형 A/D 변환기
- 병렬비교형 A/D 변환기
- 이중적분형 A/D 변환기

측정기용으로서는 속도는 느리지만 정밀도가 좋으며 가격도 저렴한 이중적분형 A/D 변환기가 널리 사용되고 있습니다.

이중적분형 A/D 변환기의 작동원리는 그림 8과 같습니다.

(4) 특징

아날로그 측정기와 디지털 측정기에는 각각 장점과 단점이 있기 때문에 잘 이해하고 사용할 필요가 있습니다.

① 디지털 측정기는 측정값이 그대로 수치로 표현되기 때문에 값을 읽을 때 오차가 없다.

② 아날로그 측정기는 측정량의 변화를 바늘의 움직임으로 시각적으로 판단할 수 있지만, 디지털 계기에서는 측정량이 수치로 표현되기 때문에 변화경향을 직관적으로 판단하기 어렵다.

③ 디지털 측정기는 입력저항이 높아 측정회로에 영향을 미치기 어렵다.

④ 디지털 측정기는 측정한 데이터가 디지털화되어 있기 때문에 다른 전자기기나 컴퓨터 등에 쉽게 접속할 수 있다.

⑤ 아날로그 측정기는 응답속도가 빠르며 외부의 노이즈에도 강하다.

제2장

전류 측정

전기설비의 운전상황을 파악하기 위해서는 전로나 전기기기에 흐르고 있는 전류를 반드시 측정해야 합니다. 또한, 전기사고를 방지하기 위해서는 누설전류의 측정도 중요합니다. 원래, 전류의 측정은 전류계를 회로에 직렬로 접속할 필요가 있기 때문에 회로를 해체하는 작업이 포함되어 굉장히 번거로운 작업입니다. 그러나 최근에는 전선을 끼우기만 해도 전류를 측정할 수 있는 클램프식 전류계가 널리 사용되고 있습니다. 클램프식 전류계에 의한 측정은 간단하지만 올바르게 측정하지 않으면 오차가 커집니다.

이 장에서는 클램프식 전류계를 중심으로 하여 전류의 측정방법에 대해서 기술하고 있습니다.

높은 정밀도로 측정하기 위해서는 측정 원리를 잘 이해하고, 측정 목적에 맞는 기종을 선정할 필요가 있습니다. 또한 클램프식 전류계는 전기설비를 운전하면서 사용하기 때문에 안전에 충분히 주의를 기울여 측정해야 합니다.

1 전류 측정

표 1 절연물의 허용온도

절연물	연속 허용온도(℃)	단락 시 허용온도(℃)	주된 전선 케이블
비닐	60	120	IV 전선 VVF 케이블 비닐 코드
내연 비닐	75	120	HIV 전선
폴리에틸렌	75	141	EV 케이블 EE 케이블
가교 폴리에틸렌	90	230	CV 케이블 CE 케이블
EP 고무	80	230	PN 케이블 PV 케이블
천연 고무	60	150	RB 전선 RN 케이블
부틸 고무	80	230	BN 케이블

사진 1 케이블 랙 배선

표 2 IV 전선의 허용전류
(내선규정 JEAC 8001-2011)

단선·와이어 케이블 별	직경 또는 공칭단면적	허용전류(A)
단선	1.6mm	27
	2.0mm	35
	2.6mm	48
	3.2mm	62
	4.0mm	81
	5.0mm	107
와이어 케이블	$2mm^2$	27
	$3.5mm^2$	37
	$5.5mm^2$	49
	$8mm^2$	61
	$14mm^2$	88
	$22mm^2$	115
	$38mm^2$	162
	$60mm^2$	217
	$100mm^2$	298
	$150mm^2$	395
	$200mm^2$	469
	$250mm^2$	556
	$325mm^2$	650
	$400mm^2$	745
	$500mm^2$	482

• 애자인입배선에서 주위온도 30℃ 이하

(1) 측정목적

전압과 전류는 전기의 가장 기본적인 파라미터입니다. 특히 전류는 전압과는 달리 부하의 크기에 따라 크게 변동합니다. 따라서 운전상태를 파악하기 위해서는 전류의 측정이 필수적입니다.

① 전선·케이블의 허용전류

전선이나 케이블의 도체에는 도전율이 높은 구리가 사용되고 있습니다. 그렇지만 구리라고 하더라도 저항이 있기 때문에 전류가 흐르면 발열합니다.

이 도체의 절연피복에는 고무나 플라스틱 등의 고분자 재료가 사용되고 있기 때문에 발열에 의하여 온도가 상승하여 허용온도를 넘어서면 절연물의 연화나 용해가 일어나고, 끝내는 불에 타게 될 우려도 있습니다.

표 1은 주로 사용되는 절연물의 허용온도입니다. 허용전류는 이 온도를 넘지 않도록 정해져 있습니다.

허용전류는 절연물의 종류뿐 아니라 부설 장소나 부설 방법에도 영향을 받습니다. 고온의 장소에서는 전류에 의한 온도 상승의 여유가 없어질 뿐 아니라, 가닥 수를 늘리면 방열성능이 악화될 가능성도 있습니다.

사진 1에 케이블 랙으로 배선하고 있는 예를 나타냈습니다.

표 2는 IV 전선의 허용전류입니다. 허용전

류는 전선이나 케이블의 종류에 때라 정해져 있습니다. 따라서 실제로 흐르고 있는 전류가 허용치를 넘는지 아닌지 확인할 필요가 있습니다.

② 정격전류

변압기나 전동기 등의 전기기기에는 안정되게 사용할 수 있는 정격(사양)이 있습니다. 정격은 메이커가 표시하는 것이기 때문에 메이커에 의한 보증값이라는 의미가 있습니다.

정격에는 전압, 전류, 주파수, 용량 등이 있고, 정격치를 넘어 사용하면 다양한 문제가 발생합니다.

사진 2(a)는 변압기 외관의 예입니다. 정격은 사진 2(b)에 나타낸 명판에 쓰여 있습니다. 이것에 따르면, 정격 2차전류는 137A이므로 이것이 사용한도가 됩니다. 변압기의 전류를 제한하는 것은 전선이나 케이블과 마찬가지로 전기기기의 권선을 절연하고 있는 절연재료의 허용온도입니다. 따라서 변압기의 전류가 정격값을 넘어서 과부하가 되지는 않았는지를 확인할 필요가 있습니다.

사진 3(a), (b)는 전동기의 예입니다. 이 명판에는 200V, 50Hz, 9.0A와 200V, 60Hz, 8.5A 및 220V, 60Hz, 8.0A 등 세 가지의 정격이 표시되어 있습니다. 이것은 50Hz 지구와 60Hz 지구에서 모두 사용하게 하기 위해서입니다. 또한 60Hz 지구에서는 220V의 전압을 사용하는 경우도 있기 때문입니다.

(a) 변압기의 외관

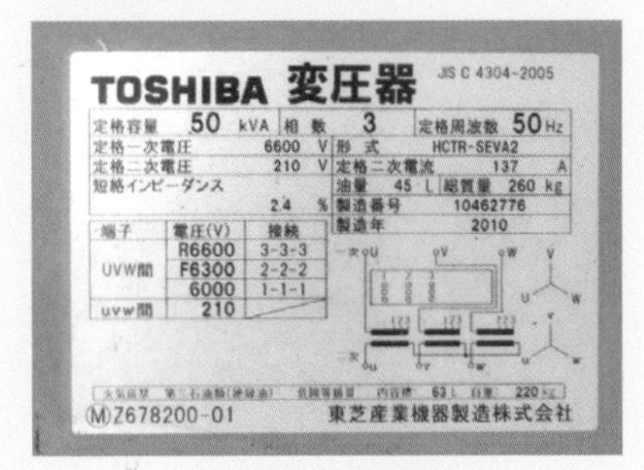

(b) 변압기의 명판

사진 2 변압기

(a) 전동기의 외관

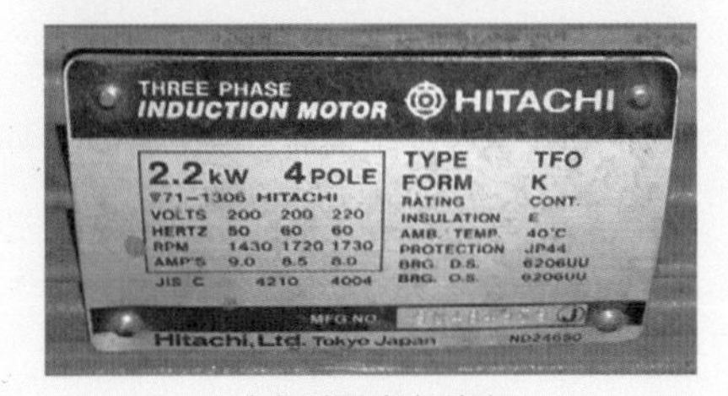

(b) 전동기의 명판

사진 3 전동기

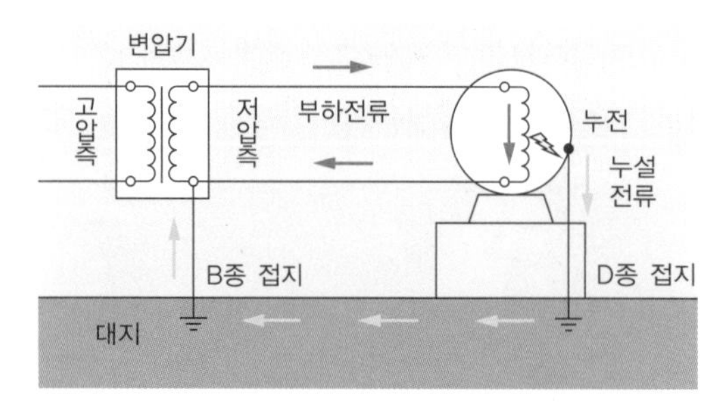

그림 1 누설전류

사진 4 메가솔라

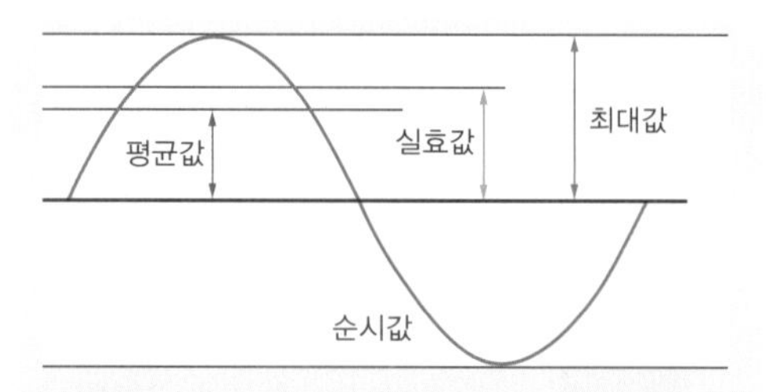

순시값	임의의 순간의 값
최대값	순시값 중에서 가장 큰 값
평균값	한 주기 동안 순시값의 절대값을 평균한 값 정현파의 경우: 최대값$\times\frac{2}{\pi}\fallingdotseq$최대값$\times 0.637$
실효값	한 주기 동안 순시값의 제곱을 평균한 값의 제곱근 정현파의 경우: 최대값$\times\frac{1}{\sqrt{2}}\fallingdotseq$최대값$\times 0.707$

그림 2 교류파형

③ 누설전류

전로가 대지에서 절연되어 있지 않으면 감전, 누전 또는 화재의 원인이 됩니다. 이 때문에, 전기설비 기술기준(이하 전기(電技)라고 함) 제5조(전로의 절연)에서 '전로는 대지로부터 절연되어야 한다'고 규정되어 있습니다. 전로가 절연불량이 되면, 그림 1에 나타낸 것과 같이 누설전류가 흐릅니다. 이 전류를 검출하면 누전되는 부분의 검사가 가능하게 됩니다.

(2) 직류와 교류

① 직류

이전에 직류는 제어회로나 비상등 회로 등 한정된 전기설비에서만 사용되어 왔습니다. 그 때문에 직류전류는 거의 측정하지 않았습니다.

그러나 최근에는 사진 4와 같이 태양광 발전설비가 증가했기 때문에 직류전류를 측정할 기회가 많아졌습니다. 직류전류는 흐르는 방향과 크기가 일정하기 때문에 극성과 크기만으로 나타냅니다.

② 교류

교류는 크기와 흐르는 방향이 바뀌기 때문에 크기를 나타내기 위해서는 주의해야 합니다. 교류는 그림 2와 같이 순시값, 최대값, 평균값, 실효값 등으로 나타낼 수 있습니다.

다만 통상 실효값으로 나타내는 것이 일반적입니다. 실효값의 물리적인 의미는 직류와 동일한 크기의 전력을 얻을 수 있는 교류의 크기를 직류의 크기로 나타낸 것입니다.

예를 들어, 저항부하에 어떤 크기의 교류를 흘렸을 때와 직류를 흘렸을 때에 발생하는 전력이 같은 값인 경우, 그 직류의 값(전압 또는 전류값)이 그 교류의 실효값이 됩니다.

교류의 실효값을 측정하는 방법에는 평균값 정류방식(그림 3)과 실효값 연산방식(그림 4) 등이 있습니다. 평균값 정류방식은 실효값 연산방식에 비하여 회로가 간단하기 때문에 저렴합니다. 측정파형이 정현파일 경우에는 양쪽 방식 모두 지장없이 측정할 수 있습니다.

다만 최근에는 전자기기나 인버터의 증가에 의하여 교류파형의 변형이 큰 경우가 있습니다. 이 경우는 파형률이 정현파와 달라지기 때문에 평균값 정류방식에서는 오차가 커지게 됩니다.

파형 왜곡이 큰 교류를 측정하는 경우에는 실효값 연산방식이 적합합니다.

또한 가동 철편형 전류계는 원리적으로 진짜 실효값을 나타냅니다.

사진 5에 실효값 연산방식 전류계의 예를 나타냈습니다. RMS 표시가 있으면 실효값 연산방식입니다.

(3) 전류계의 종류

전압을 측정하는 경우에는 전압계를 회로에 병렬로 연결하면 되므로 회로를 변경할 필요가 없습니다.

반면에 전류는 전류계를 회로에 직렬로 접속해야 측정할 수 있습니다. 이 때문에, 전기설비나 전동기 등에 흐르고 있는 전류를 측

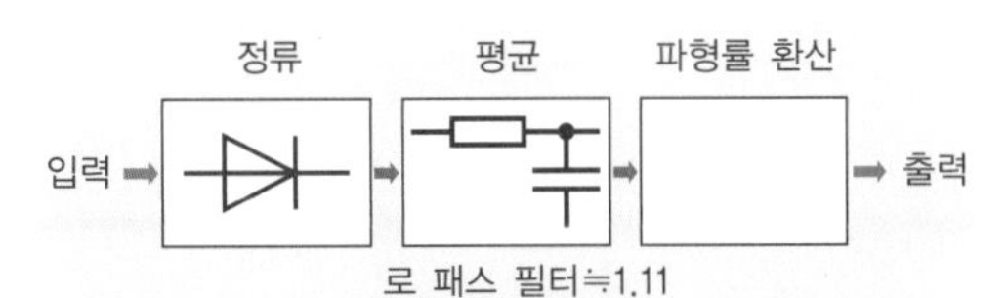

• 교류신호를 정류한 후, 로 패스 필터에 의하여 직류분을 취한다.
• 여기에 정현파율(실효값/평균값≒1.11)을 곱하여 실효값 환산한다.

그림 3 평균값 정류방식

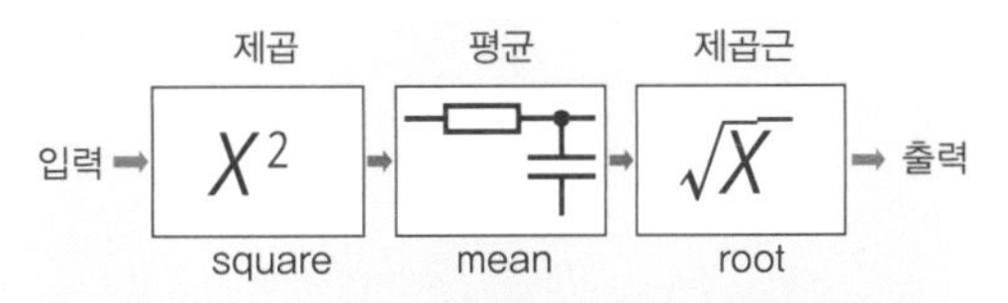

• 수식과 같이 연산회로를 구성하여 실효값을 환산한다.

그림 4 실효값 연산방식

(a) 클램프 미터

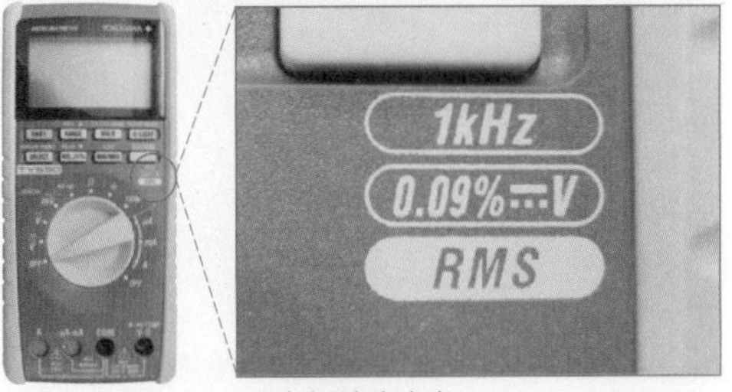

(b) 밀리미터

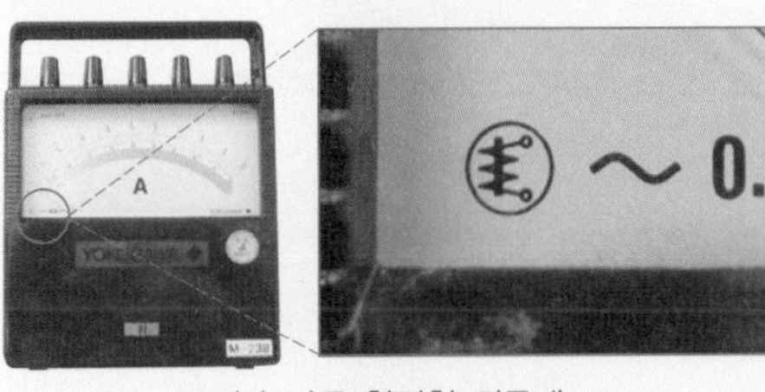

(c) 가동 철편형 전류계

사진 5 실효값 연산방식 전류계

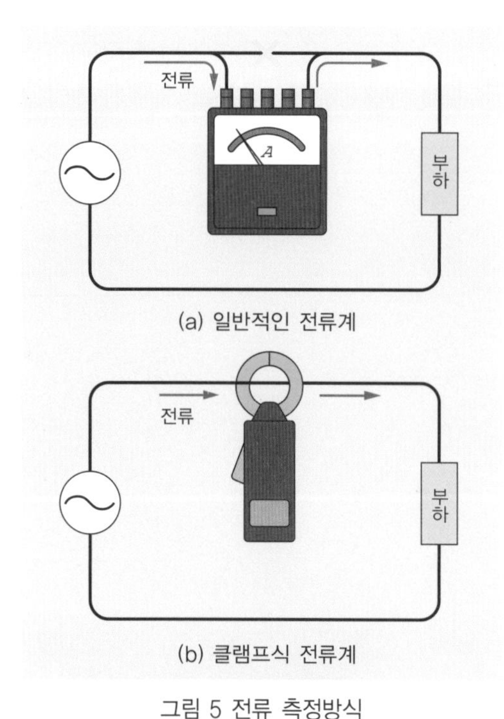

(a) 일반적인 전류계

(b) 클램프식 전류계

그림 5 전류 측정방식

사진 6 휴대용 전류계

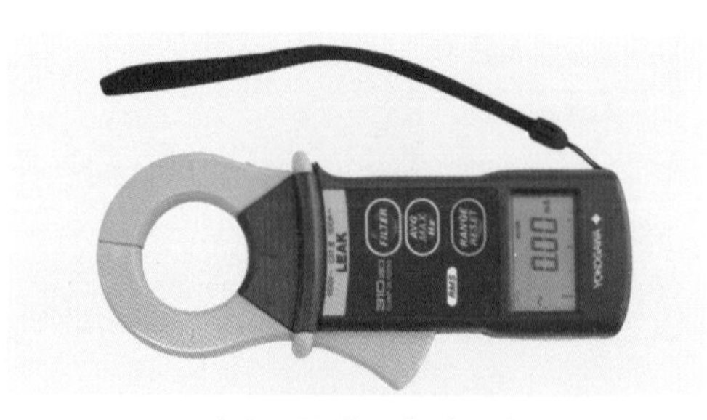

사진 7 클램프식 전류계

정하는 경우에는 그림 5(a)와 같이 배선의 일부를 절단하거나, 단자에 접속되어 있는 배선을 꺼내서 여기에 사진 6과 같이 전류계를 접속하여 측정합니다. 또한 측정 후에는 배선을 원래의 자리로 돌려놓아야 합니다.

이와 같이 전류계를 사용한 전류 측정에는 부하를 정지시킬 필요가 있으므로 자가용 전기설비의 보수 및 관리 현장에서는 거의 사용되지 않습니다.

한편, 그림 5(b)와 같이 전선을 클램프하는 것만으로도 간단하게 전류를 측정할 수 있는 것이 클램프식 전류계(사진 7)입니다.

클램프식 전류계를 사용하면, 전류를 차단하지 않고 통전상태로 회로의 전류를 측정할 수 있습니다. 이 때문에 자가용 전기설비의 보수 및 관리 시에 대부분 이 클램프식 전류계를 사용하고 있습니다.

각 제조사에서 측정 용도에 맞추어 다양한 클램프식 전류계가 판매되고 있으므로 측정 목적을 고려하여 선택할 필요가 있습니다.

또한, 최초의 휴대용 전류계는 1889년에 미국의 전기기사인 에드워드 웨스톤이 개발하였습니다. 이것이 현재의 전류계의 뿌리입니다. 웨스톤은 전압의 기준이 되는 표준전지와 저항재료인 망가닌(Manganin)의 발명자로서도 유명합니다.

2 클램프식 전류계

(1) 원리

① 교류용 클램프식 전류계

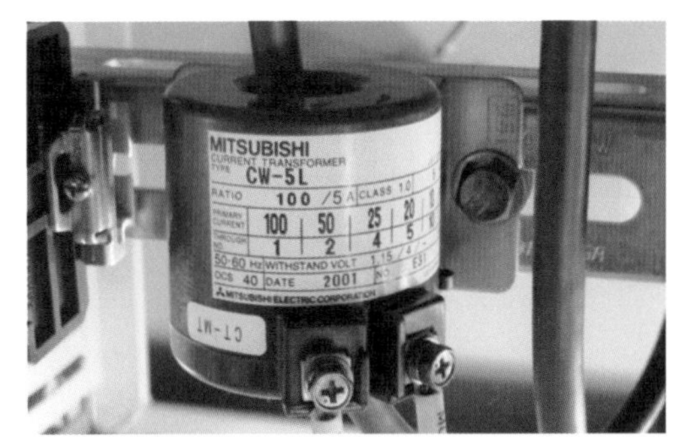

사진 1 변류기의 외관

사진 1은 변류기(CT)입니다. 변류기는 그림 1과 같이 철심과 코일을 사용하여 1차전류를 이것에 비례하는 2차전류로 변환하는 것입니다. 원리적으로는 변압기와 동일합니다. 변류기에는 전류계가 접속되어 있으며, 이차전류를 측정하고 1차전류로 환산하여 전류계에 표시합니다.

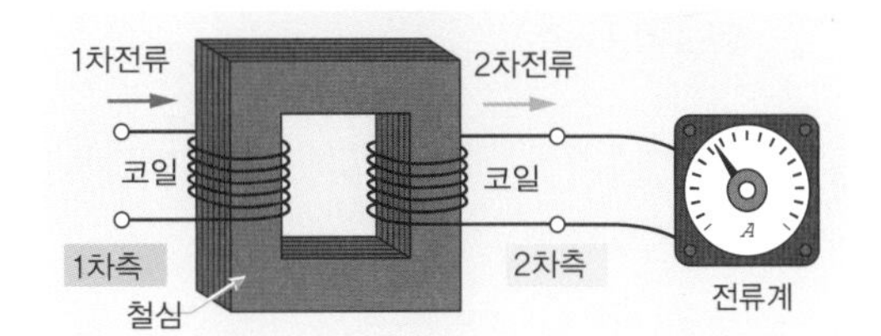

그림 1 변류기의 원리

교류용 클램프식 전류계도 이것과 마찬가지로 변류기와 전류계를 합친 것으로, 철심을 개폐할 수 있다는 점이 차이점입니다(그림 2).

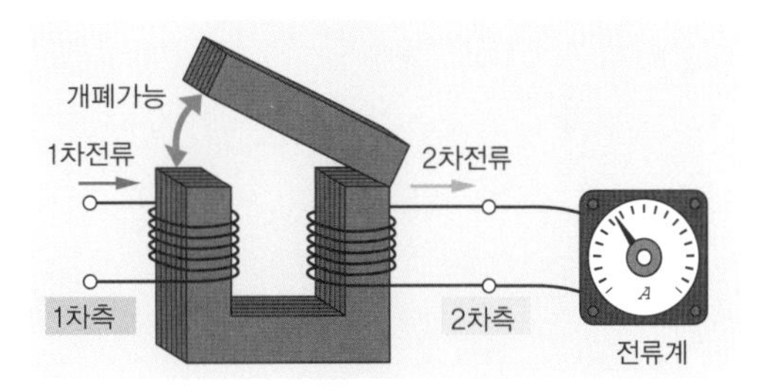

그림 2 교류용 클램프식 전류계의 원리

그림 3에 교류용 클램프식 전류계의 구조를 나타냅니다. 철심(규소 강판이나 퍼멀로이 등을 사용)을 개폐할 수 있으므로, 전선(1차 권선)을 끼울 수가 있습니다. 또한 이 철심에는 코일(2차 권선)이 감겨 있으며, 그 출력은 전류계와 연결되어 있습니다. 그리고 철심은 측정회로의 전압을 견딜 수 있도록 절연되어 있습니다.

이와 같이 교류용 클램프식 전류계는 1차 권선(끼인 전선)이 1턴하는 변류기로서 전류를 검출합니다.

이 변류기 방식에 의한 교류용 클램프식 전류계는 구조가 간단하지만 직선성이 좋고 측정범위가 넓다는 점에서 널리 사용되고 있습니다.

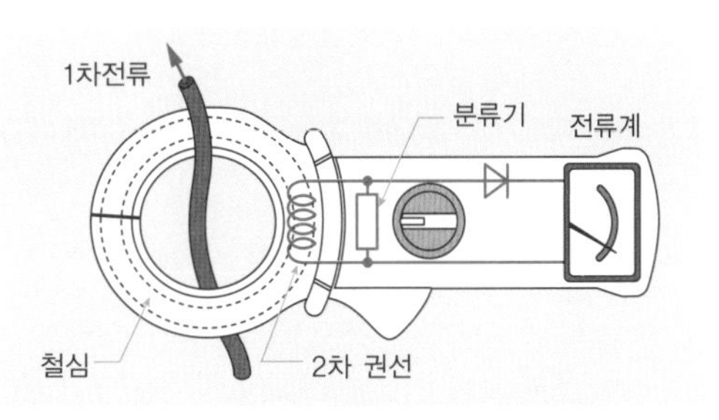

그림 3 교류용 클램프식 전류계의 구조

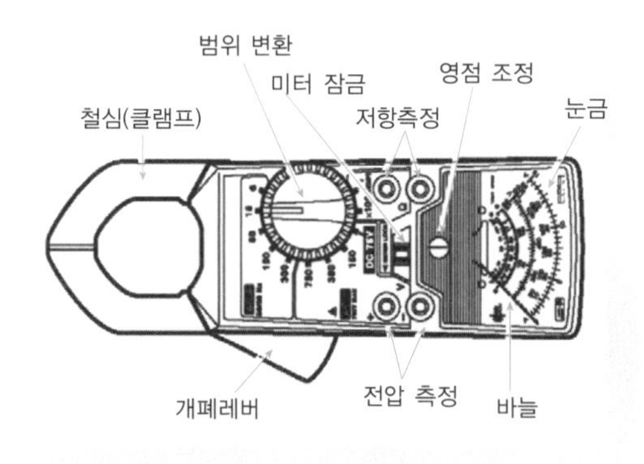

그림 4 교류용 클램프식 전류계 각 부분의 명칭

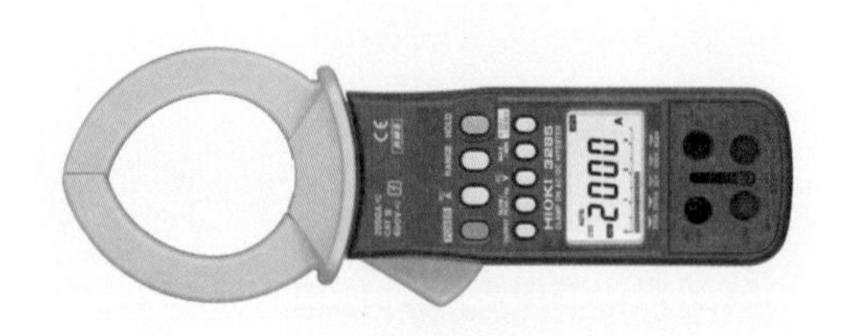

사진 2 교·직류 양용 클램프식 전류계

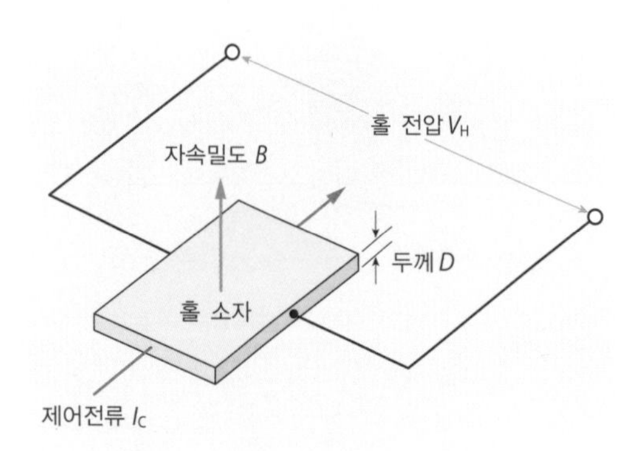

홀 전압은 $V_H = \frac{R_H \times I_C \times B}{D}$ 로 구할 수 있다.

R_H는 홀계수로, 물질의 종류나 온도에 의하여 정해진다.

그림 5 홀 효과

그림 4에 일반적인 교류용 클램프식 전류계 각 부분의 명칭을 나타냈습니다. 또한 교류전류 이외에 교류전압, 직류전압, 저항 등을 측정할 수 있는 다기능형도 제조되고 있습니다.

② 교·직류 양용 클램프식 전류계

변류기 방식의 클램프식 전류계는 변류기를 사용하고 있으므로 교류 전용입니다. 따라서 직류전류를 측정할 수 없습니다. 직류전류를 측정하기 위해서는 사진 2와 같은 교·직류 양용 클램프식 전류계를 사용합니다. 교·직류 양용 클램프식 전류계는 홀 효과를 이용하고 있습니다.

홀 효과란 그림 5에 나타낸 것과 같이 홀 양자에 전류를 흘리고, 그 전류에 직각 방향으로 자계를 가하면, 전류와 자계의 양쪽의 직각 방향으로 전압이 발생하는 현상입니다.

교·직류 양용 클램프식 전류계는 그림 6(a)와 같이 철심 내에 간극을 두고, 여기에 홀 소자가 삽입되어 있습니다. 홀 소자에 흐르는 일정전류와 측정전선에 의하여 발생하는 자속에 의하여 홀 전압이 발생합니다. 이 홀 전압을 증폭하여 추출하고 자속의 크기를 검출하여 이 자속으로부터 흐르고 있는 전류를 구할 수 있습니다.

교·직류 양용 클램프식 전류계에는 그림 6(b)와 같이 추출한 홀 전압을 철심에 감긴 귀환 코일로 보내, 철심 내의 자속을 제로로 하는 방식도 있습니다. 이 방식은 부귀환 효과에 의하여 자기회로의 비직선성의 영향이 작아 높은 정밀도로 측정할 수 있습니다.

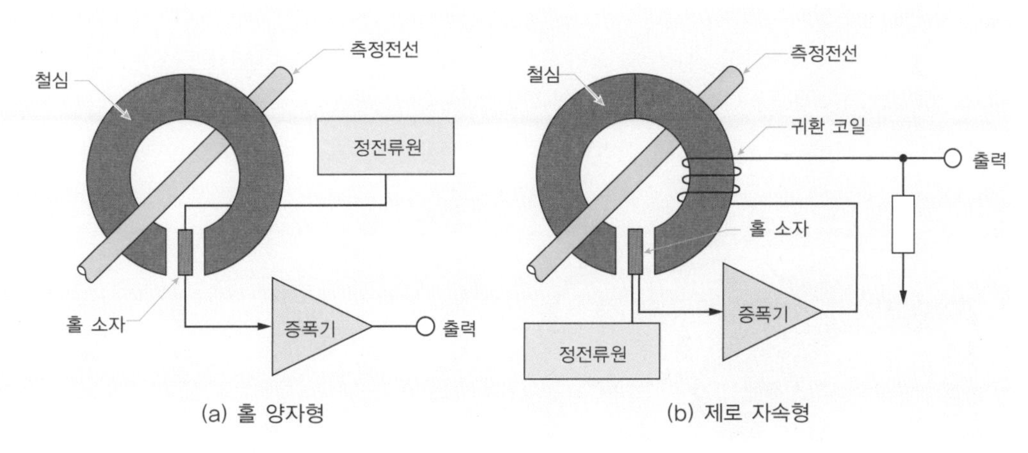

그림 6 교·직류 양용 클램프식 전류계의 원리

(2) 종류

① 아날로그식과 디지털식

측정한 전류의 값을 표시하는 방법에 따라서 아날로그식 클램프 미터(사진 3)와 디지털식 클램프 미터(사진 4)가 있습니다. 현재는 많은 클램프 미터가 IC화되고 있어 디지털식 클램프 미터가 주류를 이루고 있습니다.

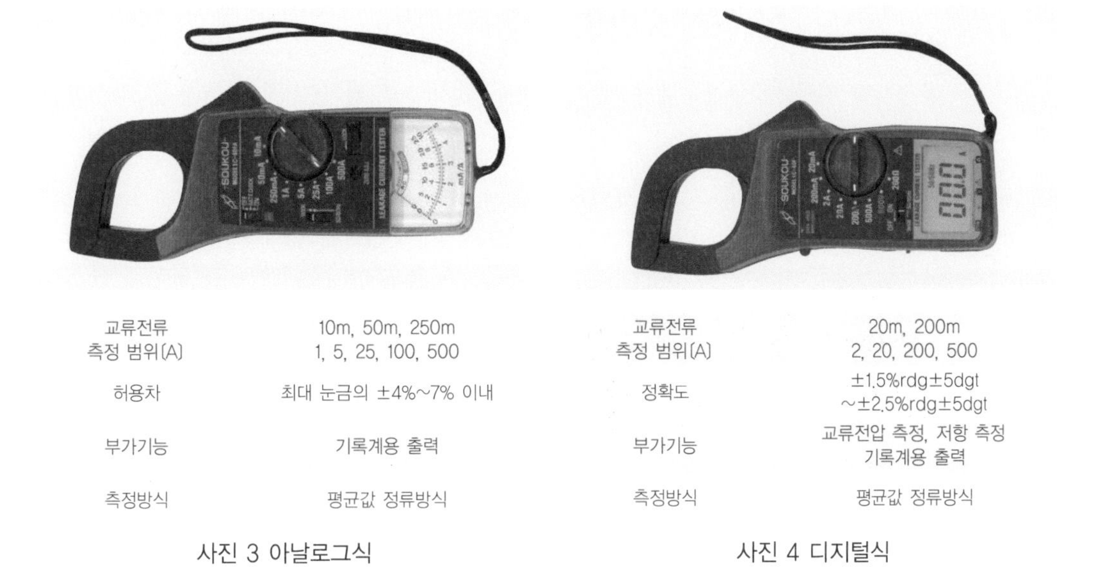

교류전류 측정 범위(A)	10m, 50m, 250m 1, 5, 25, 100, 500
허용차	최대 눈금의 ±4%~7% 이내
부가기능	기록계용 출력
측정방식	평균값 정류방식

사진 3 아날로그식

교류전류 측정 범위(A)	20m, 200m 2, 20, 200, 500
정확도	±1.5%rdg±5dgt ~±2.5%rdg±5dgt
부가기능	교류전압 측정, 저항 측정 기록계용 출력
측정방식	평균값 정류방식

사진 4 디지털식

② 대구경 클램프 미터(사진 5)

통상의 클램프 미터에서는 내경이 작아서 전선을 집을 수 없는 경우에는 대구경의 클램프 미터를 사용합니다. 통상의 클램프 미터의 클램프 부분의 내경은 30~50mm 정도이지만, 이 클램프 미터는 108mm로 굉장히 큰 편입니다.

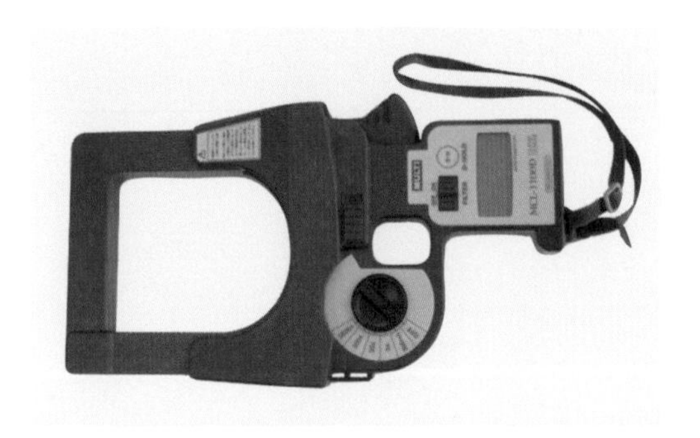

교류전류 측정 범위(A)	300m 3, 30, 300, 3,000
정확도	±1.5%rdg±8dgt ~±2.0%rdg±8dgt
부가기능	기록계용 출력
측정방식	실효값 연산방식

사진 5 대구경 클램프 미터

③ 교·직류 양용 클램프 미터(사진 6)

이 클램프 미터로 직류전류를 측정하는 경우에는 전선을 끼우지 않는 무입력 상태로 영점 조정 버튼을 눌러 영점 조정을 합니다. 이것은 직류의 대전류나 돌입전류의 측정에 의하여 철심의 자화나 홀 소자의 온도변화에 의한 직류분 드리프트 등에 의한 오차를 발생시키기 때문입니다. 이것들을 제거하기 위해서 영점 조정이 필요합니다. 또한 직류의 경우에는 전류가 흐르는 방향에 의하여 극성(±)이 표시됩니다.

한편, 교류전류를 측정하는 경우에는 교류 전용 클램프 미터와 동일하게 사용합니다. 직류 측정 시와는 다르게 영점 조정이 필요 없습니다.

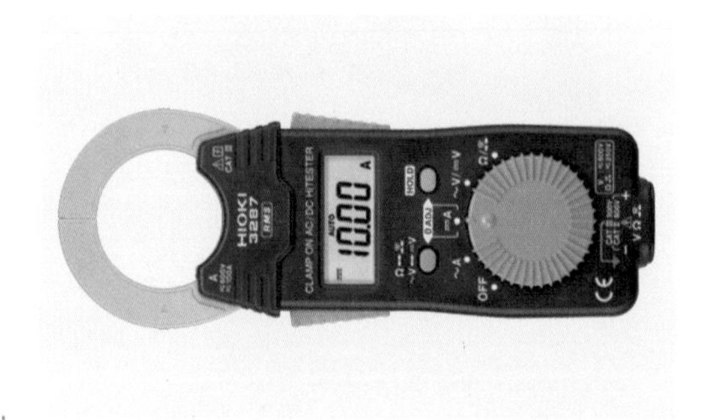

교류전류 측정 범위(A)	10, 100
직류전류 측정 범위(A)	10, 100
정확도	±1.5%rdg±5dgt
부가기능	교류전압 측정, 직류전압 측정, 저항 측정
측정방식	실효값 연산방식

사진 6 교·직류 양용 클램프 미터

④ 분리형 클램프 미터(사진 7)

이것은 클램프 부분과 표시부가 나뉘어 있는 분리형 클램프 미터입니다. 이 클램프 미터는 측정전류의 크기에 따라 클램프 부분을 교환할 수 있습니다. 또한, 직류전류나 주파수도 측정할 수 있습니다. 더욱이 측정방식 변환 기능이나 각종 출력 기능, 응답시간 선택 등이 가능하며, 통상의 클램프 미터에 비하여 다양한 기능을 갖추고 있습니다.

교류전류 측정 범위(A)	20, 200, 2,000
직류전류 측정 범위(A)	20, 200, 2,000
정확도	±1.3%rdg ±0.08A ~±1.8%rdg±5A
부가기능	측정방식 변환, 주파수 측정, 기록계용 출력
측정방식	평균값 정류방식 실효값 연산방식

사진 7 분리형 클램프 미터

⑤ 플렉시블 철심형 클램프 미터(사진 8)

전선이 굵거나 배전반이 좁아 통상의 클램프 미터로는 전선을 끼울 수 없는 경우 등에 사용되는 클램프 미터입니다. 이 클램프 부분의 철심은 다수의 조각을 연결한 구조로 되어 있으므로 굽힐 수 있습니다. 이 사진에서는 철심을 10개 사용하고 있으며, 내경은 130mm 정도입니다. 모든 조각 사이에서 철심을 개폐할 수 있습니다. 또한 철심의 수도 간단하게 늘리거나 줄일 수 있습니다.

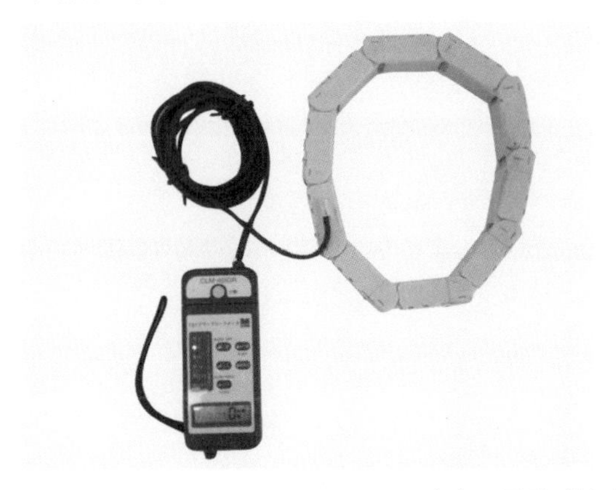

교류전류 측정 범위(A)	200m 2, 200, 400
정확도	±2.0%rdg±10dgt ~±10%rdg±10dgt
부가기능	기록계용 출력
측정방식	실효값 연산방식

사진 8 플렉시블 철심형 클램프 미터

⑥ 로고스키 코일형 클램프 미터(사진 9)

이것은 로고스키 코일[1]을 사용한 플렉시블한 클램프 미터입니다. 로고스키 코일(파란색 부분)은 접합부를 빼고 꽂을 수 있는 클립형으로 되어 있으므로 대상물에 감아서 간단하게 전류를 측정할 수 있습니다. 로고스키 코일의 내경은 150mm이지만, 전신주에 감을 수 있을 정도로 큰 것도 있습니다.

교류전류 측정 범위(A)	2,000m 20, 200, 2,000
정확도	±3.0%rdg±10dgt ~±10%rdg±5dgt
부가기능	기록계용 출력
측정방식	평균값 정류방식

사진 9 로고스키 코일형 클램프 미터

주 로고스키 코일은 독일의 전기공학자인 로고스키(Rogowski)에 의하여 고안된 공심코일입니다. 그림 7과 같이 전선을 이 코일에 끼우면 흐르는 전류의 크기에 대응하는 전압이 발생합니다. 이 전압은 전류의 미분파형으로 되어 있으므로 적분회로를 통과하면 전류파형을 얻을 수 있습니다. 철심을 사용하지 않고 전류를 검출할 수 있으므로 가볍고 유연하며, 자기포화가 없어 대전류의 측정에 적합합니다.

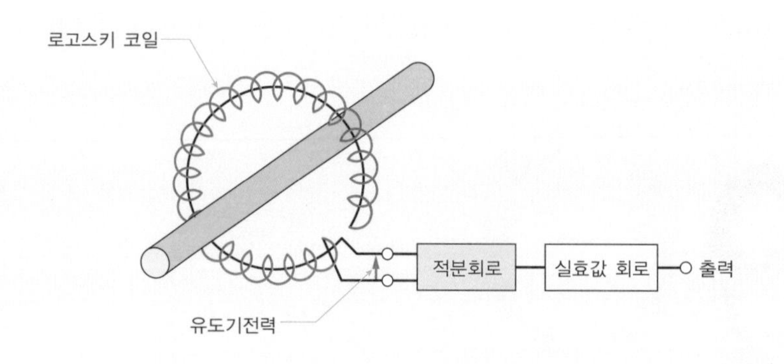

그림 7 로고스키 코일

3 부하전류 측정

(1) 측정방법

클램프 미터로 전류를 측정하기 위해서는 개폐 레버를 잡고 클램프부를 벌려서 측정하고자 하는 전선을 끼웁니다. 표시부에 측정값이 표시되므로 이것을 읽습니다. 표시를 읽기 어려울 때는 데이터 홀드버튼을 눌러 표시값을 고정한 후에 클램프 미터를 제거하고 읽습니다.

부하전류의 측정은 전선은 한 가닥만 끼웁니다. 이렇게 하여 끼운 전선에 흐르고 있는 전류를 측정할 수 있습니다. 측정 범위는 측정값에 맞는 것을 선택하지만, 예측할 수 없을 때는 범위가 큰 것부터 순차적으로 하위 범위의 클램프 미터로 바꾸어 측정합니다.

[변압기 전류의 측정] 변압기의 이차전류를 측정하고 있는 모습입니다. 큐비클 내에서 측정할 때에는 충전부에 접속하거나 고압부에 접근하지 않도록 특별히 안전에 주의할 필요가 있습니다.

[압축기(냉동기) 전류의 측정] 다양한 원인에 의하여 압축기의 압력이 상승하면 전류도 증가하므로 정기적으로 전류를 측정하여 트러블을 미연에 방지합니다. 또한 압축기의 전류값은 냉동기의 소비전력과도 관련이 있으므로 전기 절약 운전의 지표가 되기도 합니다.

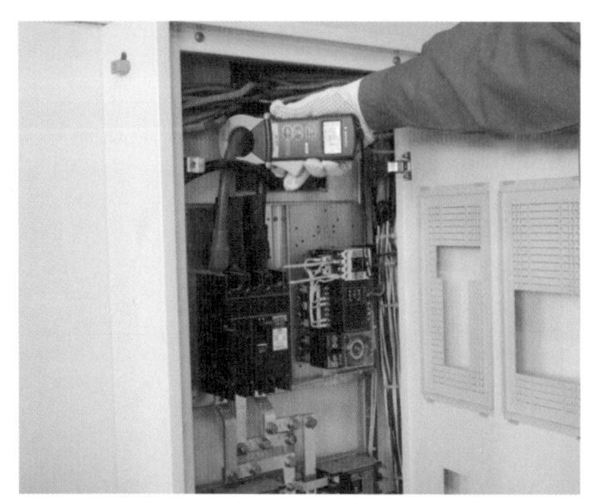

[전등 분전반 및 동력 제어반에서의 측정] 왼쪽 사진은 전등 분전반의 간선에 흐르는 전류를 측정하고 있는 모습입니다. 오른쪽 사진은 동력 제어반의 입력 전력을 측정하고 있는 모습입니다. 두 경우 모두 운전하면서 측정하므로 실수로 차단기를 내리거나 충전부에서 단락이 발생하지 않도록 주의해야 합니다.

[클램프 미터의 영점 조정] 직류전류를 측정하는 경우는 전류가 0인 상태에서 영점 조정 버튼을 눌러서 영점 조정을 합니다.

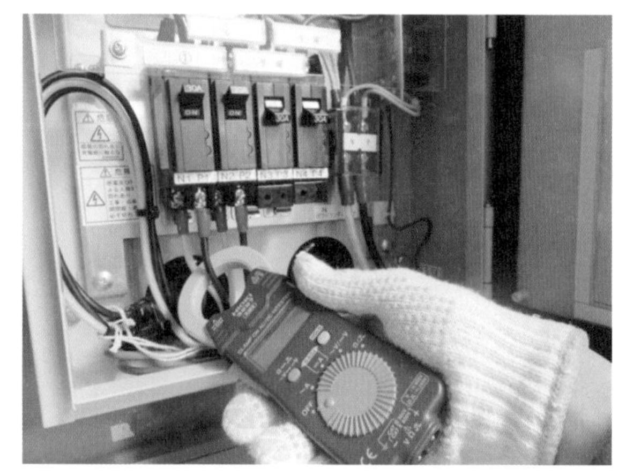

[태양광 발전 전류의 측정] 태양광 발전설비의 접속함에서 스트링전류(직류)를 측정하고 있는 모습입니다. 클램프 미터의 철심부에는 전류의 방향을 나타내는 화살표가 표시되어 있으므로 전류가 흐르는 방향으로 맞춥니다. 클램프 미터의 방향을 반대로 하면 마이너스 표시가 됩니다.

(2) 측정용 어댑터

일반 클램프 미터로는 측정할 수 없는 굵은 전선이나 전류용량이 큰 회로에서 클램프 미터의 측정 범위를 넘는 경우에는 어댑터를 사용하여 측정 능력을 확대할 수 있습니다.

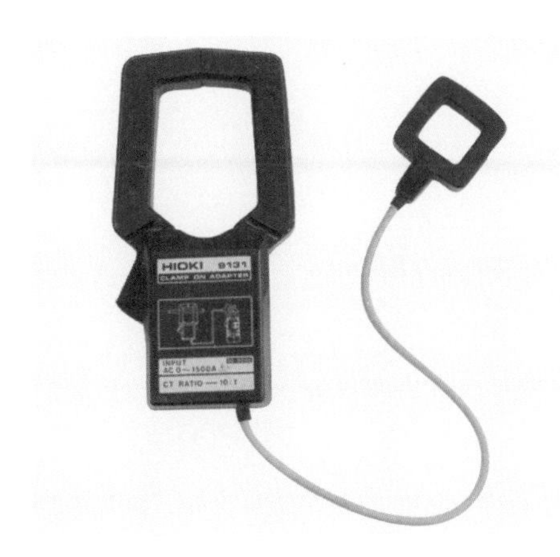

[어댑터] CT비 10/1로 최대전류 1500A의 어댑터입니다. 일차전류의 10분의 1의 전류가 이차측에 흐릅니다. 따라서 측정값을 10배로 늘린 것이 실제 전류(1차 전류)가 됩니다.

[어댑터를 사용한 측정] 어댑터를 사용하여 측정하고 있는 모습입니다. 클램프 미터의 조작과 동일하게 어댑터의 개폐 레버를 손에 쥐고 클램프부를 열어 측정하고자 하는 전선을 끼웁니다. 그리고 어댑터의 이차측으로 클램프 미터의 철심을 끼워 측정합니다.

콘센트 회로의 측정에는 전용 세퍼레이터를 사용합니다. 콘센트의 2심 코드는 2가닥의 전선이 일체화되어 있으므로 클램프로 만들 수 없기 때문입니다. 이 프로브에 의하여 코드를 분리할 수 있으므로 클램프 미터를 사용할 수 있습니다.

[콘센트용 세퍼레이터] 클램프 미터를 끼우는 구멍이 두 개 있습니다. 각각 일차전류의 ×1배, ×10배의 구멍입니다. 따라서 소전류를 측정하는 경우에는 ×10배를 사용하면 오차가 작아집니다. 그 경우의 측정값은 클램프 미터로 측정한 값의 10분의 1이 실제 전류가 됩니다.

[콘센트에 흐르는 전류의 측정] 콘센트용 세피레이터를 사용하여 콘센트에 흐르는 전류를 측정하고 있는 모습입니다. 콘센트용 세퍼레이터는 콘센트와 클램프 사이에 삽입하여 사용합니다. 클램프 미터는 두 구멍 중 어느 곳에 끼워서 사용해도 괜찮지만, 콘센트에 가까운 쪽 구멍은 ×1배, 반대쪽은 ×10배로 측정됩니다. 또한 전압측정용 단자가 달려 있기 때문에 전압을 측정할 때는 전압측정용 단자에 테스트핀을 꽂아 측정합니다.

4 누설전류 측정

(1) 측정원리

일반적으로 저압회로의 절연은 메거(megger)에 의하여 절연저항을 측정하여 양호한지 아닌지를 판정합니다. 그러나 절연저항의 측정에는 정전을 할 필요가 있으므로 일상적으로는 누설전류에 의하여 절연상태를 관리합니다.

그림 1에 전선 일괄 측정 시의 전류 흐름을 나타냅니다. 그림 1에서 전선 3가닥을 한꺼번에 끼워 부하전류가 상쇄됨을 알 수 있습니다. 따라서 정상적인 전류는 0, 누전 시의 전류는 누설전류만큼 측정됩니다. 단상회로의 경우는 전선 2가닥을 함께, 3상회로의 경우는 전선 3가닥을 함께 끼웁니다. 따라서 원리적으로는 부하전류를 측정하는 클램프 미터로도 이 누설전류를 측정할 수 있게 됩니다.

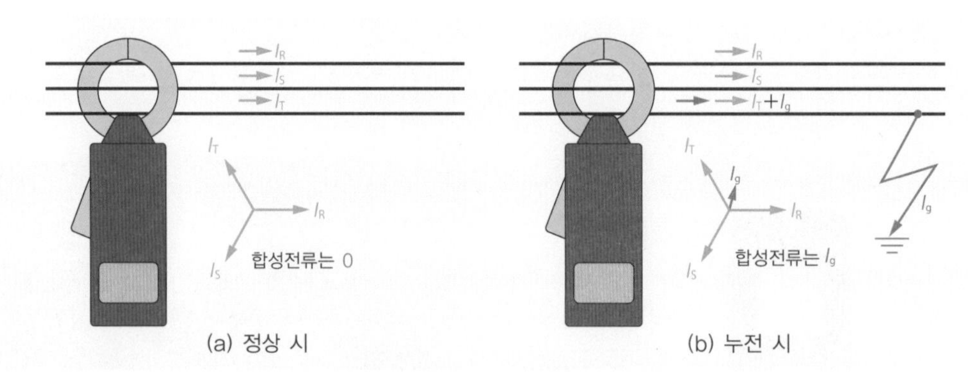

그림 1 전선 일괄 측정(3상회로의 경우)

그러나 실제의 측정에서는 다음과 같은 요인에 의해 통상의 클램프 미터로 누설전류를 측정하면 오차가 커집니다.

① 누설전류가 mA의 단위로 매우 작다.

② 배선의 위치에 따라 클램프한 전선의 자속이 완전하게 조화를 이루지 않기 때문에 부하전류도 완전히 상쇄되지 않는다.

③ 다른 배선에서 발생하는 자속의 영향을 받는다.

따라서 누설전류의 측정에는 '누설전류용', '리크전류용' 등으로 표시된 누설전류용 클램프 미터를 사용합니다. 누설전류용 클램프 미터는 가능한 한 이러한 오차가 작도록 설계 및 제조된 클램프 미터입니다.

누설전류용 클램프 미터는 통상의 클램프 미터보다 비싸지만, 이 클램프 미터는 누설전류 뿐 아니라 부하전류도 측정할 수 있으므로 보수 및 관리 현장에서는 일반적으로 이러한 타입의 클램프 미터를 사용합니다.

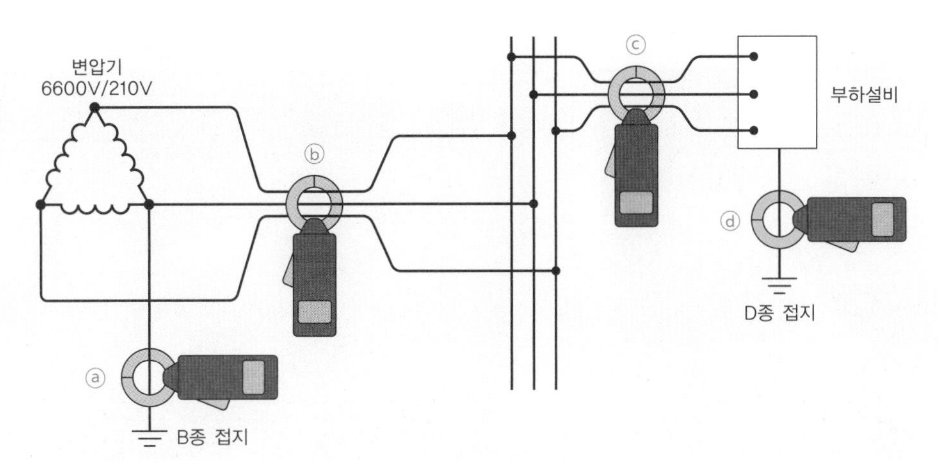

그림 2 누설전류 측정부분(3상회로의 경우)

그림 2에 누설전류의 측정부분의 예를 나타냈습니다. ⓐ점은 변압기의 B종접지선에서의 측정입니다. 여기에는 이 변압기에서 공급되는 부하설비 전체의 누설전류가 흐릅니다. ⓑ점은 간선에서의 측정으로, 3선 일괄 측정입니다. ⓒ점은 부하의 누설전류의 측정입니다. ⓓ점도 부하의 누설전류의 측정이지만, ⓒ점에서 측정할 수 없는 경우에 측정합니다. 다만, 부하의 금속제 케이스와 대지와의 접촉부 저항이 낮으면 그 쪽으로도 누설전류가 흐르기 때문에 측정값은 실제 누설전류보다도 작아지므로 주의가 필요합니다.

그림 3은 3상회로의 등가회로입니다. 전로는 절연되어 있지만, 실제로는 전로와 대지 사이에는 저항과 정전용량 등이 존재합니다. 중성선 이외의 절연이 열화되거나 정전용량이 변화하여 이 값들이 커지게 되면 누설전류도 증가합니다(중성선의 대지전압은 0이므로 중성선의 저항과 정전용량은 누설전류에는 영향을 미치지 않습니다).

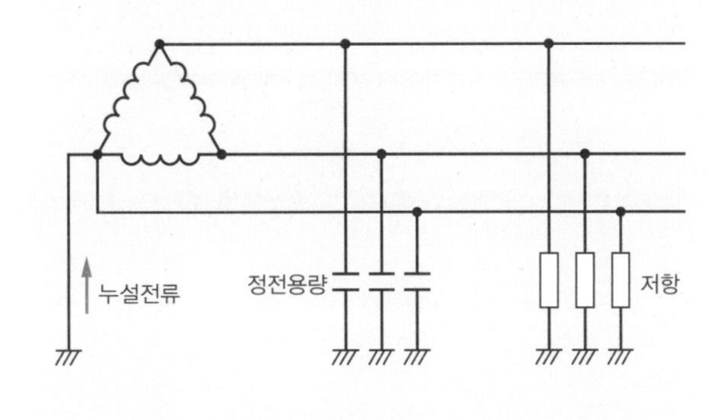

그림 3 3상회로의 등가회로

(2) 측정방법

측정방법은 부하전류의 측정과 동일합니다. 다만, 변압기의 B종 접지선이나 금속제 케이스의 D종 접지선 이외는 전선을 일괄로 끼웁니다. 실제 측정에서는 회로구성과 물리적인 조건을 고려하여 최적의 측정부분을 선택합니다.

[변압기의 B종 접지선에서의 측정] B종 접지선에는 이 변압기에서 공급되는 부하설비 전체의 누설전류가 흐릅니다. 정상 시에도 누설전류가 다소 있으므로 이 값을 기준으로 관리할 필요가 있습니다. 이 값이 증가하기 시작하면 누전의 가능성이 있으므로 원인을 조사할 필요가 있습니다.

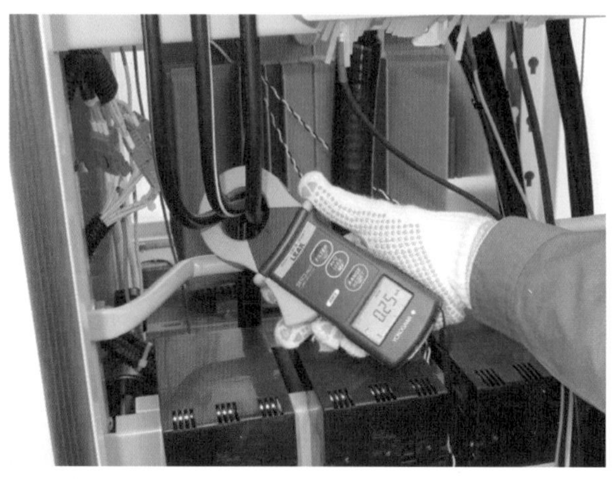

[큐비클의 간선에서의 측정] 간선 차단기의 이차측에서 측정하고 있는 모습입니다. 변압기의 B종 접지선에서 누설전류를 검출하면, 간선(3선 일괄)별로 누선전류를 측정합니다. 이렇게 하면 어떤 간선에 누설전류가 흘러서 불량한지 아닌지를 특정할 수 있습니다.

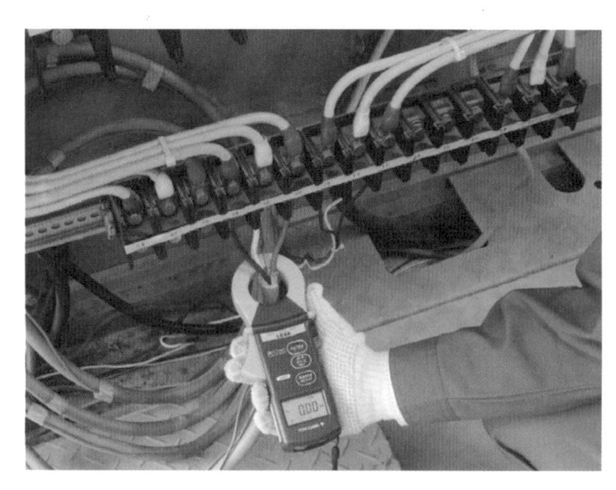

[부하 배선에서의 측정] 동력제어반에 공급되고 있는 배선에서 측정하고 있는 모습입니다. 누설전류가 흐르고 있는 간선을 특정할 수 있었다면, 다음으로 간선에서 공급되고 있는 부하별로 누설전류를 측정합니다. 이처럼 전원측에서 부하측으로 측정점을 순차적으로 이동하면서 누전지점을 좁혀갑니다.

누설전류가 갑자기 증가한 경우나 관리값 이상의 누설전류가 발생하고 있는 경우에는 원인을 찾아낼 필요가 있습니다. 한편, 간헐적으로 누설전류가 발생하는 경우에는 원인규명에 장시간이 필요한 경우가 있습니다. 이 경우는 기록계를 설치하여 발생 패턴을 파악하는 등 장소를 추측하면서 누전지점을 찾습니다.

(3) 대지 정전용량

최근에는 전자기기나 인버터 등이 증가함에 따라 대지 간 정전용량이 커지게 되었습니다. 이 때문에 정전용량에 의한 누설전류가 증가하고 있어 누설전류가 정전용량에 의한 것인지 절연불량에 의한 것인지 판단하기 어려워졌습니다.

이러한 문제에 대응하기 위하여 절연불량에 의한 누설전류만을 측정할 수 있는 클램프 미터가 있습니다. 이 클램프 미터는 I_{or} 클램프 미터 등으로 불리고 있으며, 측정에는 전류뿐 아니라 전압도 필요합니다. 그림 4와 같이 측정된 전류와 전압의 위상으로부터 내부에서 연산하여 절연불량에 의한 누설전류 성분만을 추출하여 표시합니다.

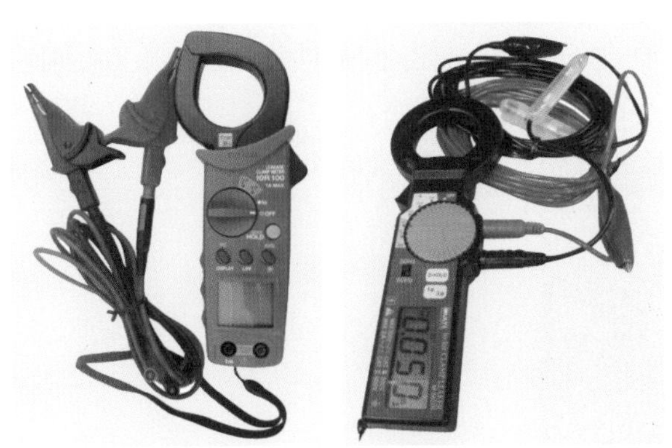

[I_{0r} 클램프 미터] 양쪽 모두 I_{or} 클램프 미터입니다. 이 클램프 미터를 사용하면, 운전상태로 절연관리를 할 수 있습니다. 다만, 원리적으로는 이용량 V 접속 변압기나 비접지 전로에서는 사용할 수 없습니다. 또한 회로방식에 따라서는 오차가 커지는 경우도 있습니다. 취급설명서를 잘 읽고 사용해야 합니다.

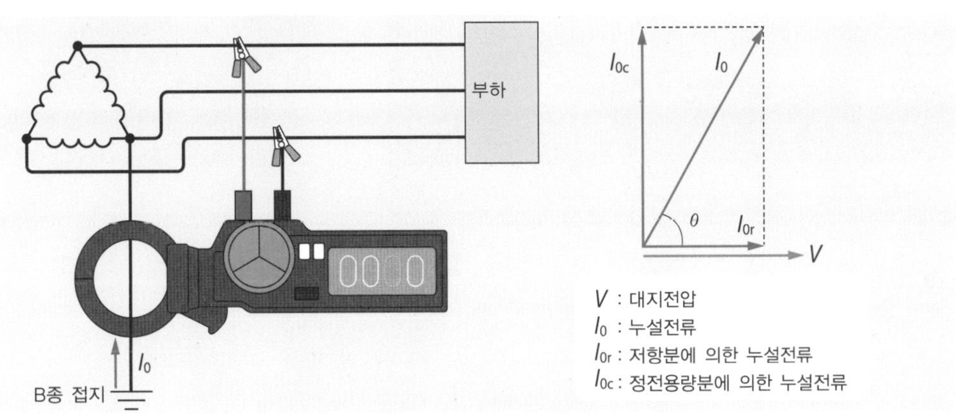

그림 4 I_{or} 클램프 미터의 원리(3상회로의 경우)

5 측정 시 주의점

(1) 클램프 미터의 취급

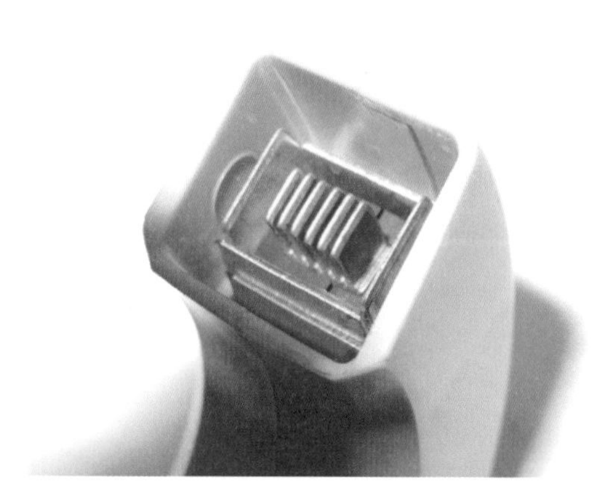

[클램프(철심)의 맞물림부] 자기적으로 밀착할 수 있도록 되어 있습니다. 정밀한 구조이므로 큰 충격이나 진동 또는 무리한 힘이 가해지지 않도록 합니다. 이물질이 끼거나 변형되어 맞물림부가 밀착되지 않으면 오차의 원인이 되므로 항상 깨끗하게 유지합니다. 또한 습기나 수분이 부착하면 녹슬게 될 우려가 있으므로 바로 닦아냅니다.

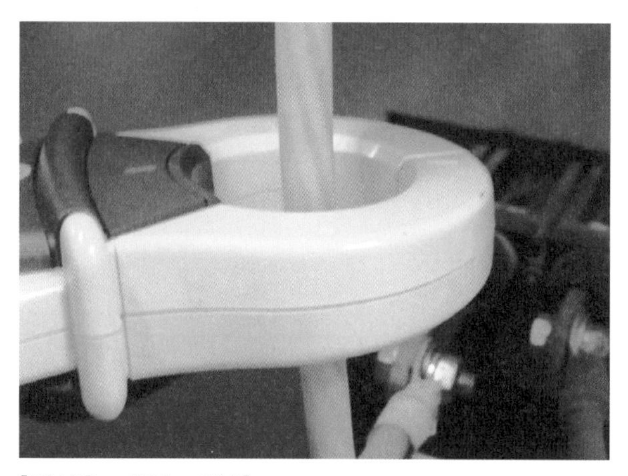

[전선을 끼우는 방법] 오차를 줄이기 위해서는 전선과 철심부를 직각으로 할 수 있는 위치에서 측정합니다. 또한 측정하는 전선은 철심 개구부의 정중앙에 오도록 합니다.

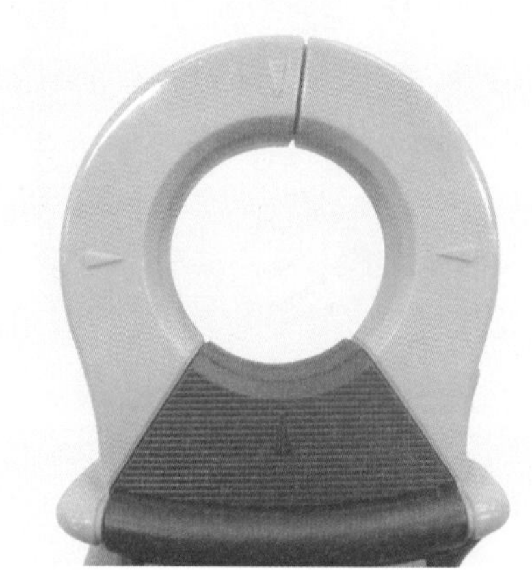

[전선의 위치] 철심부에 전선의 중심 위치를 나타내는 표시(▲ 표시)가 되어 있는 경우는 그 표시에 맞춥니다. 또한 측정하고자 하는 전선 가까이에 대전류가 흐르고 있는 전선이 있으면, 그 전류에 의한 자계의 영향을 받아 오차가 발생할 우려가 있습니다. 따라서 다른 전선과의 거리는 가능한 한 멀리 합니다.

[전지 확인] 전지 커버를 열고 AA형 전지 2개를 교환하고 있는 모습입니다. 사용 전에 전지를 체크하여 전지가 소모되어 있으면 교환합니다.

(2) 고압회로의 측정

저압의 클램프 미터는 저압 전선 위에서 측정하도록 만들어져 있으므로 구리 바 등과 같이 충전부가 노출되어 있는 장소에서 측정하는 경우는 감전의 우려가 있으므로 피하는 것이 좋습니다. 어쩔 수 없이 측정해야 하는 경우에는 절연용 보호구나 방재구 등을 착용하여 충분히 안전에 유의합니다.

저압의 클램프 미터로 사진 1과 같은 고압회로를 측정하는 것은 위험하므로 절대로 피해야 합니다.

고압회로를 측정하기 위해서는 고압용 클램프 미터를 사용해야 합니다. 고압 클램프 미터에는 사진 2와 사진 3과 같은 것이 있습니다. 또한 고압 클램프 미터는 저압회로에서도 사용할 수 있습니다.

클램프 미터는 현장의 보호 및 관리를 목적으로 일상적으로 사용하는 측정기입니다. 사용 환경도 가혹해 시간의 경과에 따라 변화가 커지는 경우가 있습니다. 따라서 측정의 신뢰성을 확보하기 위해서는 계기의 교정은 반년에 1회 정도 실시하는 것이 바람직하다고 할 수 있습니다.

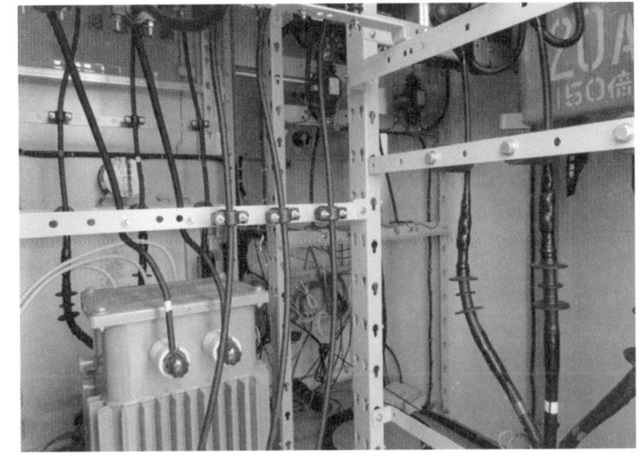

사진 1 고압회로

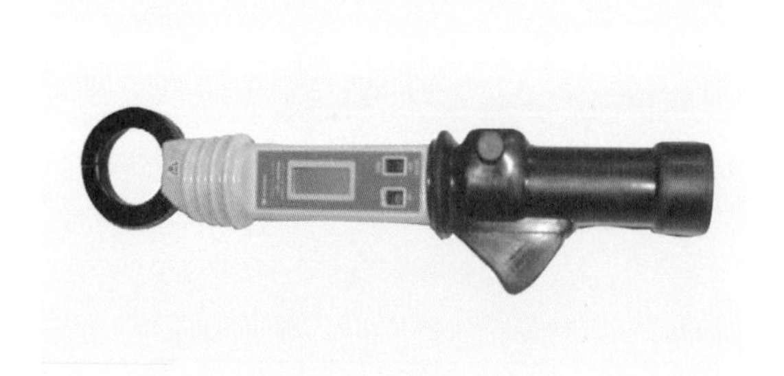

사용 회로전압	80~7,000V
교류전류 측정 범위(A)	2,000m 20, 200
정확도	±2.0%rdg±5dgt
측정방식	평균값 정류방식

사진 2 고압 클램프 미터(1)

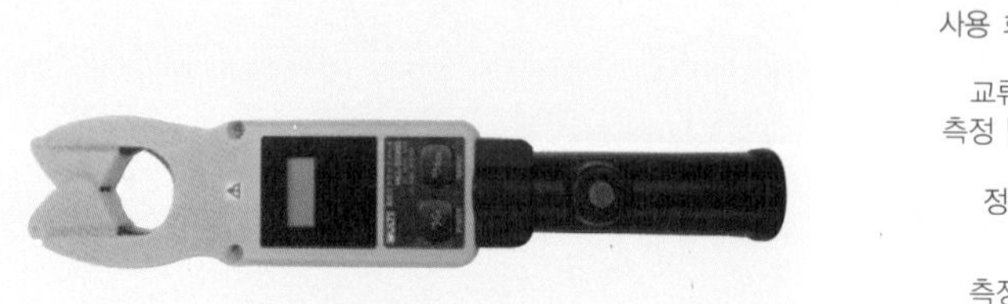

사용 회로전압	80~7,000V
교류전류 측정 범위(A)	20, 600
정확도	±2.0%rdg±8dgt ~±3.0%rdg±10dgt
측정방식	평균값 정류방식

사진 3 고압 클램프 미터(2)

column

클램프 미터의 역사

클램프 미터는 전로를 절단하지 않고 전류를 측정할 수 있는 매우 편리한 측정기입니다. 그 기본 원리는 영국의 과학자인 마이클 패러데이가 1831년에 발견한 전자기유도의 법칙입니다. 전자기유도의 법칙은 19세기 최대의 발견이라고 일컬어지고 있으며, 발전기, 변압기 등이 태어나게 된 계가가 되어 오늘날 우리가 누리고 있는 전기문명의 기초가 되었습니다.

측정기에 응용한 것은 1900년대 처음으로 개발된 VT(계기용 변압기)와 CT(변류기)가 최초입니다. 그 후, 분할형 CT의 실용화를 거쳐 현재와 같은 개폐가 자유로운 클램프 미터로 진화해 왔습니다. 그러나 그 개발에는 매우 긴 시간이 필요했습니다.

최초의 클램프 미터는 미국의 앰프로브(Amprobe)社에서 1951년에 개발되었습니다. 패러데이의 전자기유도의 법칙으로부터 120년이나 경과한 것입니다.

일본에서는 1965년에 교리츠전기계기 주식회사가 일본 내 최초의 클램프 미터의 개발에 성공하여 제조 및 판매하였습니다. 처음에는 자성재료의 성능이 좋지 않았고, 또한 제품의 생산량도 한계가 있었으므로 본격적인 시장도입에는 이르지 못했습니다. 그 후, 재료의 개량이나 회로기술의 진보와 더불어, 현재와 같은 작고 가벼우면서도 고성능인 클램프 미터로 진화해 왔습니다.

제3장

절연저항 측정

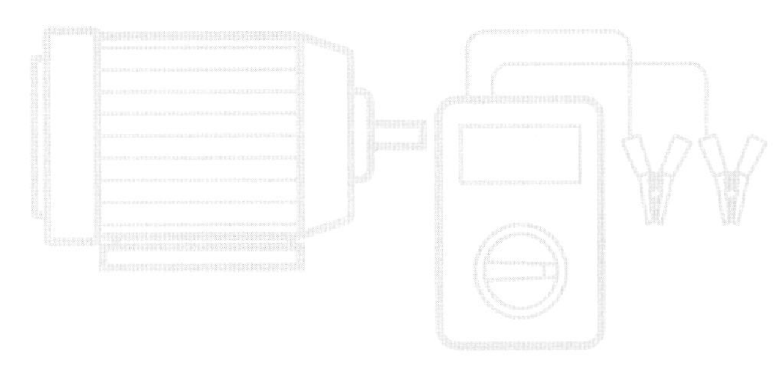

절연저항은 저압회로의 절연 불량/양호의 판정이나, 고압회로의 절연 열화상태를 판단하기 위해서 측정합니다. 이를 위하여 사용하는 측정기가 절연저항계입니다. 절연저항계는 클램프 미터와 마찬가지로 자가용 전기설비의 보수 및 관리에 필수불가결한 측정기입니다.

절연저항계는 측정전압에 따라 다양한 제품이 있습니다. 또한 절연저항은 온도나 습도 또는 오염/손상 상태 등에 따라 크게 변화합니다.

따라서 절연저항을 측정하기 위해서는 절연저항계의 사용방법뿐 아니라 절연물의 특성이나 열화의 메커니즘 등 절연에 관한 지식도 필요합니다.

또한 최근에는 전기를 멈추는 것이 어려운 상황에 있으므로 활선 상태에서 사용할 수 있는 활선 절연저항계도 시판되고 있습니다. 필요에 따라서 이런 것들을 이용하면 효과적으로 절연관리를 할 수 있습니다.

1 절연저항

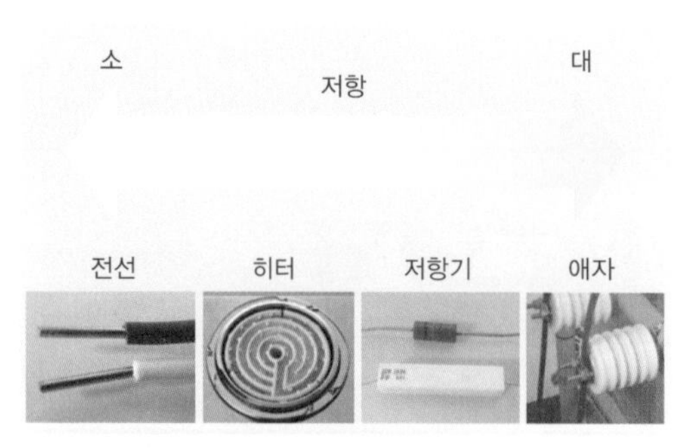

사진 1 저항의 종류

사진 2 저항 재료

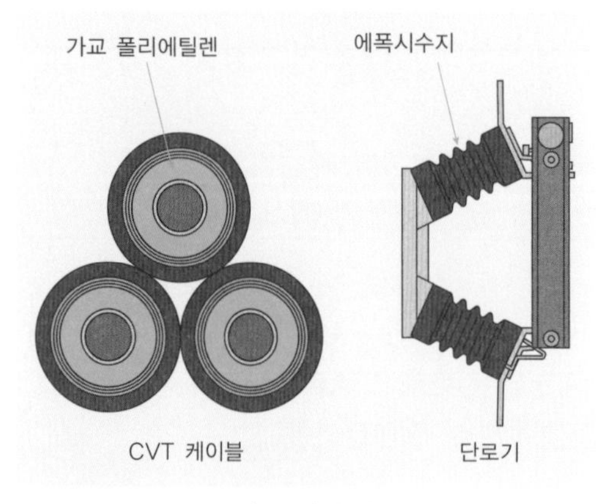

그림 1 절연 재료

(1) 저항이란

저항이란 전기가 흐르기 어려운 정도이며, 저항 크기의 단위로는 옴(Ω)이 사용됩니다.

사진 1과 같이 물질의 저항은 다양하며, 그 크기는 0부터 무한대까지의 넓은 범위에 걸쳐 있습니다. 전선의 저항은 전류가 흐르기 쉽도록 작을수록 좋고, 애자(insulator)는 전류가 흐르면 안 되므로, 저항은 클수록 좋습니다. 그러나 애자의 저항과 전선의 저항 모두 물리적으로는 같은 저항이며 그 크기가 다를 뿐입니다.

사진 2는 1500W의 법랑저항으로, 회로소자로서 사용되고 있습니다. 한편, 그림 1과 같은 CVT 케이블의 가교 폴리에틸렌이나 단로기의 에폭시수지의 저항을 단순하게 '저항'이라고 하지 않고 특별히 '절연저항'이라고 하는 것은 이것들이 절연(전류가 흐르지 않는 것)을 목적으로 한 재료이기 때문입니다.

(2) 절연저항이란

전기기기나 배선의 충전부는 절연물로 전기적으로 절연되어 있습니다. 이 절연물에 직류전압을 인가하면, 흐르는 전류는 0이 아니라 매우 적은 전류가 흐릅니다. 이 전류(i)를 누설전류라고 합니다. 누설전류에는 그림 2에 나타낸 것과 같이 절연물의 내부에서 흐르는 누설전류(i_e)와 절연물의 표면에 흐르는 누설전류(i_s) 등이 있습니다. 통상은 표면에 흐르는 전류가 더 크며, 또한 이것들은 습기나 온도 등 주위조건에 강하게 영향을 받습니다.

이 때문에 측정 시에는 날씨, 기온, 습도, 측정기의 사양, 가드회로의 유무 등을 상세하게 기록해 둘 필요가 있습니다. 이것이 갖춰지지 않은 측정 데이터는 절연판정을 위한 자료로서는 가치가 작습니다.

인가전압(e)를 누설전류(i)로 나누어 얻어진 값(r)은 옴의 법칙으로부터 저항이 됩니다.

$$r = \frac{e}{i} \,[\Omega]$$

이 저항이 절연물인 경우에 절연저항이라고 부릅니다.

또한 절연물 내부에 흐르는 전류(i_e)에 의한 절연저항을 체적저항, 절연물의 표면에 흐르는 누설전류(i_s)에 의한 절연저항을 표면저항이라고 하여 구별하는 경우도 있습니다.

절연물에 흐르는 전류는 μA(10^{-6}A) 정도로 매우 작기 때문에, 절연저항도 Ω이 아니라 MΩ(10^6Ω) 단위가 사용됩니다.

저항은 그림 3(a)와 같이 테스터로도 측정이 가능하지만, 절연저항은 그림 3(b)와 같이 절연저항계가 아니면 측정할 수 없습니다. 이것은 인가전압에 의하여 절연물의 저항이 변화하고 흐르는 전류가 매우 작기 때문에 고전압에서 측정하지 않으면 정확한 값을 얻을 수 없기 때문입니다.

테스터의 인가전압은 수 V 정도이지만, 절연저항계는 100~10000V 정도입니다.

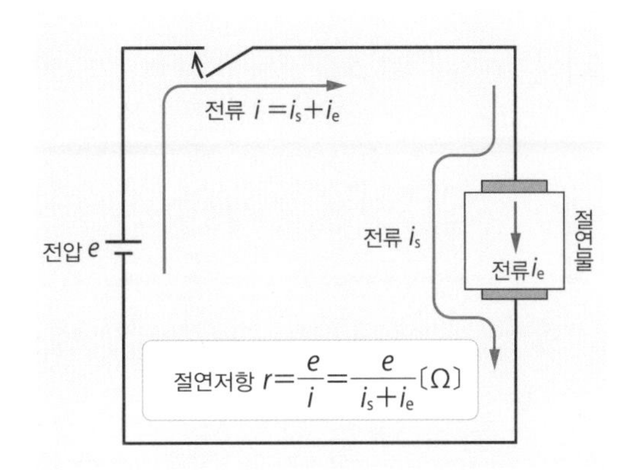

그림 2 절연물에 흐르는 전류

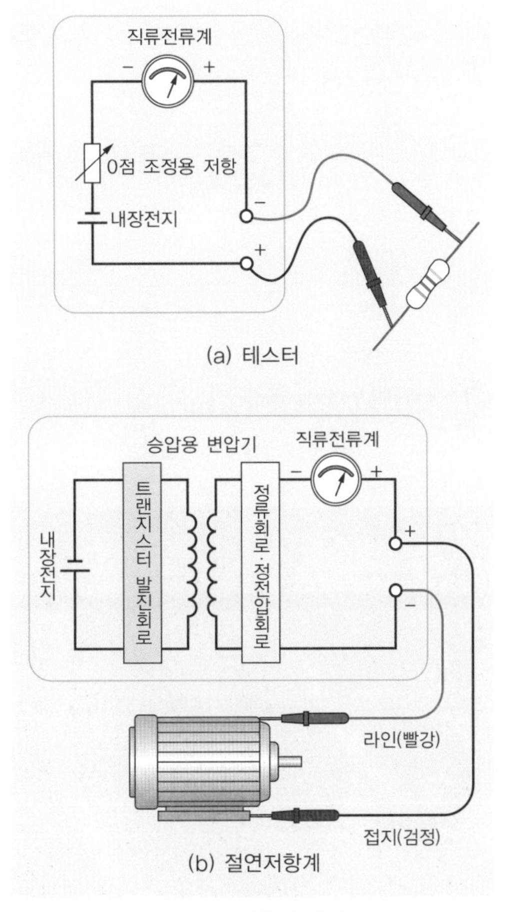

그림 3 저항의 측정

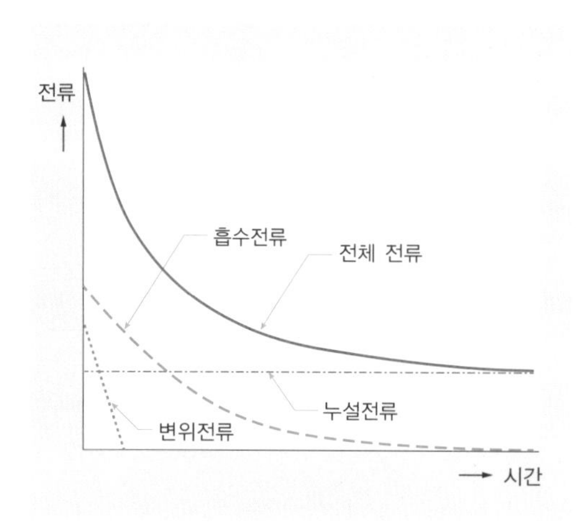

그림 4 직류전압 인가특성

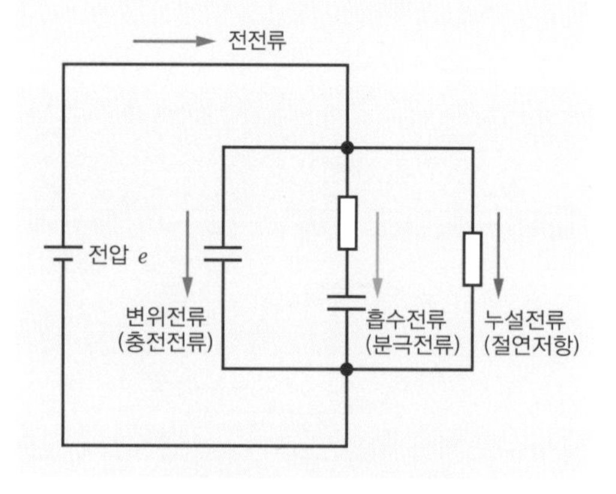

그림 5 절연물의 등가회로

사진 3 열화한 전선피복

이와 같이 절연저항의 측정에서는 사용전압 정도의 고전압을 인가하여 얼마나 누설전류(절연저항)이 있는지를 측정하지 않으면 별로 의미가 없습니다.

실제 측정에서는 절연물에 직류전압을 인가하면 그림 4와 같은 전류가 흐릅니다. 이것은 절연물이 그림 5와 같이 정전용량을 갖고 있으므로 누설전류(절연저항)에 더하여 변위전류(충전전류)와 흡수전류(분극전류) 등이 흐르기 때문입니다. 변위전류와 흡수전류는 전압 인가 후 서서히 감쇠하기 때문에 전류가 안정되었을 때의 값이 절연저항이 됩니다(통상, 1분값이 사용되는 경우가 많음).

(3) 절연저항의 특성

사진 3의 전선피복에는 금이 가 있습니다. 또한 사진 4의 변압기의 절연유는 완전히 검습니다. 이렇게 전선이나 전기기기는 사용 중에 전기적, 열적, 기계적 및 이것들의 복합 원인에 의하여 열화합니다. 따라서 절연파괴 사고를 미연에 방지하기 위해서는 절연상태의 관리가 중요합니다. 이 때문에 절연저항이 널리 측정되고 있습니다.

그러나 절연저항값과 절연파괴 전압을 수치적으로 관련시키는 것은 곤란하며, 어디까지나 절연열화를 예측하는 기준으로서 이용되고 있습니다.

따라서 절연저항의 특성을 충분히 파악하지 않으면 잘못된 판단을 하는 경우도 있으므로 주의가 필요합니다.

① 온도 특성

통상, 절연물에는 자유전자가 거의 존재하지 않지만, 절연물의 온도가 상승하면 절연물 내에 자유전자가 약간 발생하여 전류가 흐르기 쉬워집니다.

이 때문에 동일한 것의 절연저항을 측정해도 그 때 절연물의 온도에 따라서 저항값이 변화합니다. 통상의 절연물은 그림 6과 같이 온도가 상승하면 절연저항은 저하합니다.

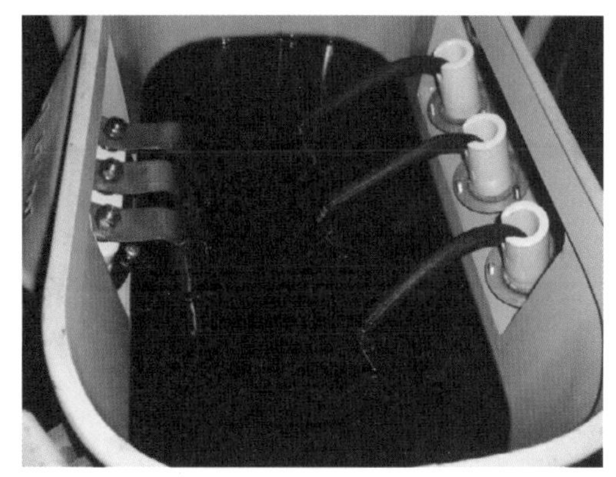

사진 4 열화한 절연유

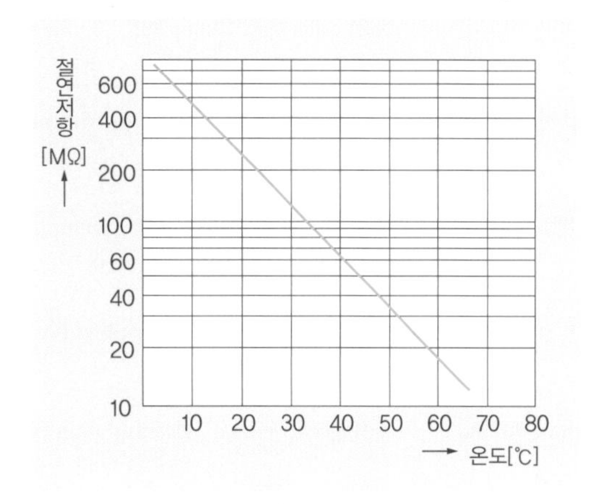

그림 6 온도 특성의 예

② 전압 특성

절연물은 그림 7과 같이 측정 전압이 높을수록 절연저항이 낮아집니다. 그 이유는 다음과 같습니다.

- 전압이 높아질수록 누설전류가 커지기 때문에 줄열에 의하여 온도가 상승한다. 이 때문에 절연물의 온도 특성에서 서술한 이유에 의하여 절연저항이 낮아진다.
- 전압이 높아질수록 전자가 분자의 결정 격자에 부딪히는 강도가 커지게 되고, 더욱이 전자를 발생시키기 때문에 절연저항이 낮아진다.

이 때문에 절연저항의 측정은 가능하다면 고전압에서 실시하는 것이 바람직할 것입니다. 다만, 사용전압 이상의 전압에서의 측정은 절연이 파괴될 우려가 있으므로 주의가 필요합니다.

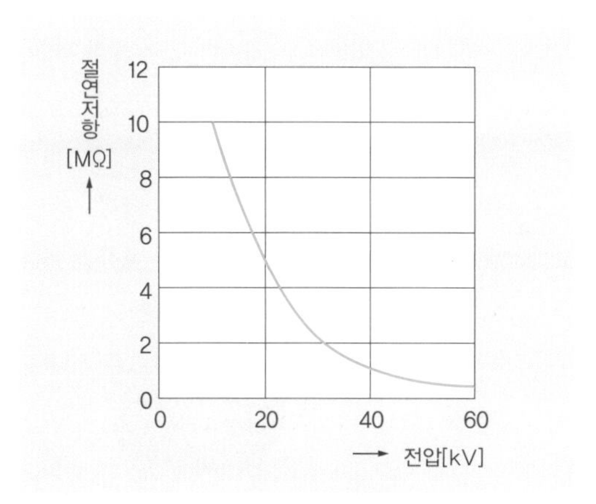

그림 7 전압 특성의 예

③ 습도

흡습·오손에 의하여 절연저항은 저하합니다. 이것은 주로 표면 누설전류가 증가하기 때문입니다. 표면 누설전류를 줄이기 위해서

사진 5 변압기의 부싱

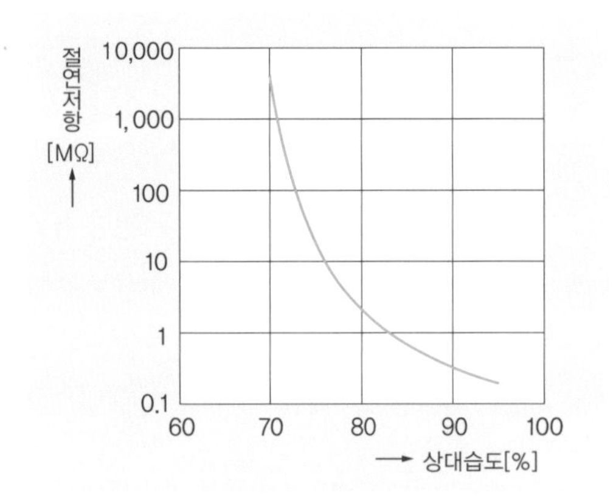

그림 8 습도 특성의 예

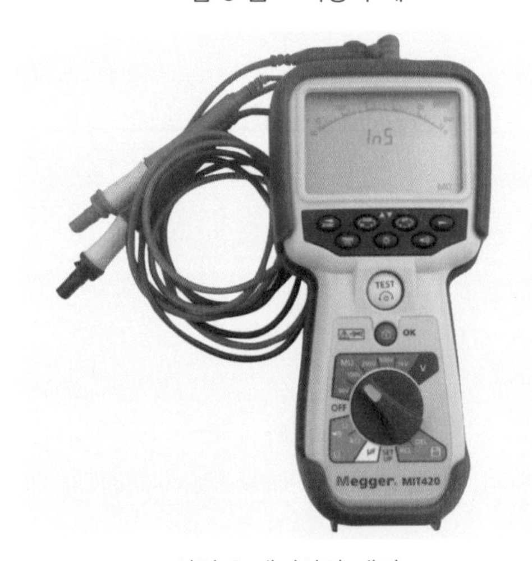

사진 6 메거사의 메거

는 사진 5와 같이 주름을 넣어서 연면거리를 늘리는 것도 유효한 방법입니다. 일반적인 전기기기는 상대습도가 30~80% 정도에서 결로하지 않는 것이 사용조건인 경우가 많은 듯합니다. 그림 8에 나타낸 것과 같이 습도가 70%를 넘으면 절연저항은 급격하게 저하합니다.

(4) 절연저항계의 종류

절연저항계는 일반적으로 '메거(Megger)'라고 불리고 있는데, 이것은 상품명입니다.

절연저항계는 1889년에 영국의 전기기사 시드니 에버쉐드가 발명하였습니다. 이 때 Megaohm(메가옴)과 meter(미터)를 합체한 메거라는 상표로 판매되었습니다. 현재, 이 상표는 메거사가 승계했습니다. 사진 6에 메거사의 절연저항계의 예를 나타냈습니다.

① 아날로그형과 디지털형

절연저항계는 측정한 절연저항값의 표시 방법의 차이에 따라 바늘과 눈금판을 사용하는 아날로그형 절연저항계(사진 7)와 디지털량으로 표시하는 디지털형 절연저항계(사진 8)가 있습니다.

• 아날로그형

아날로그형 절연저항계의 내부회로의 구성은 그림 9와 같습니다. 고전압 발생회로에서는 내장된 건전지(6~12V 정도)의 전압을 측정전압까지 승압합니다. 그 고전압 발생회로는 발진회로, 승압용 변압기, 정류회로, 정전압회로 등으로 구성되어 있습니다.

승압한 측정전압을 피측정물(절연물)에 인가하여, 흐르는 전류를 지시계로 표시(눈금은 절연저항값)합니다. 이 때, 표시계의 표시를 대수눈금 특성으로 하는 것이 대수눈금 변환회로입니다. 이 회로는 반도체 소자와 저항기로 구성되어 있습니다.

일반적인 지시계는 균등눈금이지만, 절연저항계는 대수눈금으로 되어 있습니다. 이것은 절연저항의 값은 넓은 범위에 분포하고 있기 때문에 이것을 균등눈금으로 동일하게 읽는 것은 불가능하기 때문입니다. 대수눈금에서는 그림 10과 같이 0.1~1MΩ, 1~10MΩ, 10~100MΩ의 눈금이 거의 같은 간격으로 되어 있기 때문에 바늘이 어떤 위치에 있어도 동일한 세밀함으로 측정값을 읽어낼 수 있습니다.

• 디지털형

디지털 절연저항계의 내부회로 구성은 그림 11과 같습니다. 고전압 발생회로는 아날로그형 절연저항계와 동일합니다. 측정전압을 피측정물(절연물)에 인가하면 표준저항에 전류가 흐릅니다.

이 때, 표준저항의 양단에 발생하는 전압을 측정하여 절연저항을 구합니다. 이 전압은 아날로그량이므로 A/D변환기로 디지털량으로 변환하여 표시합니다.

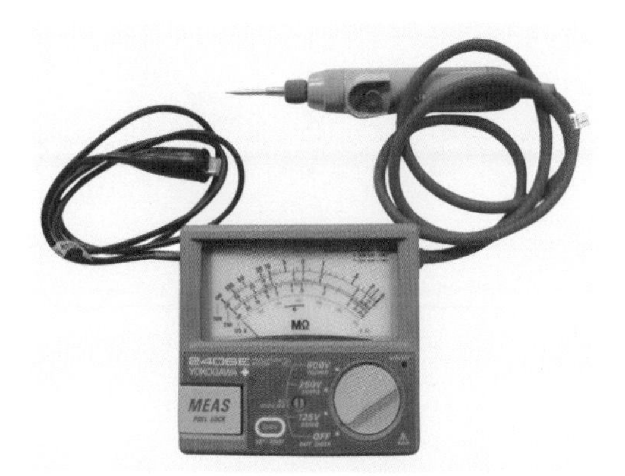

사진 7 아날로그형 절연저항계

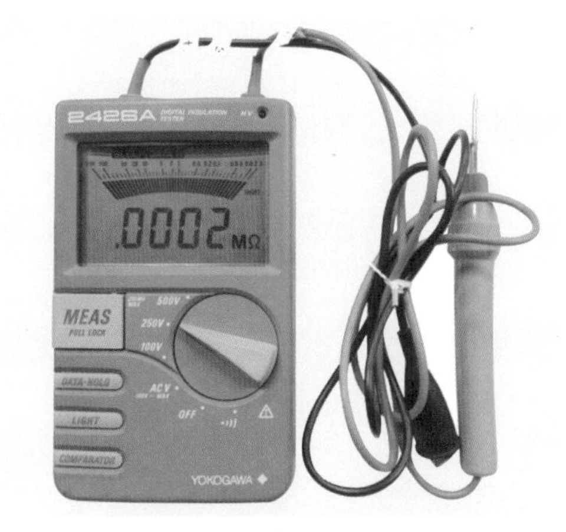

사진 8 디지털형 절연저항계

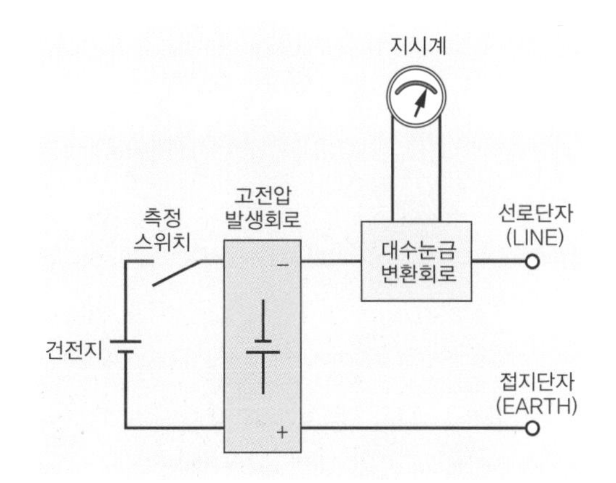

그림 9 아날로그형 절연저항계의 내부구성

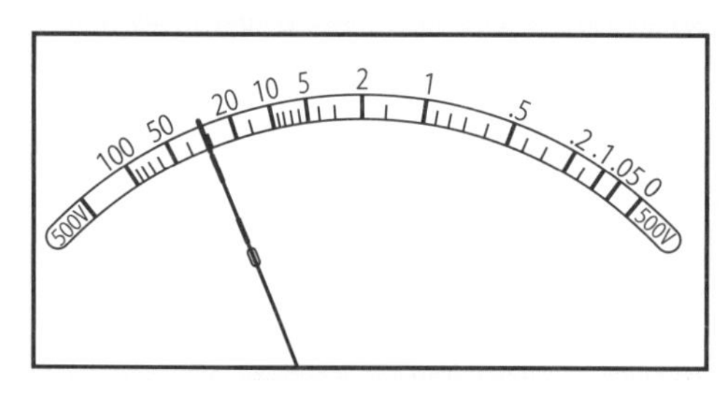

그림 10 대수눈금

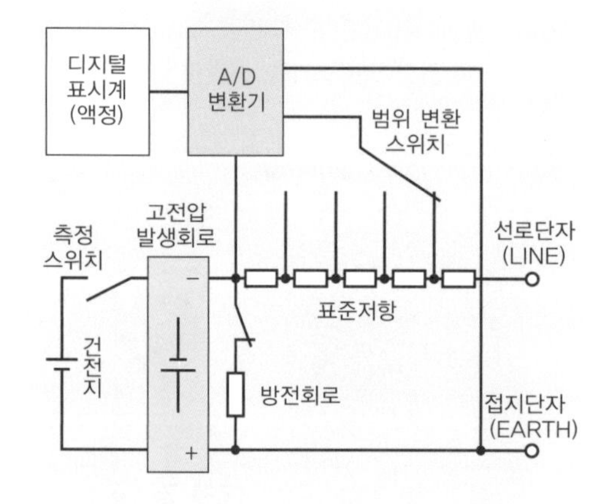

그림 11 디지털형 절연저항계의 내부구성

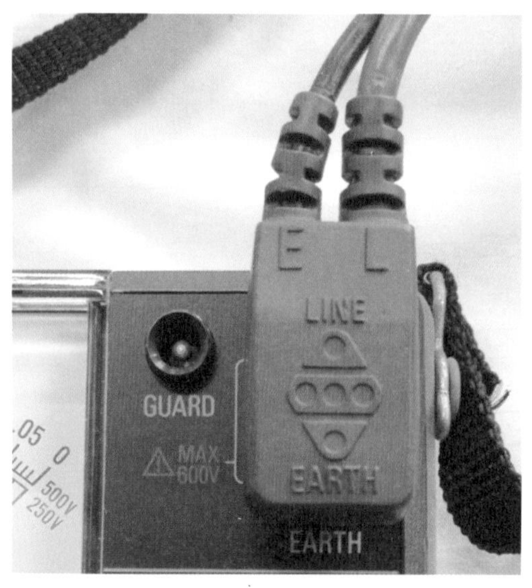

사진 9 리드선의 접속단자

• 단자

절연저항계의 단자에는 선로측에 접속하는 선로단자(LINE)와 접지측에 접속하는 접지단자(EARTH)가 있습니다. 통상, 현장에서는 선로측은 L 단자, 접지측은 E 단자라고 부릅니다. 절연저항계의 출력은 직류이지만, L 단자측의 극성은 −, E 단자측의 극성은 +가 됩니다.

L 단자와 E 단자 외에 G 단자(보호단자 : GUARD)를 구비한 절연저항계도 있습니다. 사진 9는 G 단자를 구비한 절연저항계로, 왼쪽의 단자가 G단자(커넥터는 접속되어 있지 않음), 오른쪽의 단자가 L 단자와 E 단자입니다.

전력 케이블과 같이 본체 부분의 절연저항이 매우 큰 것에서는 연면 누설전류를 배제하여 측정할 필요가 있는 경우도 있습니다. 이러한 때는 가드(GUARD)회로를 형성하여 연면 누설전류를 측정값에 포함되지 않도록 합니다.

G 단자는 그림 12와 같이 절연물의 표면에 흐르는 전류가 지시계를 통과하지 않고 직접 전원에 흐르도록 하기 위한 것입니다. 이렇게 하여 절연물의 표면에 흐르는 전류의 영향을 제거하여 절연물 고유이 절연저항을 측정할 수 있게 되는 것입니다. 절연물의 표면에 감는 보호선은 도전성이 좋은 나선을 사용합니다.

② 고전압 절연저항계

예전에는 고압회로의 절연저항 측정에는 측정전압이 1000V인 절연저항계가 사용되었습니다. 그러나 고전압기나 고압 케이블 등의 절연저항 측정에서는 이 정도의 전압에서는 전압이 낮기 때문에 양호/불량의 판단을 하기 어려운 경우도 있습니다.

고압설비에서는 사용전압에 가까운 전압으로 측정하면 측정 정밀도가 상승하기 때문에 사진 10과 같은 고전압 절연저항계를 사용합니다. 이 절연저항계는 사진 11과 같이 1~10kV의 범위에서 임의의 측정전압을 설정할 수 있습니다.

또한 사진 12는 1000V와 5000V의 변환식 절연저항계입니다.

(5) 규격

측정전압이 1000V 이하인 절연저항계는 JIS C 1302에서 규정되어 있습니다.

① 절연저항계에 관한 주요한 용어의 정의는 다음과 같습니다.

• **측정전압**

측정단자 사이에 발생하는 전압

• **개방회로 전압**

측정단자를 개방했을 때의 측정전압

• **측정전류**

측정 중에 측정단자 사이에 흐르는 전류

• **단락전류**

측정단자를 단락했을 때에 측정단자 사이에 흐르는 전류

• **유효 최대표시값**

절연저항계의 정밀도가 보증되는 범위 내에서의 최대 절연저항 표시값

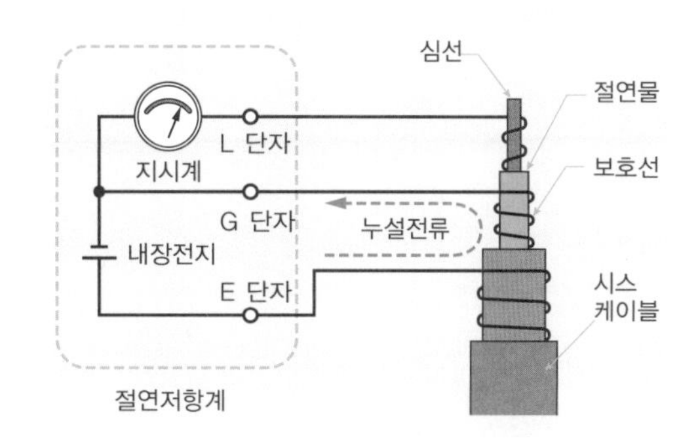

그림 12 G 단자의 역할

사진 10 고전압 절연저항계(1)

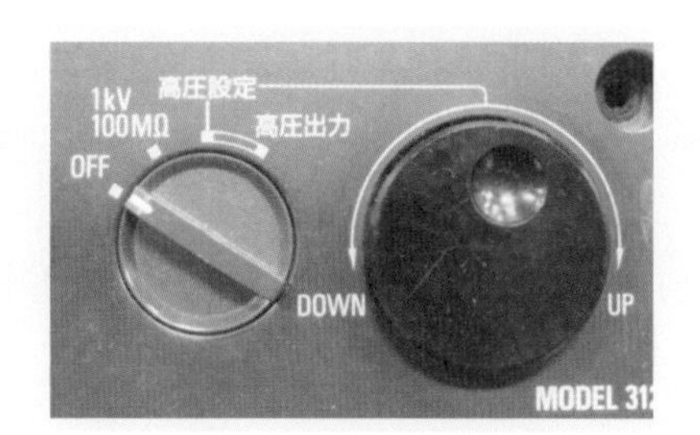

사진 11 전압가변 다이얼

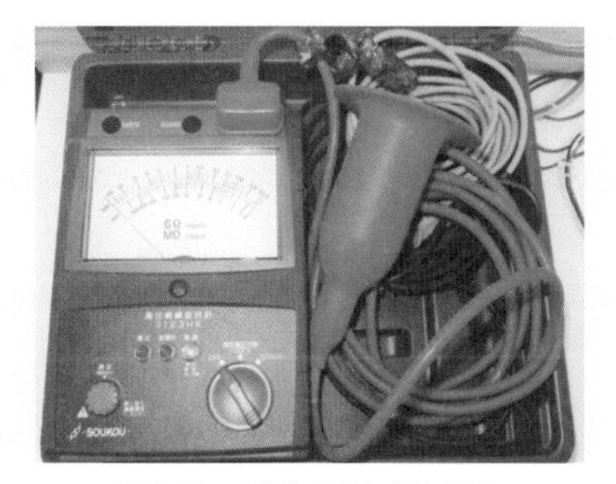

사진 12 고전압 절연저항계(2)

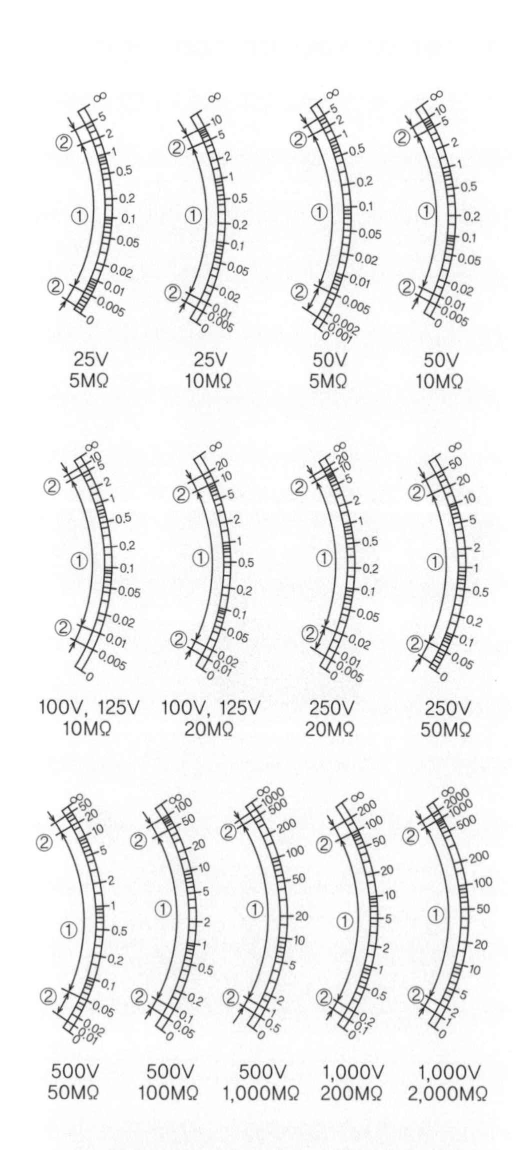

전압은 정격측정전압, 저항값은 유효 최대표시값을 나타냅니다.
또한 바늘의 표시는

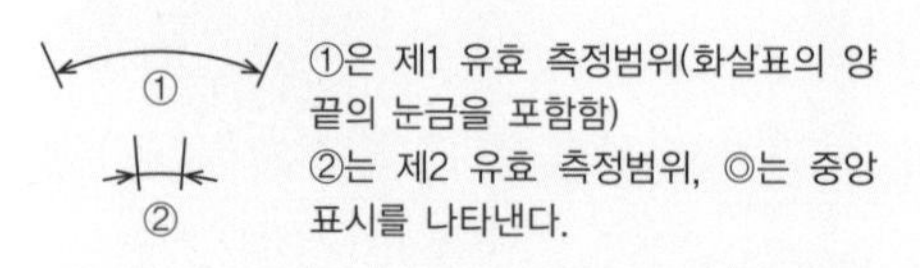

그림 13 아날로그형 절연저항계의 유효 측정범위
(JIS C 1302-2002)

• 유효 측정범위

측정범위 중 정밀도가 보증되는 범위. 아날로그형에서는 유효 최대표시값의 1/1000부터 1/2에 가까운 1, 2, 5 또는 그것들의 10의 정수승배의 저항값까지가 제1 유효 측정범위, 그 값을 넘어 유효 최대표시값 및 0에 가까운 표시값까지가 제2 유효 측정범위.

그림 13에 아날로그형 절연저항계의 제1 유효 측정범위 및 제2 유효 측정범위의 예를 나타냈습니다.

또한, 디지털형 절연저항계에서는 제1 유효 측정범위 및 제2 유효 측정범위로서 성능 표시된 범위입니다.

• 중앙표시값

제1 유효 측정범위의 대수표시값의 거의 중앙에 있으며, 유효 최대표시값의 1/50에 가까운 1, 2, 5 또는 그것들의 10의 정수승배의 저항값 표시값. 아날로그형인 경우에는 그림 13에 ◎으로 표시한 것.

이 규격에서 규정하는 절연저항계의 종류를 표 1과 표 2에 나타냈습니다.

② 절연저항계의 성능은 다음과 같이 규정되어 있습니다.

• 허용차

제1 유효 측정범위는 ±5%, 제2 유효 측정범위는 ±10%. 다만, 제1 유효 측정범위의 허용차가 ±5% 미만인 것은 성능표에 표시해야 합니다.

또한, 무한대 표시 및 0 표시에 있어서 해당 표시로부터의 편위는 아날로그형은 눈금 길이의 0.7% 이하, 디지털형은 0 표시에 있어서 6디짓(digit) 이하이어야 합니다.

• 개방회로 전압의 허용범위

개방회로 전압은 정격 측정전압의 1.3배를 넘지 않아야 합니다.

• 정격 측정전류의 허용범위

정격 측정전류는 1mA로 하고, 정격값의 0~+20%의 범위로 합니다.

• 단락전류의 허용범위

단락전류는 15mA를 넘지 않도록 합니다.

• 응답시간

표시값의 응답시간은 3초 이하로 합니다. 다만, 디지털형이고 오토레인지인 것은 5초 이내이어야 합니다.

표 3과 표 4에 실제 절연저항계의 사양을 나타냈습니다.

(6) 측정전압

절연저항은 가능한 한 높은 전압으로 측정하는 것이 바람직할 것입니다. 그러나 최근에는 인버터(사진 13)나 서버 등의 정보처리 장치(사진 14) 등 과전압에 약한 전자기기가 증가하고 있어 절연저항 측정에 의하여 손상되는 사례도 발생하고 있습니다.

전기 제58조(저압 전로의 절연성능)에서는 전로의 사용전압의 구분에 따라 절연저항값이 정해져 있지만, 측정하는 절연저항계의 정격 측정전압에 대해서는 규정되어 있지 않습니다. 일반적으로 500V의 전압으로 절연저항을 측정하는 것이 많지만, 언제나 500V의 전압에서 측정해야 하는 것은 아닙니다.

내선규정(JEAC8001-2011)의 1345-2절의 〔주 6〕에서는 '저압전로의 절연저항을 측정하는 절연저항계는 전로의 사용전압 상당

표 1 아날로그형 절연저항계의 종류

정격 측정전압 (직류)[V]	25	50	100	125	250	500	1,000
유효 최대표시값 [MΩ]	5 10	5 10	10 20	10 20	20 50	50 100 1,000	200 2,000

표 2 디지털형 절연저항계의 종류

정격 측정전압 (직류)[V]	25	50	100	125	250	500	1,000
유효 최대표시값 [MΩ]	1 2	5 10	20 50	100 200	500 1,000	2,000 3,000	4,000

표 3 아날로그형 절연저항계의 사양례

정격 측정전압	500V	250V	125V	50V	100V
유효 최대표시값	100MΩ	50MΩ	20MΩ	10MΩ	20MΩ
중앙 표시값	2MΩ	1MΩ	0.5MΩ	0.2MΩ	0.5MΩ
제1 유효 측정 범위 허용차	0.1~ 50MΩ	0.05~ 20MΩ	0.02~ 10MΩ	0.01~ 5MΩ	0.02~ 10MΩ
	표시값의 ±5% 이내				
제2 유효 측정 범위 허용차	제1 유효 측정범위 및 0, ∞ 이외의 눈금				
	표시값의 ±10% 이내				
0·∞눈금 허용차	눈금 길이의 ±0.7% 이내				
무부하전압 허용차	정격 측정전압의 0%~+20%				
정격 측정전류	1mA 0%~+20%				
단락전류	약 2mA				
응답시간	중앙 및 0 눈금에서 3초 이내 (용량성 부하의 경우는 표시가 안정할 때까지 시간이 걸리는 경우도 있음)				

표 4 디지털형 절연저항계의 사양 예

정측정전압 (DC)		50V	125V	250V	500V	1,000V
유효 최대표시값		100MΩ	250MΩ	500MΩ	2,000 MΩ	4,000 MΩ
중앙 표시값		2MΩ	5MΩ	10MΩ	50MΩ	100MΩ
제1 유효 측정범위 [MΩ]		0.020~ 10.00	0.020~ 25.0	0.020~ 50.0	0.020~ 500	0.020~ 1,000
정확도(고유오차)		±4%rdg				
제2 유효 측정범위 [MΩ]		10.1~ 100.0	25.1~ 250	50.1~ 500	501~ 2,000	1,010~ 4,000
정확도(고유오차)		±8%rdg				
기타 측정범위 [MΩ]		0~0.199				
정확도(고유오차)		±2%rdg ±6dgt				
측정 가능횟수		1,000회 이상				
과부하보호		AC660V(10초간)				AC 600V (10초간)
표시의 갱신간격		IR 4052: 0.6초 이내(응답 중에는 갱신없음) IR 4051: 1.0초 이내(응답 중에는 갱신없음)				
측정단자전압특성	개방 회로전압	정격 측정전압의 1~1.2배				
	정격 측정전압을 유지할 수 있는 하한 저항값	0.05MΩ	0.125MΩ	0.25MΩ	0.5MΩ	1MΩ
	정격전류	1~2mA				
	단락전류	1.2mA 이하				
응답시간		IR 4052: 0.6초 이내(저항부하일 때) IR 4051: 1.0초 이내(저항부하일 때)				

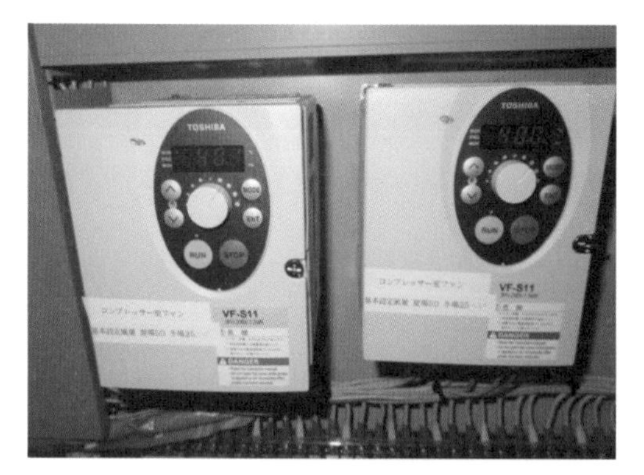

사진 13 인버터

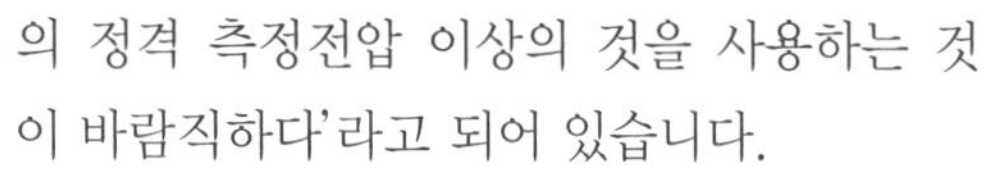

의 정격 측정전압 이상의 것을 사용하는 것이 바람직하다'라고 되어 있습니다.

또한 JIS C1302에서는 측정전압에 대하여 표 5와 같이 해설하고 있습니다.

이러한 것들로부터 100V 회로에서는 125V의 전압으로, 200V 회로에서는 250V의 전압으로 측정하는 것이 일반적이라고 생각할 수 있습니다.

사진 14 서버

표 5 절연저항계의 주요한 사용례(JIS C1302-2002 해설)

정격 측전전압 [V]	일반 전기기기	전기설비·전로
25 50	전화회선용 기기 및 방폭기기의 절연 측정	전화회선 회로의 절연 측정
100 125	제어기기의 절연 측정	100V 미만의 저압 배전선 및 기기 등의 유지·관리를 위한 절연 측정
250	저압 배선선로·기기의 절연 측정	200V 이하의 저압 전로 및 기기 등의 유지·관리를 위한 절연 측정
500	신설 배전선 전로의 절연 측정 600V 미만의 회로, 기기의 절연 측정(일반)	600V 미만의 저압 배전선 및 기기 등의 유지·관리를 위한 절연 측정 100V·200V·400V 배전선로 준공 시의 절연 측정
1,000	600V를 넘는 회로·기기·설비의 절연 측정(일반)	상시 사용하는 전압이 높은 고전압설비(예를 들어 고압 케이블, 고전압기기, 고전압을 사용하는 통신기기, 전로 등)의 절연 측정

2 저압 절연저항 측정

(1) 절연저항계의 선택

① 측정값을 시각적으로 확인하고 싶은 경우에는 아날로그형 절연저항계, 정확한 수치로 확인하고 싶은 경우에는 디지털형 절연저항계를 선택합니다. 그림 1에 아날로그형 절연저항계 각 부분의 명칭을 나타냈습니다.

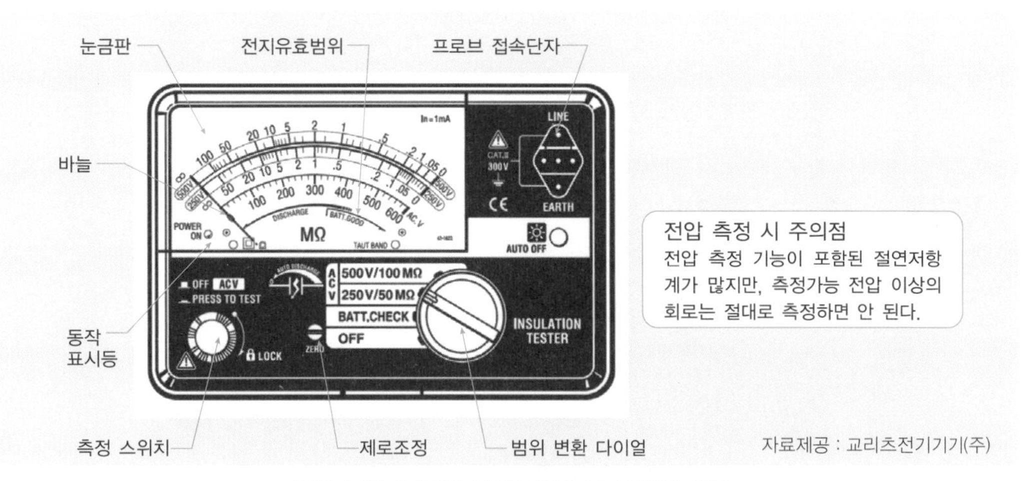

그림 1 아날로그형 절연저항계 각 부분의 명칭

② 측정전압은 통상 피측정물의 사용전압과 동일하거나 조금 높은 것을 선택합니다. 따라서 일상의 절연저항 측정에서는 100V 회로는 125V의 전압을, 200V 회로는 250V의 전압을 사용하는 것이 일반적입니다. 복수 범위의 절연저항계에서는 필요한 범위로 변환하여 사용합니다.

(2) 측정 전 확인

절연저항계가 정상적으로 동작하는 것을 확인하기 위하여 측정 전에는 반드시 전지 확인, 0점 확인, 개방 확인 등 세 가지를 확인합니다.

① 전지 확인

내장전지가 소모되어 있으면 오차의 원인이 되기 때문에 반드시 확인합니다.

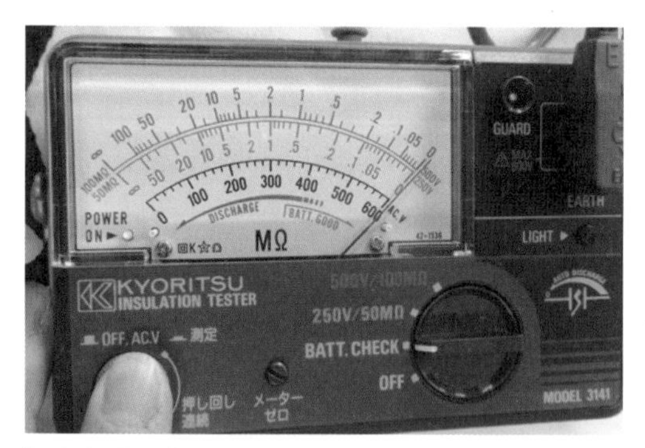

[전지 확인] 배터리 체크 스위치를 눌러 바늘이 눈금판 위의 '전지 유효범위' 내를 가리키는지 확인합니다. 바늘이 유효범위 내에 있지 않은 경우에는 전지가 소모되어 있는 것이므로 교환합니다.

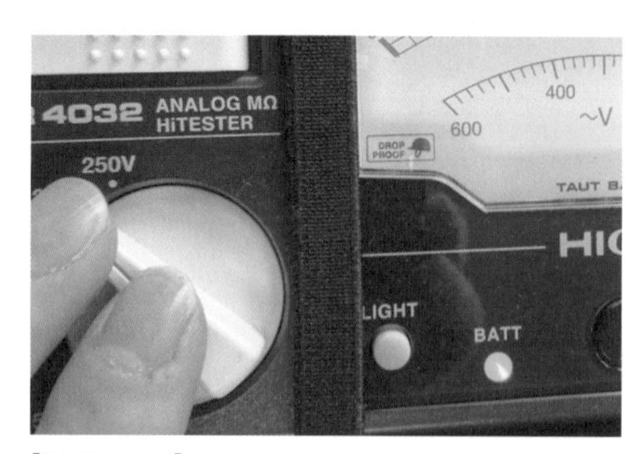

[LED 표시] LED램프로 전지가 소모된 정도를 표시하는 것도 있습니다. 녹색으로 점등되는 경우는 정상, 빨간색으로 점등되는 경우는 잔량이 거의 남지 않은 상태, 점등하지 않는 경우는 전지가 소모되어 있는 상태입니다.

② 0점 확인

[0점 확인] L 단자측과 E 단자측의 측정 프로브를 단락하여, 측정 스위치를 눌러 바늘이 0을 가리키고 있는지를 확인합니다. 0을 가리키지 않는 경우는 리드선의 단선, 리드선의 접속이 불완전 또는 프로브 끝단의 엘리게이터 클립의 접촉 불량, 전지의 소모 등을 생각할 수 있습니다. 특히 리드선은 사용빈도가 많으면 열화하기 쉬우므로 주의해야 합니다.

또한 측정 시는 프로브 끝단에 고전압이 발생하므로 만지면 안 됩니다.

③ 개방 확인

[개방 확인] L 단자측과 E 단자측의 측정 프로브를 개방하고, 측정 스위치를 눌러 바늘이 ∞를 가리키는지를 확인합니다.

실제 측정에서 바늘이 ∞를 가리키는 경우에는 측정에 사용한 절연저항계의 유효 최대표시값이 측정값이 됩니다(관습적으로 무한대나 인피니트인 경우가 있지만, JIS C 1302에서 절연저항계의 정밀도가 정해져 있으므로, 정식으로는 눈금의 유효 측정범위 내가 측정값임).

(3) 측정방법

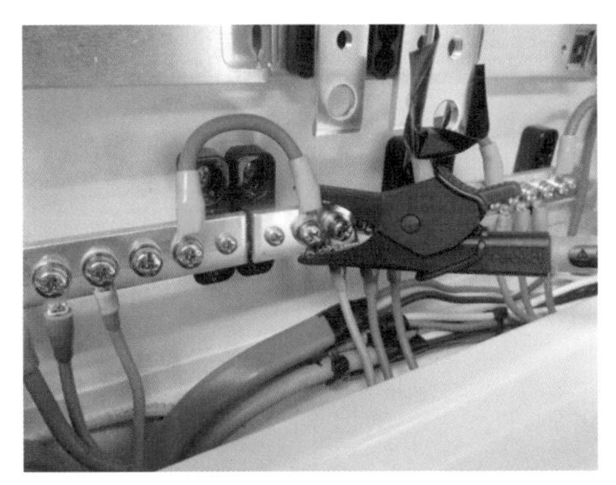

[접지측 프로브의 접속] E 단자측의 측정 프로브를 접지선에 접속합니다. 접지선이 없는 경우는 기기의 금속제 케이스나 전로의 접지측 전선에 접속해도 좋습니다(접지측 전선은 변압기인 경우 B종 접지가 설치되어 있음).

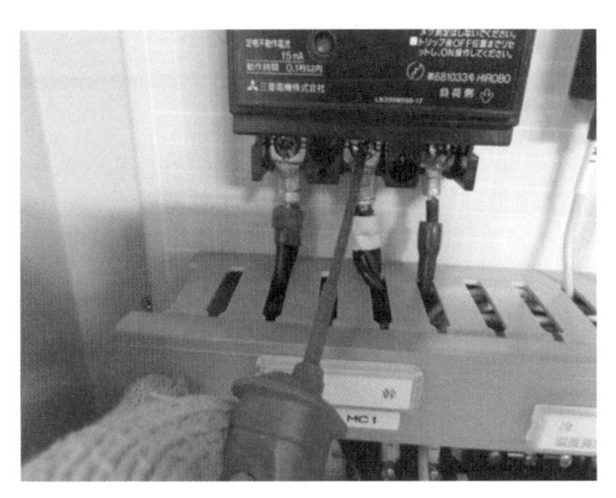

[선로측 프로브의 접촉] L 단자측의 측정 프로브를 피측정물에 접촉시키고 측정 스위치를 누릅니다. 바늘이 피측정물의 절연저항값을 가리키므로 읽습니다(정전용량분이 많으면 바늘이 안정될 때까지 시간이 걸리는 경우도 있음).

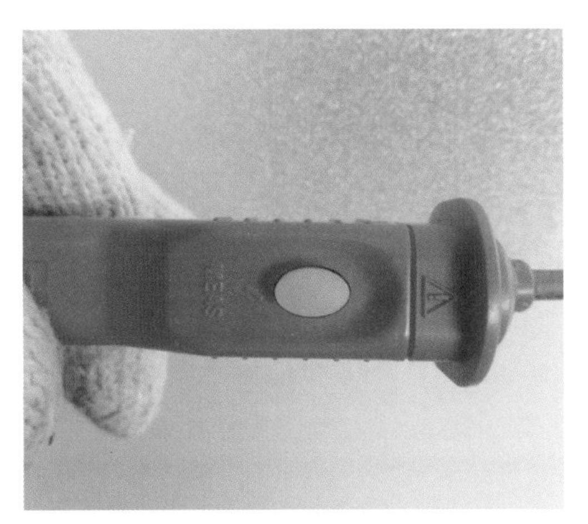

[리모트 스위치 조작] 본체의 스위치와 동일한 것이 L 단자측의 측정 프로브에도 달려 있는 절연저항계도 있습니다. 이 리모트 스위치를 사용하면 측정이 쉬워질 수 있습니다.

[간선의 측정] 전기실에서 간선의 절연저항을 측정하고 있는 모습입니다. 차단기를 내리고, 이차측 단자에 측정 프로브를 접촉하여 측정합니다. 전기실에서 전기 사용 장소에 설치되어 있는 분전반이나 제어반까지의 전로의 절연저항 측정입니다. 전선 상호간 및 전선과 대지 사이에 측정합니다.

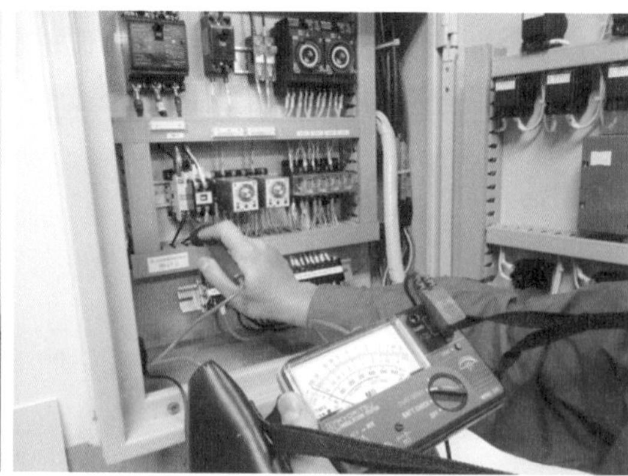

[전등 분전반 및 동력 제어만에서의 측정] 왼쪽 사진은 전등 분전반에서 절연저항을 측정하고 있는 모습입니다. 오른쪽 사진은 동력 제어반에서 절연저항을 측정하고 있는 모습입니다. 처음에는 일괄로 측정합니다. 이 때, 측정값이 기준값 이하이면 분기회로를 개별로 측정하여 불량 부분을 발견해야 합니다. 또한 지난 측정 시보다 절연저항값이 극단적으로 저하된 경우도 분기회로별로 측정하여 원인을 파악할 필요가 있습니다.

(4) 측정 시 주의점

① 절전저항계는 회로가 충전상태일 때는 측정할 수 없습니다. 반드시 정전시킨 후에 측정합니다.

② 인버터의 제어회로나 전화교환기 등과 같이 반도체 소자를 사용하고 있는 전자회로에 직접 측정전압을 인가하면, 그 기기들을 손상시킬 우려가 있습니다. 그 경우는 사전에 반도체 소자를 포함하는 전자회로를 분리한 후에 측정합니다.

③ 절연저항은 측정 시의 날씨, 온도, 습도, 오손 정도 등에 의하여 크게 좌우되므로 이것들을 고려하여 적부 판단이 필요합니다. 이 때문에 온도계나 습도계를 함께 휴대하여 반드시 기록해 둡니다.

④ 직류전압에서 측정하므로 측정 종료 후에는 반드시 잔류전하를 방전시킵니다. 방전회로를 내장하고 있는 경우는 측정 프로브를 접촉시킨 채로 스위치를 '끔'으로 하여 방전될 때까지 기다립니다. 방전이 ∞눈금에 되면 방전 완료입니다.

⑤ 피측정물이 접지되어 있는 경우에는 절연저항계의 L 단자(−)와 E 단자(+)를 교환하면 측정값이 변화하는 것이 일반적입니다. 선로측에 L 단자를, 접지측에 E 단자를 접속하는 편이 측정값은 작아집니다. 이 때문에 절연불량을 검지하기 위해서는 안전을 고려하여 이 접속으로 합니다. 피측정물이 접지되어 있지 않은 경우에는 어느 쪽으로 접속해도 측정값은 동일합니다.

⑥ 측정 시에는 처음으로 충전전류가 흐르기 때문에 바늘이 안정될 때까지 시간이 걸리는 경우가 있습니다. 이 경우는 1분 후의 값(1분값)을 읽습니다. 또한 충분히 시간을 두고 바늘

이 안정된 후에 값을 읽는 경우도 있습니다.

⑦ 사용빈도가 많은 경우는 리드선의 단선이나 손상이 없는지를 확인합니다.

⑧ 표준저항기에 의하여 정기적(6개월에 1회 정도)으로 절연저항계를 교정하여 정밀도를 확인하는 것이 바람직할 것입니다.

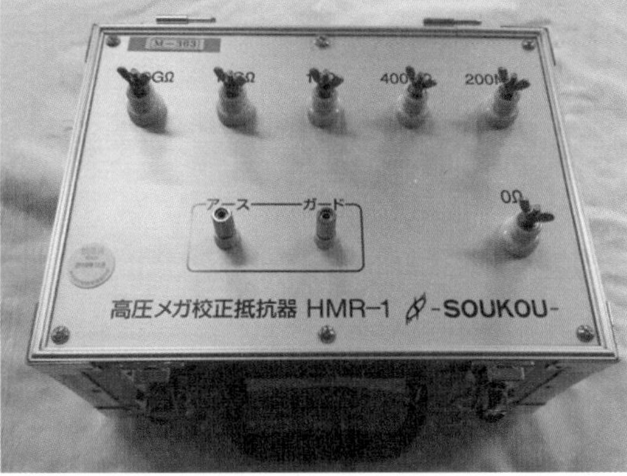

[절연저항계의 교정] 왼쪽 사진은 저압용 표준저항기에 의하여 저압 절연저항계를 교정하고 있는 모습입니다. 각 단자에 저항값이 쓰여 있으므로 측정하고자 하는 저항값의 단자에 접속하여 측정합니다. 저항값이 기준값 내에 들어있는지를 확인합니다. 기준값에서 벗어난 경우는 수리가 필요합니다.
고압 절연저항계의 경우는 오른쪽 사진과 같이 저항값이 큰 고압용 표준저항기를 사용합니다.

⑨ 절연저항계를 보관하는 경우에는 고온, 다습, 진동이 심한 장소는 피합니다.

⑩ 장기간 사용하지 않는 경우에는 전지의 전해액이 새서 부식하는 것을 방지하기 위하여 절연저항계의 전지를 빼 둡니다.

(5) 판정

저압회로의 절연저항값은 전기 제58조에 표 1과 같이 정해져 있습니다. 절연저항값이 이 값 미만이라면 불량이므로 수리가 필요합니다.

절연저항값은 날씨, 습도 등의 기상조건이나 사용상황에 따라 변화하므로 기준값에 가까운 경우는 주의가 필요합니다.

표 1 저압회로의 판정 기준

	전로의 사용전압 구분	절연저항값
300V 이하	대지(對地)전압(접지식 전로에 있어서는 전선과 대지(大地) 사이의 전압, 비접지식 전로에서는 전선 사이의 전압을 말함)이 150V 이하인 경우	0.1MΩ 이상
	기타의 경우	0.2MΩ 이상
300V를 넘는 경우		0.4MΩ 이상

3 고압 절연저항 측정

(1) 고압회로의 절연저항

① 저압회로의 절연성능은 절연저항값으로 규정되어 있습니다(전기 제58조). 그러나 고압 이상에서는 절연저항값의 규정은 없으며, 절연성능의 확인은 절연내력시험을 하여 정해진 전압에 견딜 수 있는지를 보고 판단합니다. 예를 들어, 6000V의 회로라면, 대지 사이에 10,350V를 인가하여 10분간 견딜 수 있어야 합니다(전기설비기술기준의 해석(이하, 해석이라 함) 제15조 및 제16조).

[특별고압회로의 절연내력시험 상황] 왼쪽 사진은 피측정물인 특별고압전기설비, 오른쪽 사진은 100kV 시험용 변압기입니다. 전압이 높기 때문에 유도법으로 시험하고 있습니다. 이렇게 절연내력시험은 시험장지를 준비하기 힘들고 시간도 걸립니다.

② 저압회로의 경우, 일반적으로 절연저항이 저하하면 그곳으로 누설전류가 집중되어 흐르며, 더욱이 누설전류가 증가하는 악순환이 일어나게 되어, 최종적으로 절연파괴가 일어납니다. 이와는 달리 고압회로 이상에서는 국부적인 절연파괴가 일어날 정도로 진행되면, 방전현상으로서 절연파괴가 일어나므로 저압회로의 경우와는 근본적으로 절연파괴의 메커니즘이 다릅니다. 따라서 고절연저항이 반드시 고내전압이라고 할 수 없으므로 절연성능을 정확하게 판단하기 위해서는 고전압시험이 필수불가결합니다. 이 때문에 절연저항값은 단순한 기준의 역할을 합니다.

③ 그러나 사용하고 있는 고압설비에 대해서는 절연파괴의 가능성이 있으며, 또한 대규모 절연내력시험을 매번 실시할 수는 없습니다. 따라서 통상의 절연성능의 관리는 간단하게 실시할 수 있는 고압 절연저항 측정에 의한 비파괴시험을 하는 것이 일반적입니다.

(2) 측정방법

① 고압 절연저항계

저압 절연저 항측정과 마찬가지로 고압 절연저항계도 충전 중인 회로에서는 사용할 수 없습니다. 검전기 등으로 반드시 측정회로가 정전되어 있는 것을 확인한 후에 측정합니다.

그림 1에 아날로그형 고압 절연저항계 각 부분의 명칭을 나타냈습니다. 이 절연저항계는 1000~10,000V의 범위에서 임의로 출력전압을 설정할 수 있습니다.

고압 절연저항계는 저압 절연저항계과 사용방법은 거의 동일하지만, 측정전압이 고전압이 됩니다. 최대 10,000V의 전압이 출력되므로 측정 중인 전로나 측정단자를 만지면 위험합니다.

또한 전압이 높기 때문에 충전전류가 커서 바늘이 안정될 때까지 시간이 걸리는 경우가 있습니다. 잔류전하도 크므로 측정 후에는 반드시 방전해야 합니다.

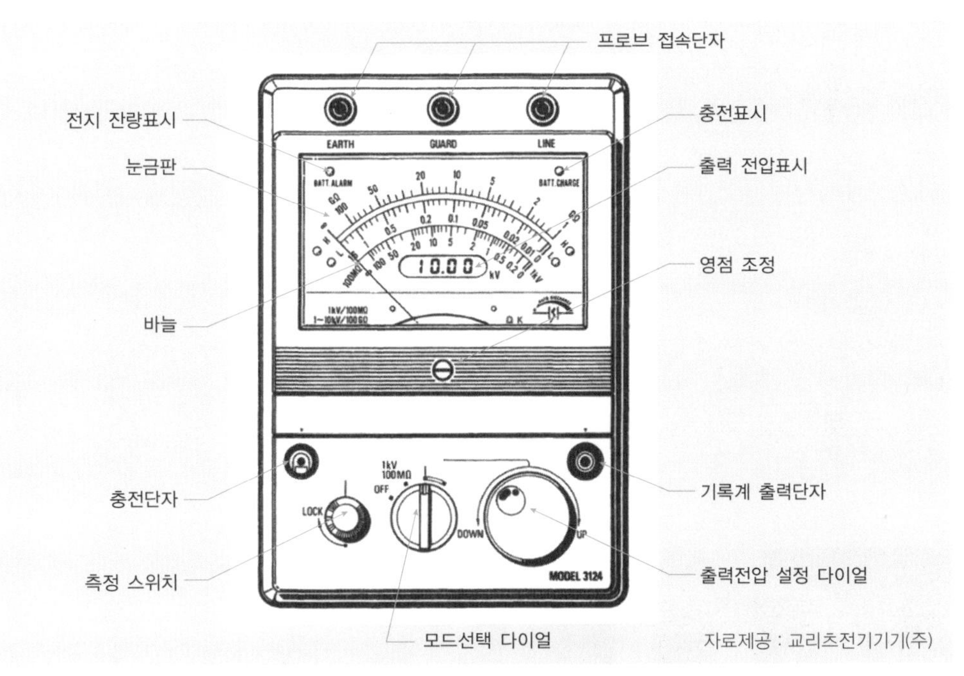

그림 1 아날로그형 고압 절연저항계 각 부분의 명칭

② 고압 수전설비

고압 수전설비의 절연저항 측정은 처음에는 고압설비 일괄로 측정합니다. 측정값이 낮은 경우나 이전과 비교했을 때 변화한 경우 등은 원인을 알아내기 위해서 각 기기를 분리하여 개별적으로 측정합니다.

[고압 수전설비] 큐비클 타입의 수전설비입니다. 차단장치나 계기용 변압기, 변류기, 변압기, 콘덴서 등이 수납되어 있습니다.

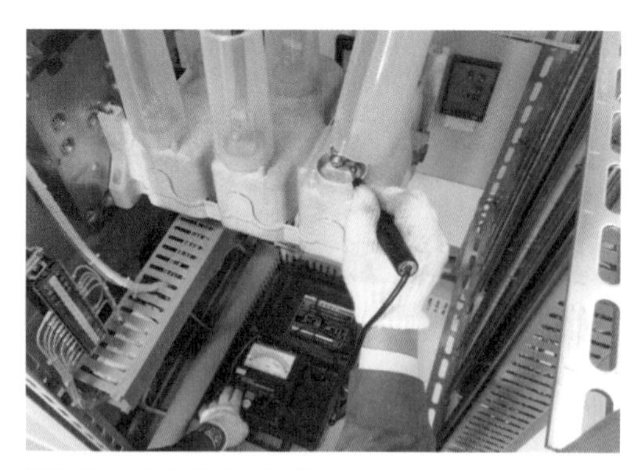

[주차단기에서의 측정] 진공차단기(VCB)를 개방하여 이차측 단자를 측정하고 있는 모습입니다.

고압설비의 절연저항값은 오손이나 습도 등의 영향에 의하여 크게 변화합니다. 따라서 측정 시의 습도, 청소 전과 청소 후의 측정값의 비교, 이전 측정값과의 비교 등에 의하여 신중하게 판단할 필요가 있습니다. 고압 일괄측정의 경우, 절연저항값의 판정 기준으로서는 일반적으로 6MΩ 이상으로 하고 있는 곳이 많습니다.

③ 변압기

변압기는 고압 수전설비의 주요기기여서 변압기가 고장 나면 그 영향은 매우 큽니다. 따라서 정기적으로 절연저항을 측정하여 시간의 경과에 따른 변화를 감시해야 합니다. 절연저항값의 판정의 기준으로는 일반적으로 그림 2의 값이 사용되고 있습니다. 절연저항은 온도에 따라서 변화하므로 판정기준도 온도에 따라 달라집니다.

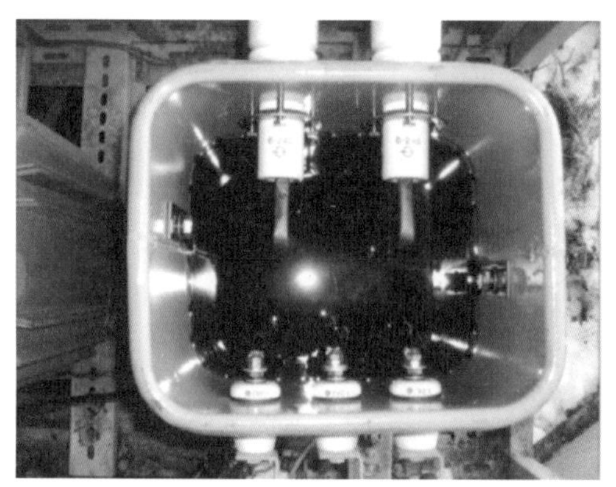

[고장 난 변압기] 나쁜 냄새와 절연저항값의 불량에 의해 발견했습니다. 고장의 원인은 변압기 권선에 과전류가 흘러, 권선이 불에 타서 손상을 입었기 때문입니다. 통상은 퓨즈나 차단기 등의 보호장치가 동작하여 변압기가 보호되지만, 보호장치가 부적절했기 때문에 보호되지 않았습니다.

[유입 변압기] 내부에 절연유(絶緣油)가 들어있습니다. 절연유는 흡습에 의하여 절연저항이 저하됩니다. 또한 열이나 산화 등이 원인이 되어 열화하므로 그러한 경우는 절연유를 교환해야 합니다.

[몰드 변압기] 몰드 변압기는 권선이 절연물(수지)로 덮여 있으므로 열, 전압, 응력, 환경 등의 영향을 받기 쉬운 기기입니다.

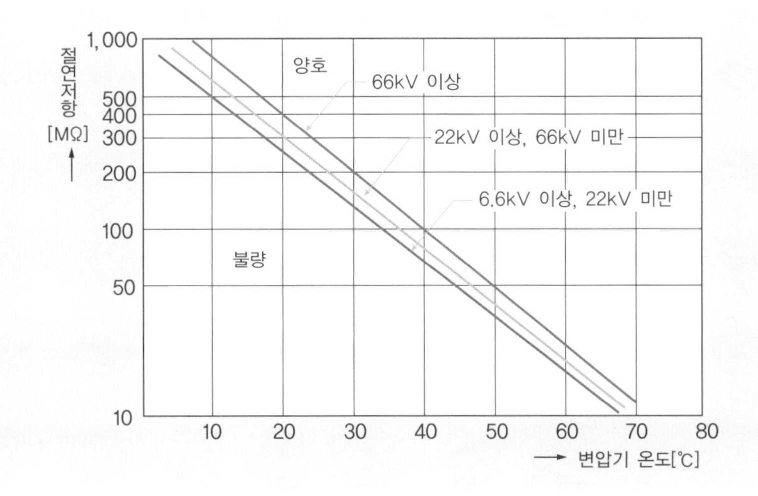

그림 2 변압기의 절연저항 판정기준

④ 콘덴서 설비(콘덴서 및 직렬 리액터)

콘덴서 설비는 역률개선을 목적으로 설치된 것으로, 설치환경과 사용조건에 영향을 받기 쉬운 설비입니다. 특히, 주변 온도나 과전압, 과전류에 의한 발열은 유전체의 열화를 촉진합니다.

절연저항값 판정의 기준으로서 제조사는 애자를 청소한 후에 측정하여 전체 단자 일괄로 케이스 사이에서 1,000MΩ 이상인 경우를 추천하고 있습니다. 또한 단자 사이에는 방전저항(10~100MΩ 정도)이 들어있으므로, 선 사이의 절연저항은 방전저항을 포함하여 측정하게 됩니다. 따라서 선 사이가 0MΩ이나 1,000MΩ 이상 등의 값이라면 이상이 있습니다.

[콘덴서] 내부에 절연유가 차있고 가압되어 있으므로 정상 시에도 케이스가 약간 부풀어 있습니다.

[직렬 리액터] 구조는 유입 변압기와 거의 동일합니다. 고조파나 돌입전류를 억제하기 위해서 설치됩니다.

⑤ 고압 기중개폐기(PAS)

파급사고의 원인으로서 가장 많은 것이 PAS의 절연 불량입니다. 이것은 PAS가 실외에 설치되어 있어서 자외선이나 비바람 또는 낙뢰 서지 등 가혹한 환경에 노출되어 있기 때문입니다.

[절연이 저하된 PAS] 시간 경과에 의한 열화로 PAS의 내부에 수분이 침입하여 절연이 저하된 것입니다. 정기적인 절연저항 측정에 의해 발견할 수 있습니다.

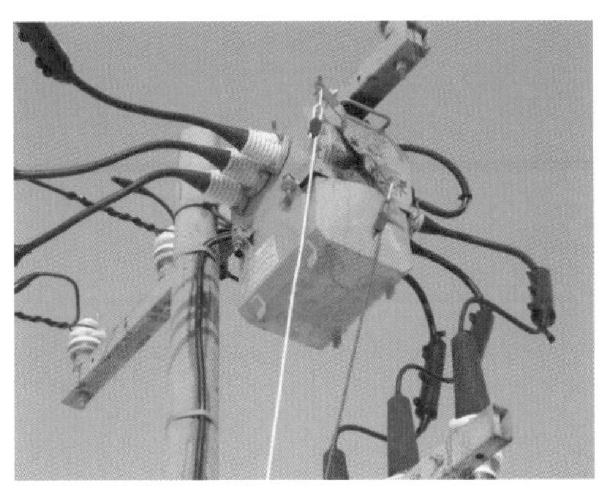

[PAS의 절연파괴 사고] 낙뢰 서지에 의해 절연이 파괴되어 지락이 발생하고, 그 후 단락사고가 발생한 PAS입니다. 단락 시의 에너지에 의해 내부압력이 상승하여 케이스가 크게 변형된 것을 알 수 있습니다.

PAS의 절연저항값 판정의 기준으로는 건조상태에서 100MΩ 이상입니다(일본전기공업회기술자료 제173호(1991) 고압교류 부하개폐기의 선정과 보수·점검 지침).

⑥ 회전기

고압의 발전기나 발동기는 출력이 큰 발전기나 용량이 큰 펌프, 팬 등의 부하를 구동하는 전동기에서 사용되고 있습니다. 이 회전기들은 생산설비에 직결되어 있어 고장이 나면 그 영향이 크므로 절연성능의 관리는 중요합니다.

[유도전동기의 절연저항 측정] 왼쪽 사진은 펌프용 권선형 유도전동기(315kW)입니다. 오른쪽 사진은 이 전동기의 단자를 떼어낸 것으로, 이렇게 하여 고정자 코일 단독의 절연저항을 측정할 수 있습니다.

절연저항값의 판정 기준으로는 전기학회 전기규격조사회 표준규격 JEC-2100(2008) 회전전기기계 일반의 해설 5를 참고할 수 있습니다. 이 규격에서 최저허용 절연저항값은 다음 식으로 표시됩니다.

$$\frac{\text{정격전압}[\text{V}]}{\text{정격출력}([\text{kW}]\ \text{또는}\ [\text{kV}\cdot\text{A}])+1000}[\text{M}\Omega]$$

또한, 같은 규격에서 회전속도를 고려한 다음 식도 들 수 있습니다.

$$\frac{\text{정격전압}[\text{V}]+\frac{1}{3}\times\text{정격회전속도}[\text{min}^{-1}]}{\text{정격출력}([\text{kW}]\ \text{또는}\ [\text{kV}\cdot\text{A}])+2000}+0.5[\text{M}\Omega]$$

⑦ 고압 케이블

파급사고의 원인으로서 PAS 다음으로 많은 것이 고압 케이블의 절연 불량입니다. PAS와 마찬가지로 실외 설치의 가혹한 환경에 노출됨과 동시에 지중 매설부는 외관점검을 할 수 없습니다. 이 때문에 절연저항의 측정에 의하여 절연 불량을 조기에 발견하는 것이 중요합니다.

[트래킹] 실외 케이블 단말에 트래킹이 발생한 것입니다. 자외선이나 오손 등에 의해 리크가 발생하여 표면이 탄화되어 있습니다.

[불에 타서 손상된 케이블] 실내에 설치된 케이블 단말이 불에 타서 손상된 것입니다. 분해조사에서 절연체에 핀홀이 발견되었으므로 절연파괴가 일어났음을 알 수 있습니다. 원인은 불명입니다.

고압 케이블에는 고압기기가 접속되어 있으므로 통상의 절연저항 측정에서는 이것들을 포함한 전로를 일괄로 측정하게 됩니다(예를 들어, 인입 케이블의 경우는 PAS의 이차측과 DS(단로기) 또는 LBS(고압교류 부하개폐기)의 일차측을 포함한 값이 됩니다).

이 경우, 고압 케이블 단독의 절연저항값은 파악할 수 없습니다. 그러나 고압 케이블의 절연저항값이 낮은 경우나 이전과 비교해서 변화한 경우 등에는 원인이 고압기기인지 고압 케이블인지를 판단할 필요가 있습니다. 이 때문에 고압 케이블에 접속되어 있는 기기를 제거한 절연저항 측정은 정전시간이나 노력이 든다는 점에서 매년 실시하는 것은 어렵습니다. 이러한 경우에는 고압 케이블에 기기를 접속한 채로 측정하여, 고압 케이블 단독의 절연저항값에 가까운 값을 구하는 방식을 사용합니다. 이 방식을 '단자 접지방식'이라고 부릅니다. 표 1에 통상의 측

표 1 고압 케이블의 측정방식 비교

절연저항계의 단자	통상의 측정방식	G 단자 접지방식
L 단자	선로측에 접속	선로측에 접속
E 단자	접지측에 접속	차폐층에 접속
G 단자	(사용하는 경우는 절연물의 표면에 접속)	접지측에 접속
기타	–	차폐층의 접지를 제거

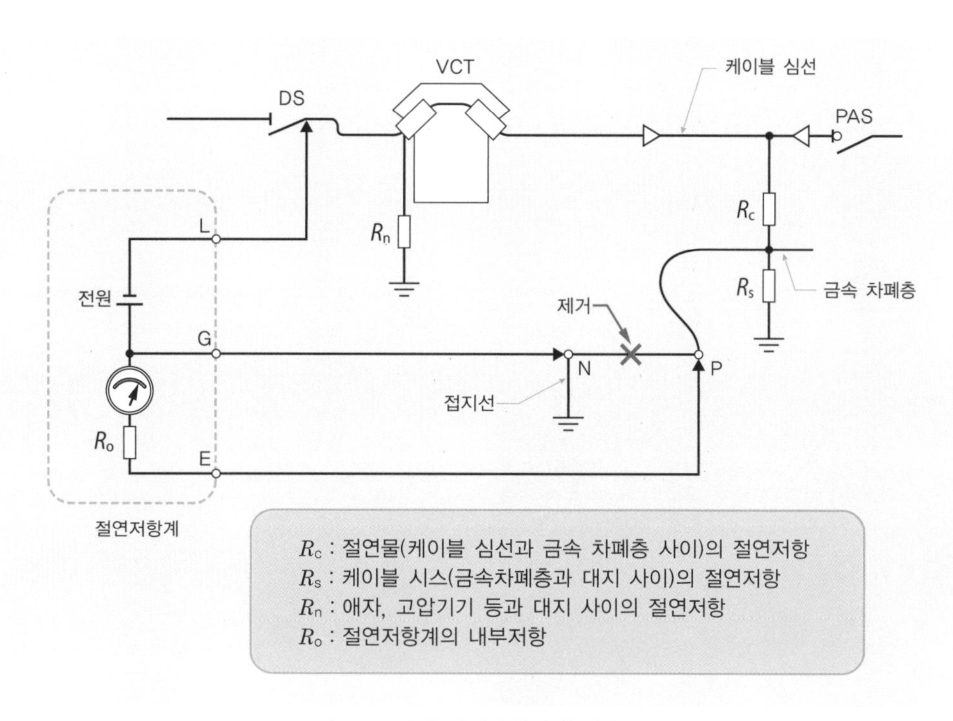

그림 3 G 단자 접지방식의 측정회로

정방식과 단자 접지방식의 비교를 나타냈습니다.

G 단자 접지방식의 측정회로를 그림 3에 나타냈습니다. 처음에 케이블 차폐층의 접지선을 제거합니다. E 단자측의 측정 프로브를 제거한 차폐층에 G단자측의 측정 프로브는 제거한 접지선에 접속합니다. 이 때, $R_s \gg R_o$(절연저항계의 내부저항에 비해 케이블 시스의 절연저항이 더 큼)이라면, 그림 4로부터 알 수 있듯이 측정값은 거의 케이블 단독 값이 됩니다. 따라서, G 단자 접지방식으로 측정하기 위해서는 케이블 시스(R_s)의 절연저항값이 큰(최저 1MΩ 이상) 것이 조건이 됩니다.

일본전기협회 일본전기기술규격위원회의 고압 수전설비 규정(JEAC8011-2014)에서는 고압 CV 케이블의 절연저항값의 판정기준을 표 2와 같이 규정하고 있습니다.

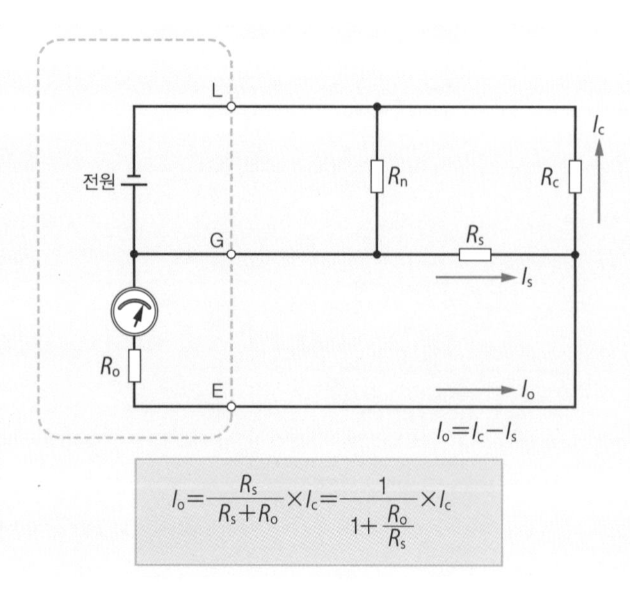

$$I_o=\frac{R_s}{R_s+R_o}\times I_c=\frac{1}{1+\frac{R_o}{R_s}}\times I_c$$

그림 4 G 단자 접지방식의 등가회로

[G 단자 접지방식을 이용한 측정] G 단자 접지방식에 의하여 고압 CV 케이블의 절연저항을 측정하고 있는 모습입니다. 정기적으로 이 방식으로 측정한다면 케이블 차폐층의 접지선을 제거하기 쉽도록 하면 효율적입니다.

표 2 고압 케이블의 판정기준

케이블 부위	측정전압(V)	절연저항값(MΩ)	판정
절연물(R_C)	5000	5000 이상	양호
		500 이상~5000 미만	요주의
		500 미만	불량
	10,000	10,000 이상	양호
		1,000 이상~10,000 미만	요주의
		1000 미만	불량
시스(R_S)	500 또는 250	1 이상	양호
		1 미만	불량

4 활선 절연저항 측정

(1) 활선 절연저항계의 원리

① 필요성

최근에는 24시간 영업 사업소나 공장이 증가하고 있습니다. 또한 PC나 통신기기 등과 같이 상시 전원이 필요한 기기가 많아져 절연저항 측정을 위한 정전이 용이하지 않습니다. 이 때문에 전기가 통하게 한 채로, 즉 활성상태에서의 절연저항 측정 니즈가 높아지고 있습니다. 이러한 때에 사용하는 절연저항계가 활선 절연저항계입니다.

② 원리

활선 절연저항계는 그림 1과 같이 클램프에 의하여 누설전류(I_o)를 측정함과 동시에 고압 프로브로 선간전압(V)을 측정합니다.

클램프로 측정하는 전로의 누설전류(I_o)는 대지정전용량에 의한 누설전류(I_{oc})와 절연열화에 의한 누설전류(I_{or})를 벡터로 합성한 것이 됩니다. 누설전류 중 선간전압과 동상인 성분을 벡터 계산에 의하여 추출합니다. 이것이 절연열화에 의한 누설전류(I_{or})가 됩니다. 그리고 선간전압(V)과 절연열화에 의한 누설전류(I_{or})로부터 연산에 의하여 절연저항을 구할 수 있습니다(3상회로는 벡터적으로는 더 복잡해집니다).

활선 절연저항계는 연상방식이나 필터회로 등이 제조사에 따라 다소 달라지지만, 원리는 거의 동일합니다. 다만, 각 상의 대지정전용량이 동일하고, 절연불량 부분은 1상뿐이라는 조건에

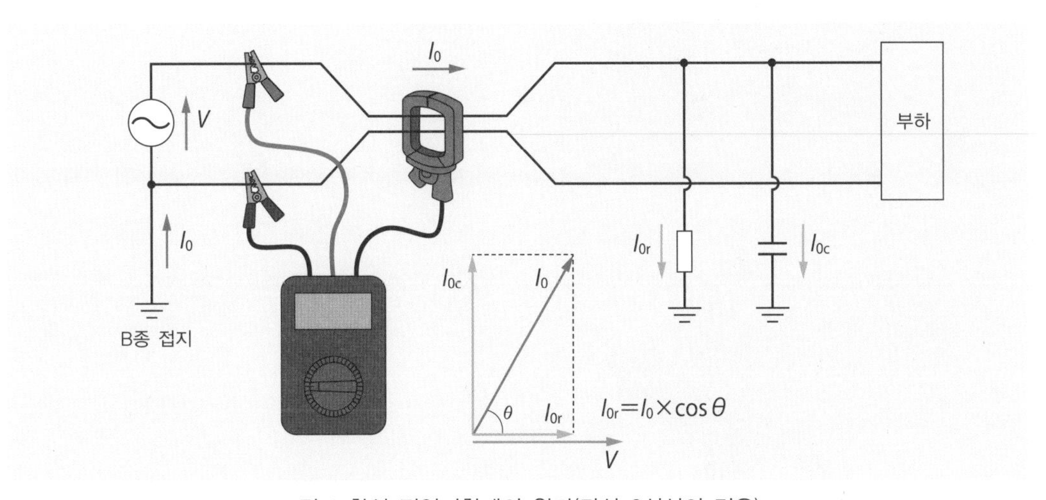

그림 1 활선 절연저항계의 원리(단상 2선식의 경우)

서 연산하고 있으므로 불균형한 조건에서는 오차가 커집니다. 현장의 상황을 잘 살펴보고 판단할 필요가 있습니다. 또한 I_{0r} 클램프 미터와 마찬가지로 이용량 V접속 변압기(단, 단상회로는 측정 가능)나 비접지식 전로 등에서는 사용할 수 없습니다.

그리고, 활선 절연저항계는 전로를 살려둔 채로 측정하기 때문에 안전에 충분히 주의하여 사용해야 합니다.

(2) 종류

활선상태에서 절연저항을 측정하는 장치는 예전부터 '활선 메거'라는 명칭으로 시판되어 왔습니다. 그러나, 최근에는 디지털 기술의 발전과 더불어 새로운 고기능 제품이 시판되고 있습니다. 대표적인 활선절연저항계를 소개합니다.

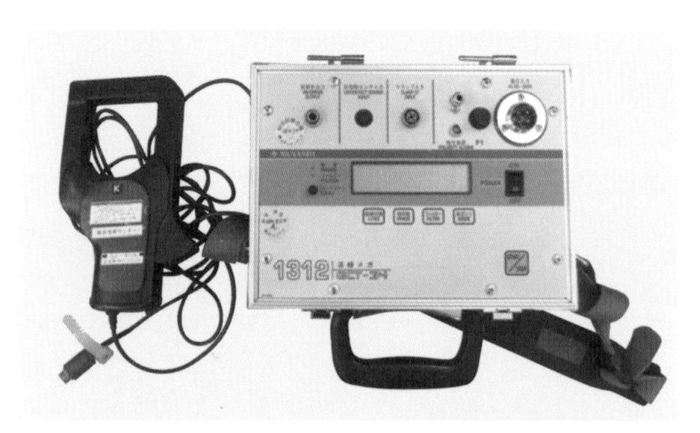

활선 메거 GCB-34

측정전로	단상2선, 단상3선, 3상3선, 3상4선
측정전압	100V, 200V, 400
측정전압	0.001~9.999MΩ
전원	단삼전지 또는 AC85~260V
기타	비접촉전압센서 사용가능

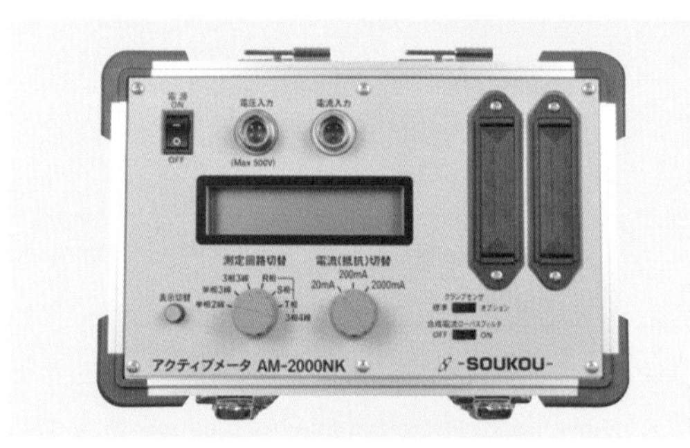

액티브 미터 AM-2000NK

측정전로	단상2선, 단상3선, 3상3선, 3상4선
측정전압	100V, 200V, 400
측정전압	0.0005~5MΩ
전원	단삼전지
기타	대형클램프(90 ϕ)사용가능

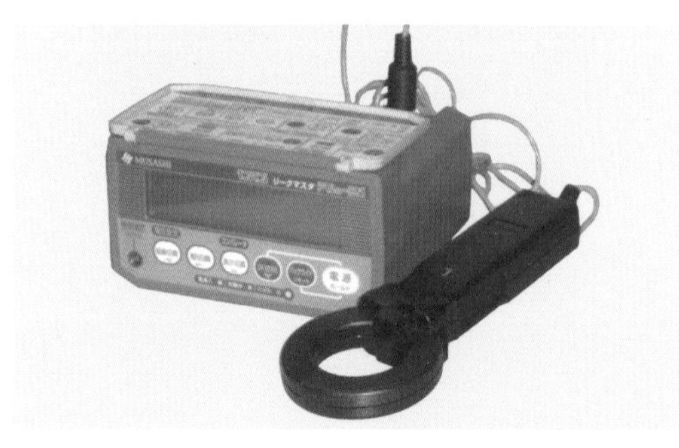

리크 마스터 Rio-21

측정전로	단상2선, 단상3선, 3상3선
측정전압	100V, 200V, 400
측정전압	0.001~9.999MΩ
전원	내장 충전식 니켈수소전지
기타	비접촉전압센서 사용가능

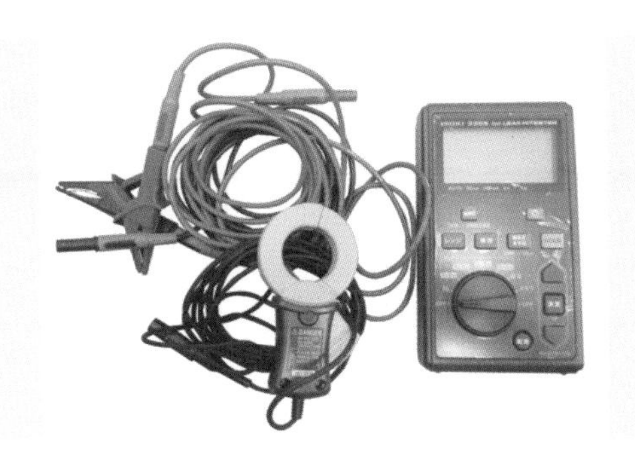

I_{0r} 리크하이테스터 3355

측정전로	단상2선, 단상3선, 3상3선
측정전압	100V, 200V, 400
측정전압	0.001~9.999MΩ
전원	AA전지 또는 AC 어댑터
기타	–

(3) 측정방법

활선 절연저항계의 측정값은 전기설비나 부하의 운전상황에 의해 변합니다. 또한 측정원리가 달라지므로 통상의 절연저항계의 측정값과도 달라집니다. 따라서 측정값뿐 아니라 설비의 상황을 잘 파악하여 판단하는 것이 중요합니다.

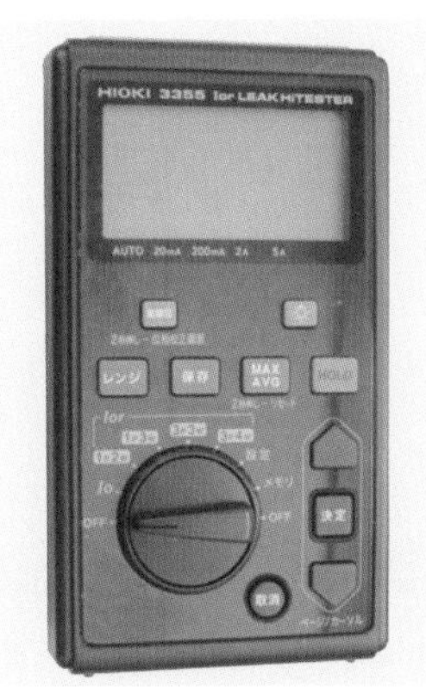

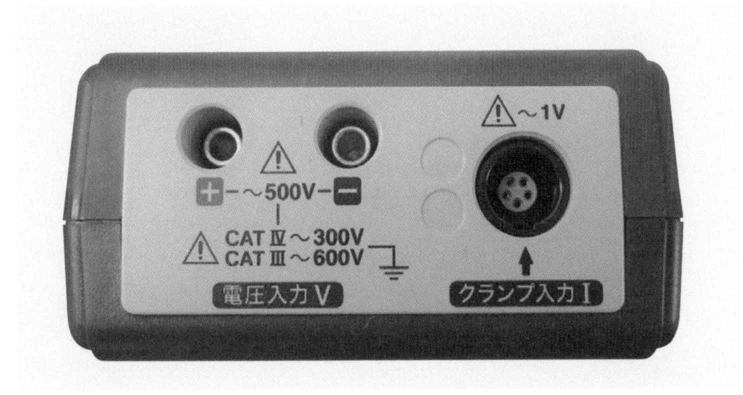

[측정기 본체] 왼쪽 사진은 활선 절연저항계의 정면 외관입니다. 오른쪽 사진은 활선 절연저항계의 상면부입니다. 전압 프로브와 전류 클램프를 꽂는 단자가 있습니다.

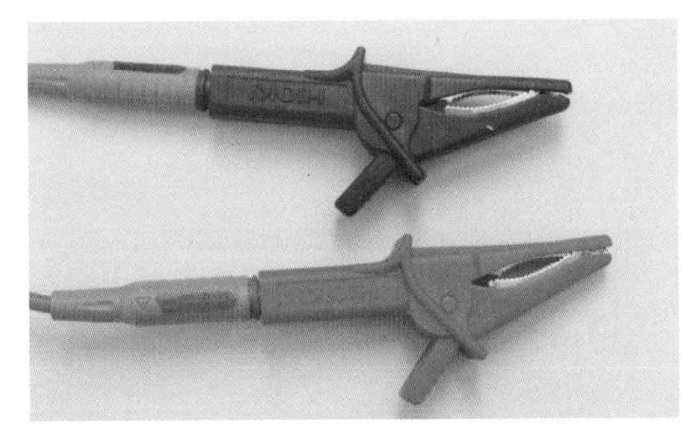

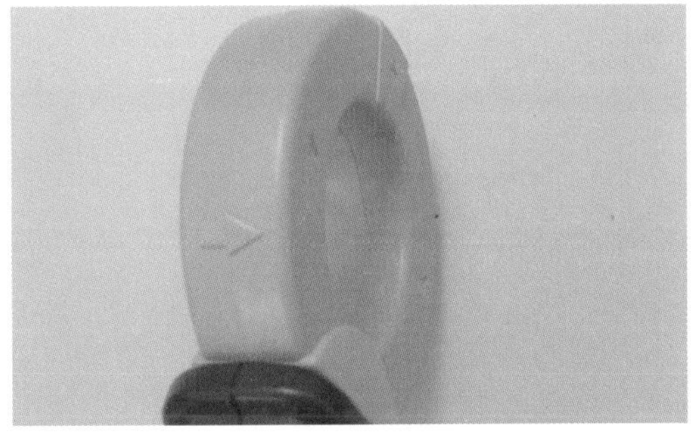

[전압 프로브(왼쪽)과 전류 클램프(오른쪽)] 위상을 측정하고 있으므로 전압 프로브에는 극성이 있습니다. 빨간색이 전압상, 검정색이 접지상입니다(단상회로의 경우). 또한 전류 클램프의 표면에는 화살표가 표시되어 있으므로 전원에서 부하로 향하는 방향으로 끼웁니다.

[접속] 고압 프로브 접속 시에는 충전부에 접근하므로 감전에 주의해야 합니다. 또한 단락 등의 위험도 있으므로 신중하게 접속합니다. 충전 클램프는 왼쪽 사진과 같이 표면의 화살표에 맞춰 전선을 끼웁니다. 맞물림부가 완전히 맞물리도록 합니다.

[측정상황] 왼쪽 사진은 전등 분전반에서 분기회로를 측정하고 있는 모습입니다. 오른쪽 사진은 측정결과로 절연저항값()은 0.406MΩ을 표시하고 있습니다. 동시에 전로 누설전류(I_0)나 절연열화에 의한 누설전류(I_{0r}), 전압(V) 등도 표시됩니다.

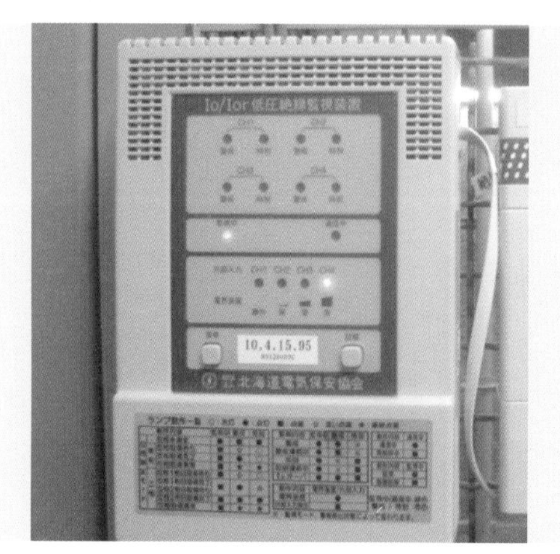

(4) 절연 감시장치

활선 절연저항계와 마찬가지로, 활성 상태에서 저압회로의 절연을 검출하는 장치로는 절연 감시장치가 있습니다.

[절연 감시장치] 이 장치는 누설전류가 설정값을 넘으면 경보가 울리도록 하는 것으로, 24시간 상시 절연상태를 감시할 수 있습니다. 최근의 감시장치는 통신 모듈을 내장하여 메일이나 브라우저로 확인할 수 있는 것도 있습니다. 저압회로의 절연관리에 효과가 있습니다.

제4장

접지저항 측정

접지란 감전이나 누전화재 또는 전기기기의 파손 방지를 목적으로 전로나 전기기기를 대지와 전기적으로 접속하는 것입니다. 또한 접지저항이란 접지회로의 저항으로, 이 값이 낮을수록 접지의 효과가 큽니다.

이 접지저항은 접지극의 형상이나 토양의 종류에 의해 영향을 받을 뿐 아니라, 지하수의 변동이나 계절 또는 시간의 경과 등에 의해서도 변화합니다. 접지저항이 통상의 저항과는 달리 이러한 복잡한 성질을 갖고 있는 것은 토양이나 환경 등의 불확정적인 요인이 영향을 미치기 때문입니다.

따라서 접지저항을 바르게 측정하기 위해서는 접지저항 특유의 성질을 잘 이해할 필요가 있습니다.

또한 접지저항은 접지의 종류마다 규정값이 정해져 있습니다. 이 값을 유지하기 위해서는 접지공사를 할 때 뿐 아니라, 정기적으로 측정하여 확인할 필요가 있습니다.

1 접지저항

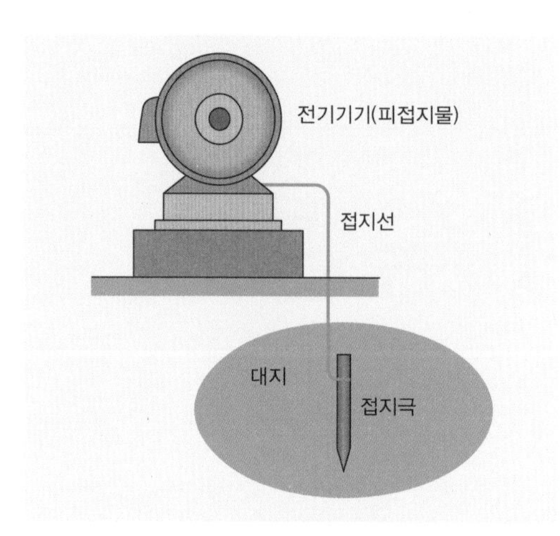

그림 1 접지의 구성요소

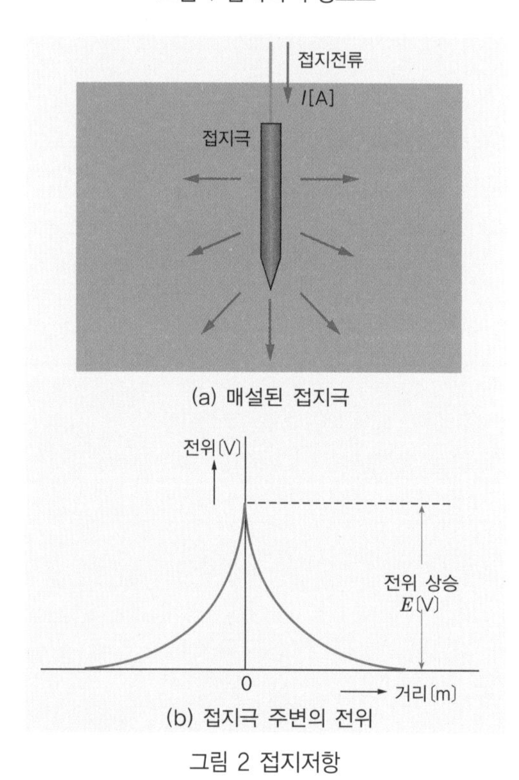

(a) 매설된 접지극

(b) 접지극 주변의 전위

그림 2 접지저항

(1) 접지저항이란

접지를 구성하는 요소로서는 그림 1과 같이 접지되는 피접지물(전기기기) 및 대지와 접속하는 접지극, 또한 이것들을 전기적으로 접속하는 접지선 등이 있습니다.

접지극을 통하여 대지로 흐르는 전류가 접지전류입니다. 그림 2(a)와 같이 접지전류를 흘리면, 그림 2(b)와 같이 접지극 주위의 전위가 상승합니다. 이 때, 접지전류를 I〔A〕, 전위상승을 〔V〕라고 하면, 옴의 법칙이 성립하므로,

$$R = \frac{E}{I}〔\Omega〕$$

가 됩니다.

이 저항 R〔Ω〕이 접지저항이 됩니다.

이와 같이 접지저항은 접지전류가 흐르는 회로의 저항이며, 이 저항에는 그림 3에 나타낸 것과 같은 것이 있습니다.

① 접지선 및 접지극의 저항

접지선이나 접지극은 도체이며, 그 저항은 매우 작기 때문에 통상 무시할 수 있습니다.

② 접지극의 표면과 이것에 접하는 토양과의 접촉저항

접촉극은 금속이며, 그 표면은 매끈하지만, 토양은 미세한 고체의 집합체이며, 이 두 가지 물질의 접촉은 점접촉에 가까운 형태입

니다. 이 때문에 접촉저항은 접지극에 가해지는 압력이나 토양의 종류, 수분 등에 따라 변화해 일률적으로 정하는 것은 불가능합니다.

③ 접지극 주위 토양의 저항

이 저항은 대지저항이라고 불리며, 접지저항의 주요 부분입니다. 접지전류는 그림 4와 같이 접지극에서 방사 형태로 흐르기 때문에 접지극에서 떨어질수록 전류가 흐르는 단면적이 커집니다.

따라서 접지극으로부터 멀리 떨어진 지점에서는 단면적이 매우 넓어지므로 토양저항이 다소 커졌다 하더라도 그 저항은 작아집니다.

한편, 접지극에 가까운 곳에서는 전류가 흐르는 단면적이 작기 때문에 접지전류에 대하여 일정한 저항을 나타냅니다.

접지저항의 대부분은 토양의 저항으로, 이것은 '대지저항률'이라는 대지가 갖는 전기적인 성질에 영향을 받습니다.

대지저항률은 지질, 함수율, 온도, 토압 등 다양한 조건에 의해 값이 크게 변합니다. 접지저항값이 날씨나 기온, 계절에 따라 변동하는 것은 이 때문입니다. 대지저항률의 예를 표 1에 나타냈습니다. 상온에서 금속도체인 구리의 저항률은 $1.7\times10^{-8}\Omega\cdot m$이므로 대지의 저항률이 얼마나 큰지 알 수 있습니다.

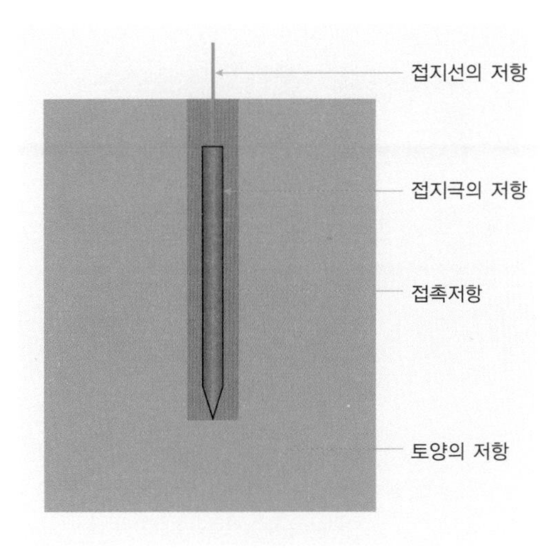

그림 3 접지저항의 구성요소

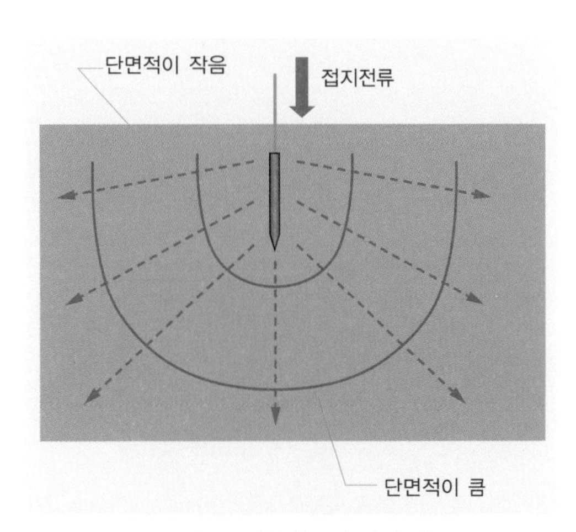

그림 4 전류경로의 단면적

표 1 대지저항률의 예

흙의 종류	저항률(Ω·m)
소택지 또는 진흙땅	80~200
점토질 모래땅	150~300
모래땅	250~500
사암 또는 암반지대	10,000~100,000

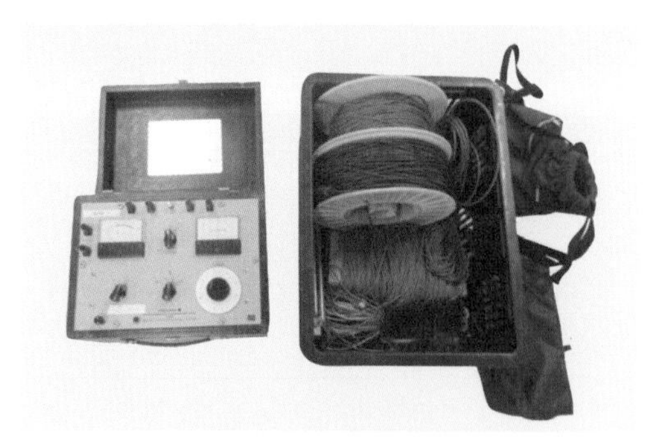
사진 1 대지저항률계

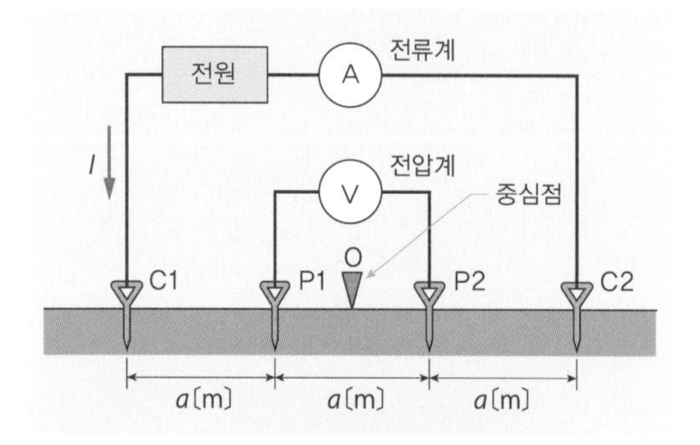

그림 5 웨너의 4전극법

사진 2 접지봉의 삽입

사진 3 지면의 굴착

(2) 접지공사

접지공사는 대지를 상대로 하므로 불확정 요인이 많아 어려운 면이 있습니다. 따라서 실제로 접지공사를 시공해 보지 않으면 알 수 없는 것도 많습니다.

접지공사를 시공하기 전에 대지저항률을 알 수 있으면 접지설계가 쉬워지므로 대규모 접지공사에서는 지질조사를 하는 경우도 있습니다.

지질조사에는 일반적으로 웨너(Wenner)의 4전극법을 사용합니다. 사진 1에 측정에 사용되는 대지저항률계를 나타냈습니다. 이 방법은 심층부까지의 대지저항률을 비교적 간단하게 파악할 수 있기 때문에 소규모부터 대규모까지 광범위한 접지설계에 사용되고 있습니다.

측정은 그림 5와 같이 중심점 0에 대하여 측정선상에 전류전극 C1, C2와 전위전극 P1, P2를 대칭적으로 배열하고, 전극상호의 간격을 등간격으로 배치합니다. 그 다음, C1과 C2의 사이에 전류를 흘려 P1과 P2 사이의 전위차 V를 측정합니다.

여기서 전극간격을 a[m]라고 하면, 대지저항률 ρ[Ω·m]는 다음 식으로 구할 수 있습니다.

$$\rho = 2\pi \times \mathrm{a} \times \frac{V}{I} [\Omega \cdot \mathrm{m}]$$

이 대지저항률은 측정전류가 침투한 깊이까지의 평균적인 저항률이 됩니다.

따라서 전극의 간격을 순차확대하여 깊이 방향에 대한 대지저항률의 변화 정도를 볼 수 있습니다.

사진 2는 접지공사로, 규정값 이하가 될 때까지 접지봉을 연속하여 삽입하고 있는 모습, 사진 3은 접지선을 매설하기 위하여 굴착하고 있는 모습입니다.

(3) 측정원리

전술한 바과 같이 접지저항은 접지극에 접지전류를 흘렸을 때의 전위상승과 접지전류로부터 구합니다. 이 전위상승은 이론적으로는 무한원점에 대한 것이지만, 현실적이지 않기 때문에 실제로는 유한한 구간에서 측정하게 됩니다.

그림 6과 같이 접지극(E)과 보조접지극(C) 사이에 접압을 인가하여 전류를 흘렸을 때의 전위분포는 그림 7과 같이 됩니다.

접지극(E) 부근에서는 전위가 급격하게 하강하고, 중간 부근에서는 그것이 완만해지며 보조전극(C) 부근에서 다시 하강합니다.

이것은 접지극(E)이나 보조접지극(C) 부근에서는 전류밀도가 크기 때문에 전위의 변화가 커지지만, 중간 부근에서는 전류밀도가 작기 때문에 전위의 변화도 작아지기 때문입니다.

그림 7과 같이 전위분포에 수평부가 생기면 접지극(E)에 의한 전위강하와 보조접지극(C)에 의한 전위강하가 E~C 사이의 중앙부근에서 분리될 수 있게 됩니다.

이 상태에서 그림 8과 같이 E~C 사이의 중앙 부근에 보조접지극(P)를 하나 더 삽입하여, E~P 사이의 전위차를 측정하면,

$$E_1 = I \times R_E \text{〔V〕}$$

로부터

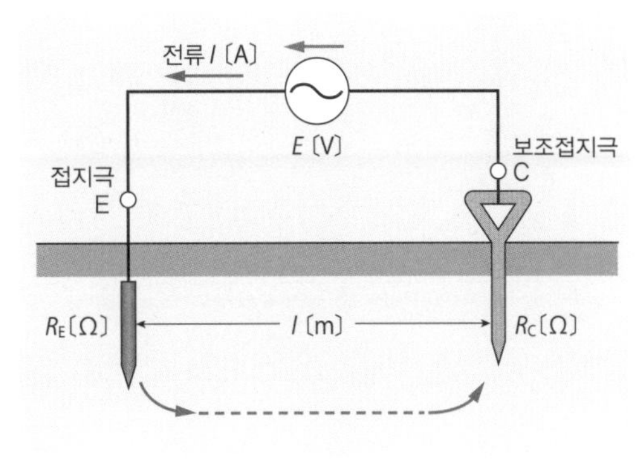

그림 6 전류경로

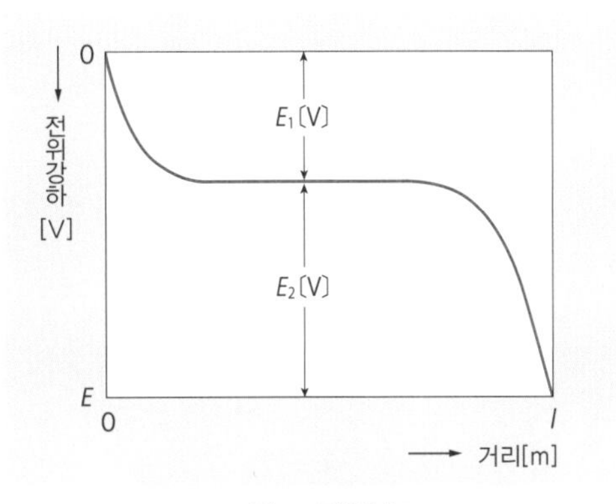

그림 7 전위분포

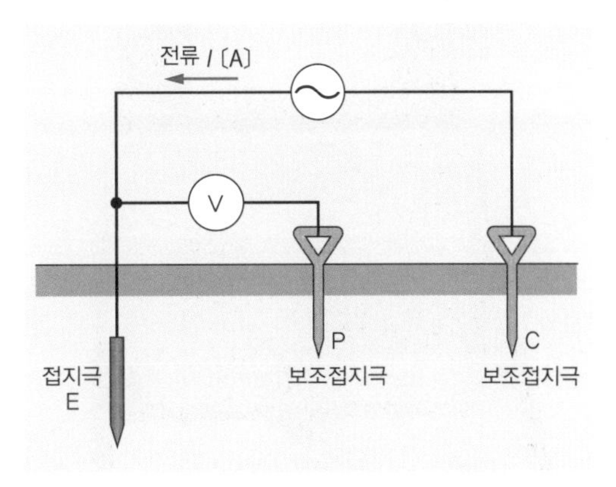

그림 8 접지저항 측정

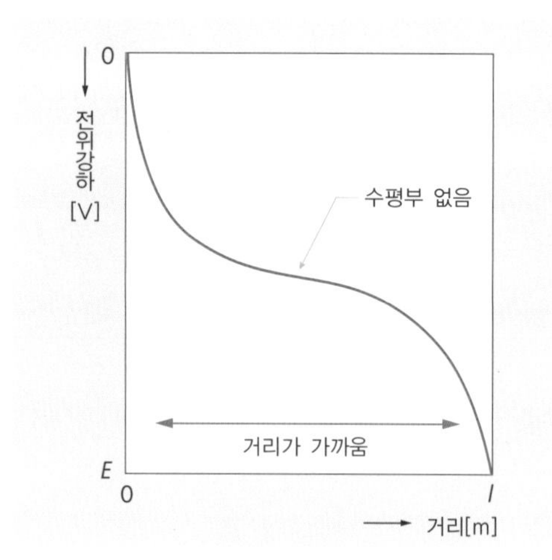

그림 9 전류보조극이 가까운 경우

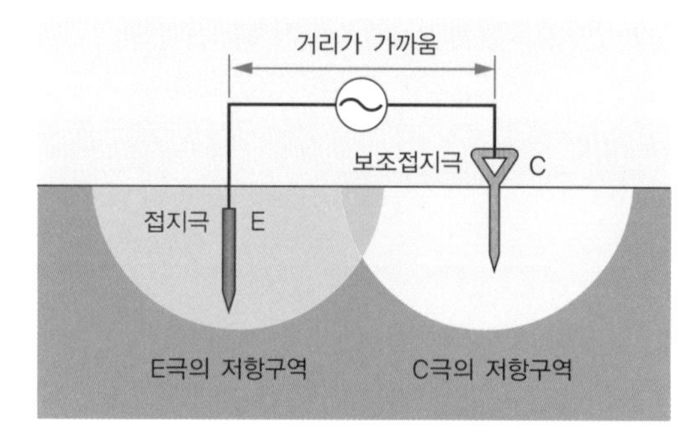

그림 10 저항구역의 겹침

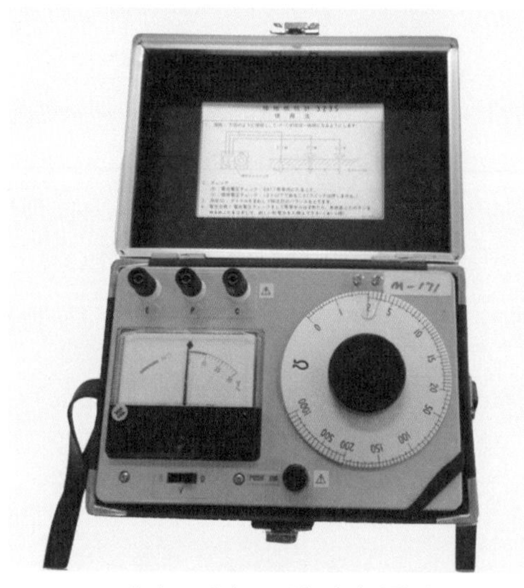
사진 4 아날로그식 접지저항계

$$R_E = \frac{E_1}{I} [\Omega]$$

이 되어, 접지극(E)의 접지저항을 구할 수 있습니다.

여기에서 중요한 것은 보조접지극(C)의 위치입니다. 만약 접지극(E)와 보조접지극(C)의 거리가 근접해 있으면, 전위강하의 수평부가 발생하지 않으므로 그림 9와 같은 전위분포가 됩니다.

이러한 경우, 그림 10과 같이 접지극(E)와 보조접지극(C)의 저항구역이 겹쳐지게 되어 정확한 측정을 할 수 없게 됩니다.

일반적으로 접지극(E)와 보조접지극(C)의 거리는 20m 이상으로 할 것을 추천합니다.

(4) 접지저항계

사진 4는 일반적으로 사용되고 있는 아날로그식 접지저항계입니다. 그림 11에 각 부분의 명칭을 나타냈습니다. 휴대용이기 때문에 전원은 건전지를 사용합니다. 그리고 건전지의 직류전압을 트랜지스터 인버터로 교류전압으로 변환하여 사용합니다.

교류전압을 사용하는 것은 대지는 수분을 포함하고 있어 전해질과 같은 성질을 갖고 있기 때문입니다.

이 때문에 직류전류를 흘리면, 분극작용에 의하여 양극과 음극에서 산화환원반응이 일어납니다. 이로 인해 전극표면의 저항이 증가하고, 토양성분도 변화하기 때문에 정확한 측정을 할 수 없게 됩니다.

교류의 경우, 주파수를 너무 높게 하면 리드선의 인덕턴스와 대지와의 정전용량의 영향이 커지므로 바람직하지 않습니다. 또한, 상용주파수에 가까워지면 유도장애가 발생할 우려가 있습니다.

이 때문에 주파수는 300~1000Hz 정도이며, 파형은 정현파 또는 방형파입니다. 측정회로에 흐르는 전류는 수 mA~수십 mA 정도입니다. 사진 5는 접지저항을 측정하는 중에 E~C 사이의 전압을 측정한 것입니다.

아날로그식 접지저항계의 동작을 그림 12에 나타낸 회로로 설명합니다.

접지극(E)와 보조접지극(C) 사이에 트랜지스터 인버터에서 발생시킨 교류전압을 가하면, 측정회로에는 시험전류가 흐릅니다. 이 회로에 삽입되어 있는 CT(변압기)의 변류비를 1 : n이라고 하면, CT의 이차측에는 일차전류의 n배의 이차전류 $n \cdot I$가 흐릅니다.

CT의 이차측에 접속되어 있는 슬라이드 저항을 조정하여 검류계를 0으로 합니다. 이 때의 슬라이드 저항의 위치를 ②로 합니다.

여기서, 접지극(E)의 저항을 R_X, E~P 사이의 전압을 E_X, 슬라이드 저항 ①~② 사이의 전압을 E_S, 슬라이드 저항 ①~② 사이의 저항을 R_S로 하면, 다음 식이 성립합니다.

$$E_X = E_S \quad (1)$$

$$E_X = I \cdot R_X \quad (2)$$

$$E_S = n \cdot I \cdot R_S \quad (3)$$

식 (2), 식 (3)을 식 (1)에 대입하면,

$$I \cdot R_X = n \cdot I \cdot R_S$$

$$\therefore R_X = n \cdot R_S \,[\Omega]$$

여기서 슬라이드 저항에 연동된 다이얼에

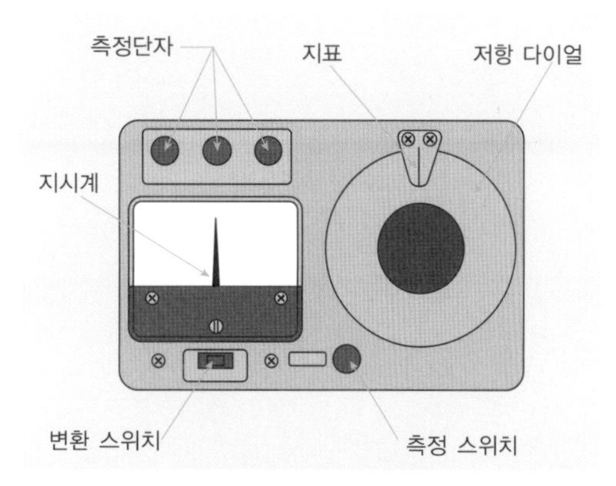

그림 11 각 부분의 명칭

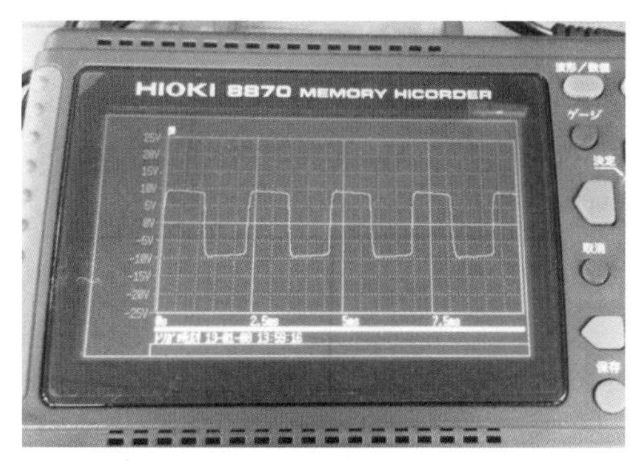

사진 5 측정전압

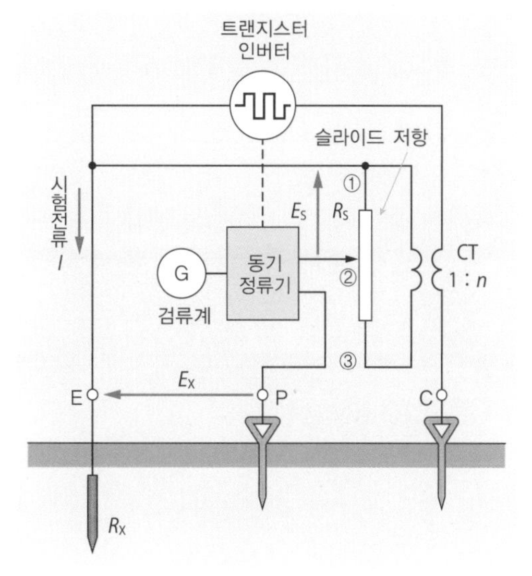

그림 12 아날로그식 접지저항계

사진 6 대수눈금

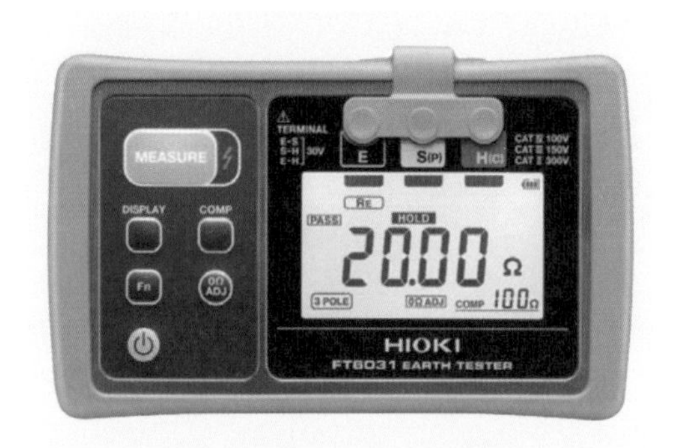

사진 7 디지털식 접지저항계(1)

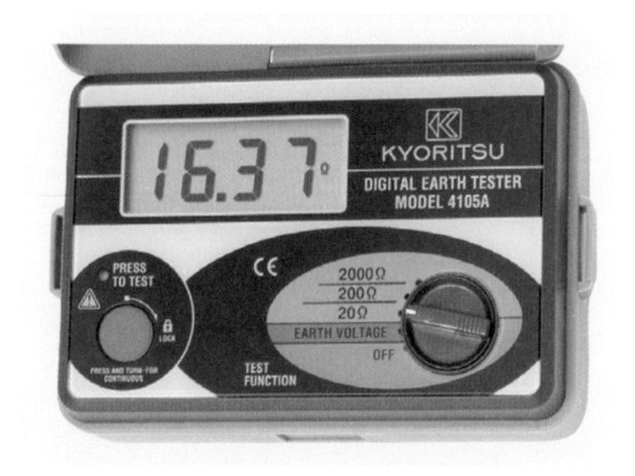

사진 8 디지털식 접지저항계(2)

R_s의 n배의 저항값을 눈금을 새기면 R_x를 구할 수 있습니다.

눈금은 사진 6과 같이 대부분 대수눈금으로 되어 있습니다. 대수눈금이라면 작은 값부터 큰 값까지 동일한 세밀함으로 읽어낼 수 있기 때문입니다.

아날로그식 접지저항계 이외에 사진 7, 사진 8과 같은 디지털식 접지저항계도 있습니다. 디지털식 접지저항계도 아날로그식 접지저항계와 마찬가지로 트랜지스터 인버터에서 발생시킨 교류전압을 접지극(E)와 보조접지극(C) 사이에 인가합니다.

다만, 측정은 검류계가 아니라 시험전류와 E~P 사이의 전압의 크기로부터 연산하여 접지저항값을 산출합니다. 또한 정전류 인버터를 사용하여 시험전류를 일정하게 한 것도 있습니다. 이 경우, 시험전류가 일정하므로 E~P 사이의 전압만을 측정하여 표시를 접저저항의 값으로 합니다.

(5) 규격

접지저항계의 규격에는 일본공업규격(JIS C 1304-2002)가 있으며, 대부분의 접지저항계는 이 규격에 준거하여 제조되고 있습니다.

표 2에 이 규격의 주요한 항목을 표시하였습니다.

여기서 고유오차란 표준상태에서의 오차를 말합니다. 또한 기저값이란 정밀도를 정의하기 위한 오차의 기준이 되는 값입니다(예를 들어 측정범위의 상한값이나 스팬 등으로 제조사가 지정한 것).

사진 4의 아날로그식 접지저항계는 JIC C 1304에 준거한 접지저항계로, 그 사양을 표 3에 나타냈습니다.

JIS C 1304는 1976년에 제정되어 여러 번 개정을 거쳐 사용되어 왔지만, 2012년 폐지되었습니다.

현재, 접지저항계에 관한 규격으로는 EN61557-5(유럽 규격) 및 IEC6157-5(국제전기표준회의 규격)가 있습니다.

EN61557 및 IEC61557은 교류 1000V 및 직류 1500V 이하의 저압배전 시스템의 전기적 안전성에 관한 것으로, 시험, 측정, 감시용 기기에 대한 기준을 정하고 있습니다. 그 중에 Part 5가 접지저항에 대한 규격입니다.

이 규격에서의 최대오차는 다음의 조건에서 시험하여 ±30% 이하입니다.

① 노이즈 전압 : 주파수는 DC 16.66Hz, 50Hz, 60Hz, 400Hz의 각 주파수에서 전압은 3V.

② 보조접지극의 저항 : 100×접지극의 저항값 또는 50kΩ 중 작은 값.

표 2 JIS C 1304-2002

항목		규정값	비고
표준상태	온도	23±2℃	
	습도	80% 이하	상대습도
	지전압	0V	
	보조극의 저항	100Ω±5%	
	외부자계	지자계	
공칭 사용 범위	주위온도	0~40℃	
	지전압	0~3V	실효값
	보조극의 저항	0~100×기저값Ω	단, 상한은 50kΩ
	외부자계	400A/m 이하	직류 및 교류 50Hz, 60Hz
고유오차		기저값의 ±5% 이내	기저값은 제조사가 표시하는 개별 규격에 따름
출력전압		무부하 전압의 실효값이 50V 또는 피크값이 70V 이하	이것을 넘어선 경우는 단락전류의 실효값이 3.5mA, 또는 피크값이 5mA 이하

표 3 아날로그식 접지저항계의 사양 예

항목	내용
규정범위	• 접지저항 : 0~10~100~1000Ω(대수 눈금) • 지전압 : 0~30V
허용차	• 접지저항 : (표준 측정상태에서*) 0~2Ω : ±0.1Ω(2Ω에 대해서 ±5%) 2 초과 20Ω : ±0.5Ω(20Ω에 대해서 ±2.5%) 20 초과 200Ω : ±5Ω(200Ω에 대해서 ±2.5%) 200 초과 1000Ω : ±50Ω(1000Ω에 대해서 ±5%) (주) 눈금 다이얼 표시값 2, 20, 200Ω 전후에서는 분해능이 변화합니다. 이 눈금들을 경계로 한 구간에서 제품의 감도를 설정하고 있기 때문에 마이너스 측과 플러스 측의 영역에서 허용차가 달라집니다. 2Ω : -0.1~+0.5Ω 20Ω : -0.5~+5Ω 200Ω : -5~+50Ω • 지전압 : 최대 눈금값의 ±5%
외부 기온의 영향	20℃±20℃에서 변화가 ±1눈금 이내
전지 전압의 영향	동작상태에서 약 4V까지 저하해도 허용차 내
지전압의 영향	상용 주파수 10V에서 1눈금 이내
보조접지저항의 영향	전류단자저항(R_C)과 전압단자저항(R_P)의 영향 및 R_C는 R_P는 약 10kΩ까지 측정 가능 *R_C,R_O=500(Ω)의 경우를 표준 측징싱태라고 힘
측정전류	최대 약 20mA(500Hz)
연속사용시간	약 6시간
사용 전지	단일 건전지(R20P) 4개 직렬 : 공칭 6V

2 접지저항 측정

(1) 측정

접지저항은 기상조건이나 계절에 따라 변화합니다. 정기적으로 접지저항을 측정하여 항상 측정값 이하가 되도록 유지해야 합니다.

① 전지 체크

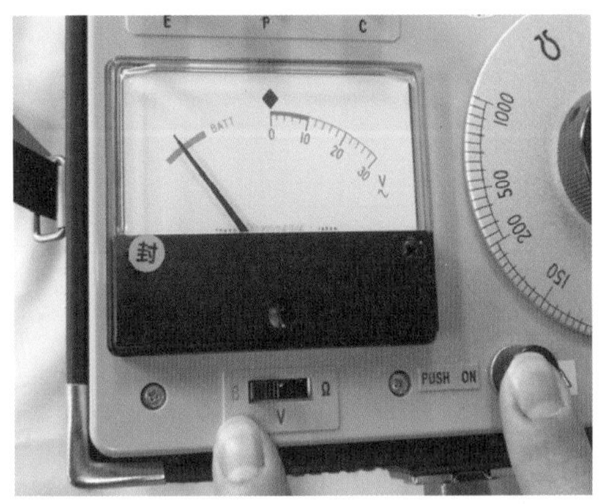

[전지 체크] 변환 스위치를 B(전지 체크)로 하여, 측정 스위치를 눌러 바늘이 파란색 띠(BATT)에 들어가면 전지는 사용 가능입니다. 파란색 띠에서 벗어나 있는 경우는 전지가 소모되어 있기 때문에 교환이 필요합니다.

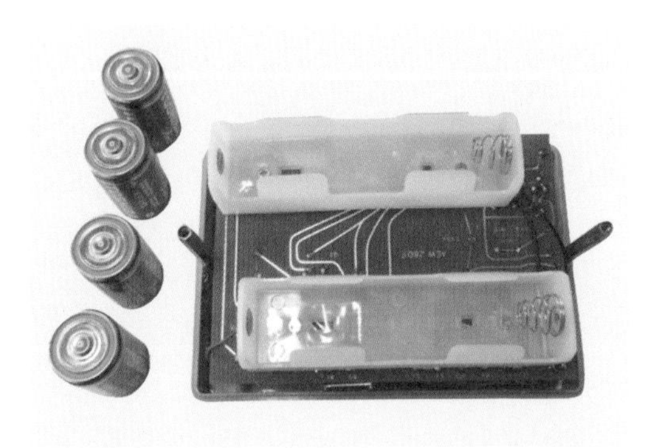

[전지 교환] 뒷면 뚜껑을 벗기고 낡은 전지를 모두 꺼냅니다. 극성을 맞추어 새 전지를 넣고 뚜껑을 덮습니다.

② 영점 조정

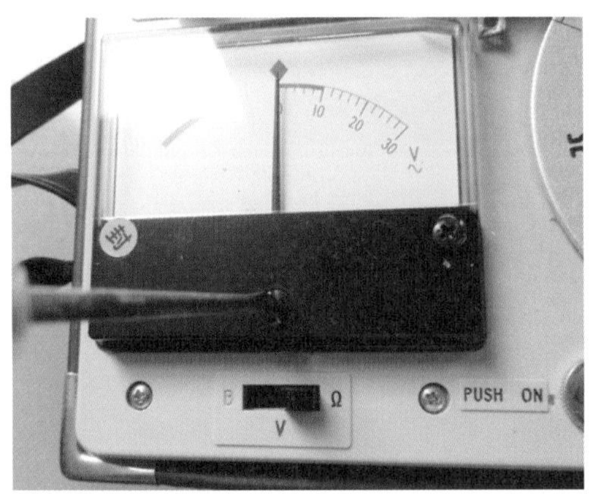

[영점 조정] 사용 전에 검류계(지시계)의 0점을 조정합니다. 마이너스 드라이버 등으로 0점 조정을 돌려 바늘을 눈금의 중심 ◆에 맞춥니다. 측정 스위치는 누르지 않은 상태로 맞춥니다.

③ 보조접지극의 삽입

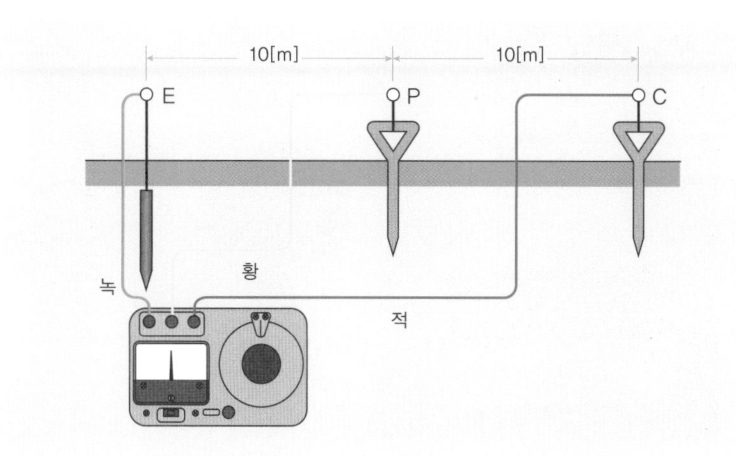

[보조접지극의 삽입] 접지저항을 측정하고자 하는 접지극(E)로부터 거의 일직선으로 약 10m의 간격을 두고 보조접지극(P)와 보조접지극(C)를 지면에 삽입합니다. 건물이나 장애물에 의해 직선으로 할 수 없는 경우에도 E~P~C가 100° 이상이라면 거의 영향은 없습니다. 다만, 그 경우는 E~P~C의 간격을 다소 길게 하는 것이 바람직합니다.

④ 리드선의 접속

[리드선] 접지저항계의 측정단자와 접지극 및 보조접지극을 부속된 리드선에 접속합니다.

[권취 릴] 리드선은 길기 때문에 정리하는 데 시간이 걸립니다. 권취 릴을 사용하면 취급이 쉬워집니다.

⑤ 지전압의 측정

변환 스위치를 V(전압측정)로 하여 지전압을 측정합니다. 지전압이 크면 오차가 커지므로 반드시 측정합니다.

⑥ 접지저항 측정

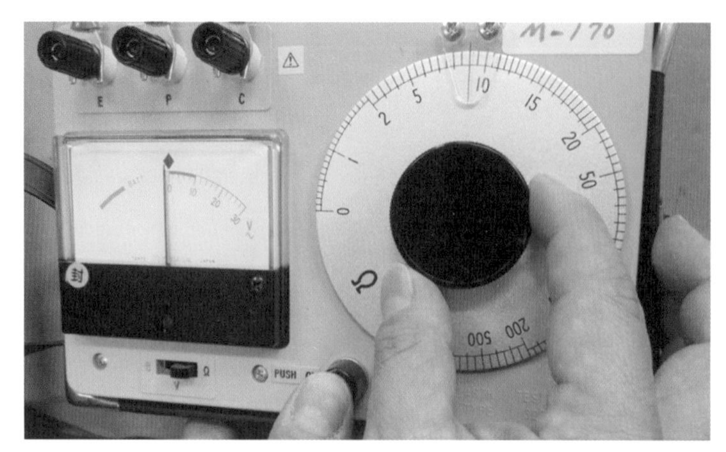

[측정] 변환 스위치를 Ω(접지저항 측정)으로 하여, 측정 스위치를 누르면서 다이얼을 돌려 검류계(지시계)의 밸런스를 맞춥니다.
검류계의 표시가 0이 되었을 때의 다이얼의 지시값이 접지저항값입니다. 만약, 검류계의 밸런스가 맞춰지지 않는 경우나 다이얼을 돌려도 검류계가 움직이지 않거나 감도가 낮은 경우에는 보조접지극의 삽입이 제대로 되지 않았거나, 리드선의 단선 등을 원인으로 생각할 수 있습니다. 측정 상태를 다시 확인할 필요가 있습니다.

⑦ 접지 개수 공사

접지저항값이 규정값 이상인 경우에는 접지 개수 공사를 하여 규정값 이하가 되도록 해야 합니다. 접지봉이나 접지판을 새롭게 설치하거나 기존 접지선과 접속합니다.

[연접식 접지봉] 지면에 구멍을 파고 접지봉을 삽입합니다. 접지봉은 접속할 수 있으므로 규정값이 될 때까지 여러 개를 연결하여 삽입합니다. 표준적인 접지봉의 길이는 1.5m인데, 전용공구를 사용하면 간단하게 삽입할 수 있습니다.

(2) 판정기준

자가용 전기설비의 접지 방법에 대해서는 전기 제11조(전기설비의 접지 방법)에서 다음과 같이 규정되어 있습니다.

'전기설비에 접지를 실시하는 경우는 전류가 안전하고 확실하게 대지로 흘러갈 수 있도록 해야 한다.'

전기 제11조에 이어, 접지공사의 종류와 시설방법의 구체적인 방법에 대하여 해석 제17조(접지공사의 종류 및 시설방법)에서 규정되어 있습니다. 접지저항의 값도 여기에서 규정되어 있으며, 표 1과 같습니다. 접지저항이 **표 1**의 값보다 큰 경우는 불량이므로 개선할 필요가 있습니다.

접지저항은 기상조건이나 계절에 의해 변화하므로 기준값에 가까운 경우는 주의가 필요합니다.

표 1 접지의 종류와 접지저항값

<table>
<tr><th>종류</th><th colspan="3">접지저항값</th><th>주요 접지장소</th></tr>
<tr><td>A종 접지</td><td colspan="3">10Ω 이하</td><td>고압 또는 특별고압 기기의 케이스, 케이블의 실드, 피뢰기 등</td></tr>
<tr><td rowspan="4">B종 접지</td><td rowspan="2">고압전로 또는 사용전압이 35000V 이하인 특별고압선로와 저압선로를 결합하는 변전기가 혼촉하여 저압측 전로의 대지전압이 150V를 넘은 경우에</td><td>1초 초과 2초 이내에 자동차단하는 경우는</td><td>$\frac{300}{I_g}$ Ω 이하</td><td rowspan="4">고압 또는 특별고압의 전로와 저압전로를 결합하는 변압기의 저압층 중성점(중성점이 없는 경우에는 저압측의 1단자)</td></tr>
<tr><td>1초 이내에 자동차단하는 경우는</td><td>$\frac{600}{I_g}$ Ω 이하</td></tr>
<tr><td colspan="2">상기 이외</td><td>$\frac{150}{I_g}$ Ω 이하</td></tr>
<tr><td colspan="3">I_g는 고압측 또는 특별고압측이 1선지락전류(단위: A)</td></tr>
<tr><td>C종 접지</td><td colspan="3">10Ω 이하(지락이 발생했을 때에 0.5초 이내에 차단하면 500Ω)</td><td>저압 300V를 넘는 기기의 금속제 부분</td></tr>
<tr><td>D종 접지</td><td colspan="3">100Ω 이하(지락이 발생했을 때에 0.5초 이내에 차단하면 500Ω)</td><td>저압 300V 미만의 기기의 금속제 부분</td></tr>
</table>

(3) 측정 시 주의점

① 보조접지극이 삽입되지 않는 경우

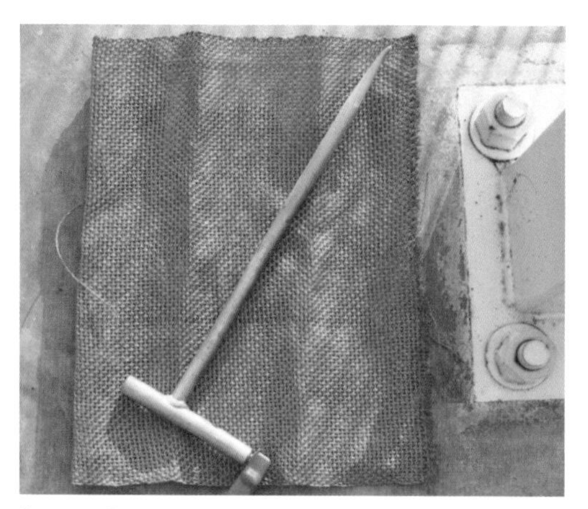

[접지망] 지표면이 딱딱한 경우나 콘크리트 등으로 되어 있어 보조접지극을 삽입할 수 없는 경우가 있습니다. 이러한 때에는 사진과 같은 접지망(구리사로 짠 그물)을 사용하여 측정합니다. 접지망은 보조접지극을 삽입할 수 없는 장소에 지면과 밀착되도록 깔아서 그 위에 물을 뿌려 지면과의 접촉을 좋게 하여 사용합니다. 접지망과 리드선의 접속은 클립으로 직접 접속하거나, 사진과 같이 접지망 위에 보조접지극을 옆으로 놓습니다.

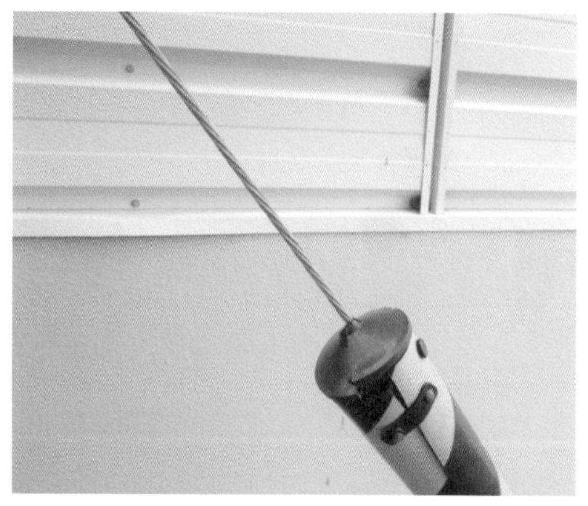

[지선] 보조접지극을 삽입하고자 하는 장소에 전주의 지선 등이 있으면 용할 수 있습니다.

[아스팔트 포장(왼쪽), 콘크리트 블록(오른쪽)에서의 측정] 통상의 아스팔트는 물을 흡수하지 않고 저항이 크므로 접지망은 사용할 수 없습니다. 콘크리트는 전기가 통하기 쉬우므로 사용할 수 있습니다. 따라서 콘크리트로 만들어진 측면 수로나 철제 맨홀 등이 있으면 이 부분을 사용하여 측정할 수 있습니다.

② 보조접지극의 저항

보조접지극의 저항값이 크면 정밀도가 좋은 측정을 할 수 없으므로 저항값은 가능하면 작게 합니다. 특히 A종 접지와 같이 저저항을 측정하는 경우에는 측정감도가 부족할 경우가 있기 때문에 주의가 필요합니다. 통상은 5kΩ 정도 이하의 저항이라면 문제가 없습니다.

③ 지전압의 영향

지전압은 전로나 전기기기의 절연불량 등에 의하여 대지에 누설전류가 흐르는 경우에 발생합니다. 또한 방송전파 등의 고주파나 전기철도 등에 의한 지전압도 있습니다.

지전압이 5V 이하라면 측정에는 거의 영향이 없지만, 그 이상인 경우에는 측정오차가 커지므로 원인을 조사하여 악영향을 제거한 후에 측정합니다.

④ 측정장소

[접지극 측정장소] 접지저항은 큐비클의 접지단자(왼쪽 사진)나 전기실의 접지단자반(오른쪽 사진)에서 측정합니다. 오른쪽의 접지단자반 사진에서 오른쪽 두 개의 단자는 측정용 보조접지극입니다(왼쪽부터 C극과 P극). 이러한 접지단자반이 설치되어 있는 경우 이 단자를 사용하여 접지저항을 측정할 수 있으므로 외부에 보조접지극을 삽입할 필요가 없습니다.

⑤ 측정전압

측정단자 E~C 사이에는 최대 100V 정도의 전압이 발생합니다. 측정 시에 측정단자나 보조접지극에 접촉해 감전되지 않도록 주의해야 합니다.

(4) 교정

접지저항계는 표준저항기에 의하여 정기적(6개월에 1회 정도)으로 교정을 실시하여 정밀도를 확인하는 것이 바람직합니다.

[접지저항계의 교정] 표준저항기를 이용하여 접지저항계를 교정하고 있는 모습입니다. 표준저항기의 E, P, C 단자와 접지저항계의 E, P, C 단자를 접속합니다. 다음으로 표준저항기의 로터리 스위치로 측정하고자 하는 저항을 선택하여 접지저항계로 측정합니다. 측정값이 표준값 내에 들어가 있는지를 확인합니다. 표준값에서 벗어나 있는 경우는 수리가 필요합니다.
이 표준저항기에서는 0, 5, 10, 50, 100, 500, 1000Ω의 저항을 측정할 수 있습니다.

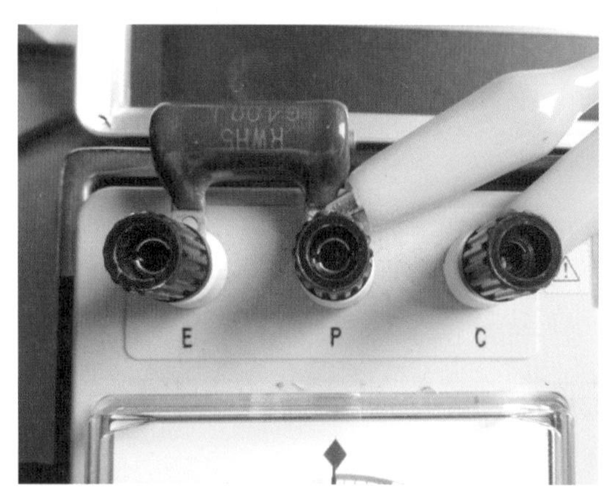

[정밀도 체크] 정기적인 교정 이외에 접지저항계의 정밀도를 체크하고자 하는 경우가 있습니다. 이 경우, P 단자와 C 단자를 단락시키고, P 단자와 E 단자 사이에 저항값을 알고 있는 저항을 접속시켜 접지저항과 동일하게 측정합니다. 측정한 접지저항값이 허용값 내에 있으면 정상입니다.

(5) 간이 측정법(2극법)

통상 접지저항의 측정은 접지극(E), 보조접지극(P), 보조접지극(C)의 3극을 사용하므로 3극법이라고도 불립니다. 그러나 간이적인 측정법으로서는 2극을 사용하는 2극법도 있습니다. 이 방법은 보조접지극을 삽입할 수 없는 경우에 사용할 수 있는 편리한 방법입니다.

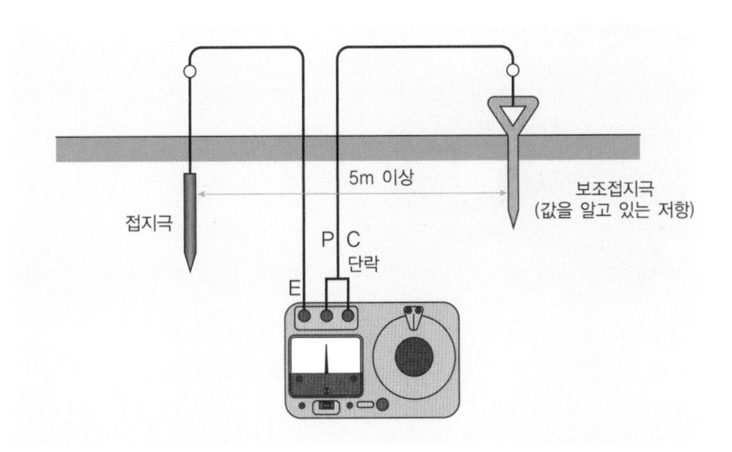

2극법은 그림과 같이 접지저항계의 P 단자와 C 단자를 단락시켜 보조접지극에 접속시켜 측정합니다. 이 경우, 원리상 측정값은 접지극과 보조접지극의 합성이 됩니다. 따라서 보조접지극의 저항값을 알고 있다면, 측정값으로부터 알고 있는 저항값을 빼면 접지극의 저항을 구할 수 있습니다. 또한 보조접지극의 저항값이 충분히 작으면 측정값을 그대로 사용할 수도 있습니다.

보조접지극으로서는 저항이 작은 A종 접지극이나 수도관 등의 금속제 매설물 등을 이용할 수 있습니다.

2극법은 D종 접지와 같은 간이의 접지 측정에 자주 사용됩니다. 다만, A종 접지와 같은 저저항의 측정에서는 오차가 커지므로 이 경우는 3극법으로 측정하는 것이 바람직합니다.

[2극법] 사진과 같은 300V 이하의 전기기기의 케이스는 D종 접지가 필요합니다. D종 접지의 규정값은 100Ω 이하이므로, 2극법을 사용한 측정이 가능하며, 측정 시간도 단축될 수 있습니다.

3 각종 접지저항계

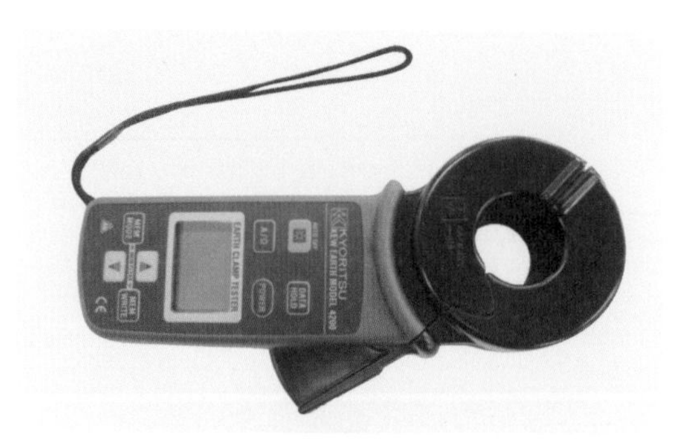

사진 1 다종 접지용 어스 클램프

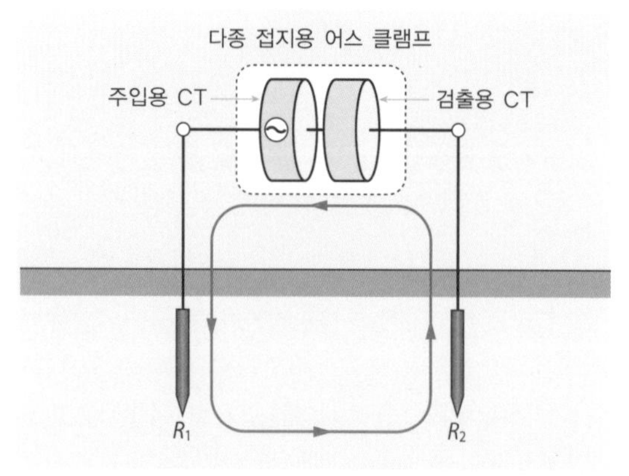

그림 1 다종 접지용 어스 클램프의 측정회로

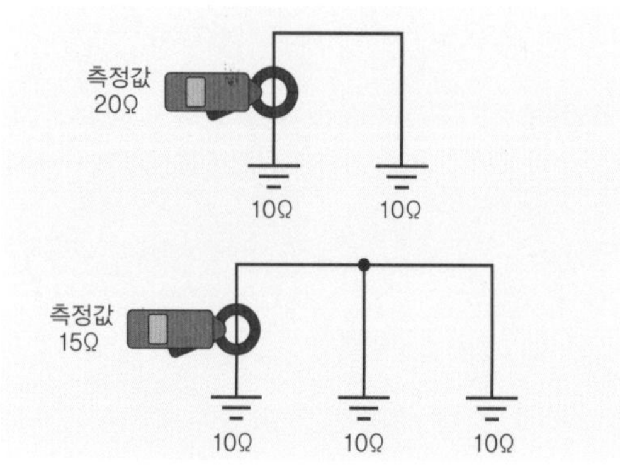

그림 2 다종 접지의 측정값

접지저항계는 접지저항을 측정하는 측정기로, 최근에는 다양한 종류의 접지저항계가 시판되고 있습니다. 이것은 보조접지극을 삽입할 수 없거나, 간단하게 접지저항을 측정하고자 하거나, 대규모 접지의 접지저항을 측정하고자 하는 등 시장의 니즈에 대응하기 위해서입니다.

(1) 클램프식 접지저항계

최근에는 지면이 콘크리트나 아스팔트로 포장되어 보조접지극을 삽입할 수 있는 장소가 적어지고 있습니다.

때문에 보조접지극을 사용하지 않고 측정할 수 있는 접지저항계가 있습니다. 이 접지저항계는 보조접지극의 대용으로 클램프를 사용합니다.

① 다중 접지용 어스 클램프

사진 1이 다종접지용 어스 클램프입니다. 외관은 전류 측정용 클램프 미터와 비슷하게 생겼지만, 내부에 주입용 CT와 검출용 CT의 2개의 CT가 있습니다.

그림 1이 측정회로입니다. 접지저항이 R_1과 R_2인 접지극이 접속되어 있는 전선을 다중 접지용 어스 클램프로 끼워 주입용 CT에 의해 전압을 인가하면, 접지저항의 크기에 따라 전류가 흐릅니다. 그리고 이 전류를 검출용 CT로 출력합니다. 주입한

전압과 흐르는 전류의 크기로부터 이 회로의 저항을 구할 수 있습니다. 저항은 그림 1에서 알 수 있듯이 R_1과 R_2를 합성한 것이 됩니다.

R_1을 측정하고자 하는 경우, R_2가 R_1에 비해 충분히 작으면, 측정값은 거의 R_1이라고 할 수 있습니다. 또한 R_2의 값이 이미 알려져 있다면, R_1도 구할 수 있습니다. 그림 2에 다중 접지 측정값의 예를 나타냈습니다.

사진 1의 다중 접지용 어스 클램프의 주입전압 주파수는 2,400Hz이며 측정 가능한 접지저항값은 0.5~1200까지입니다. 사진 2는 전기실에서 접지저항을 측정하고 있는 모습입니다.

사진 2 전기실에서의 측정

② 클램프식 접지저항계

다중 접지용 어스 클램프와 마찬가지로 주입용 CT와 검출용 CT를 사용합니다. 다만, 이 측정기는 측정 주파수를 가변시켜 전류값이 최대가 되었을 때 접지저항을 측정하도록 되어 있습니다.

일반적으로 접지회로에는 그림 3과 같이 선로의 인덕턴스(L), 선로와 대지 사이의 정전용량(C), 그리고 접지극의 저항(R)이 있습니다. 이 회로에서는 주입전압의 주파수를 변화시켜 L과 C를 공진시키면, 회로상수는 R만이 되기 때문에 전류가 최대가 됩니다.

따라서, 이 때에 측정하면 접지저항만을 구할 수 있습니다. 이 측정에서는 원리적으로 단독접지를 측정할 수 있습니다. 사

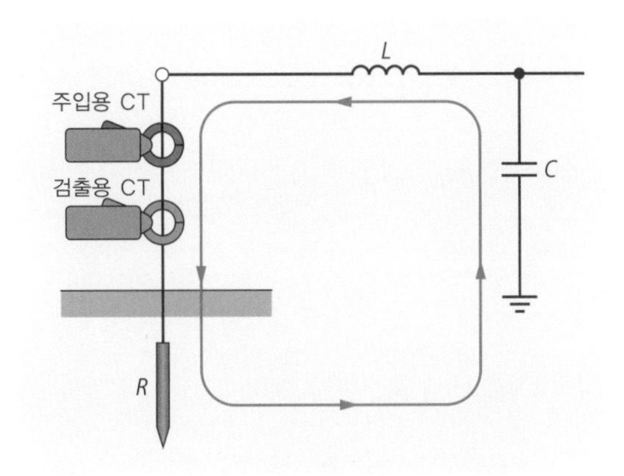

그림 3 클램프식 접지저항계의 측정회로

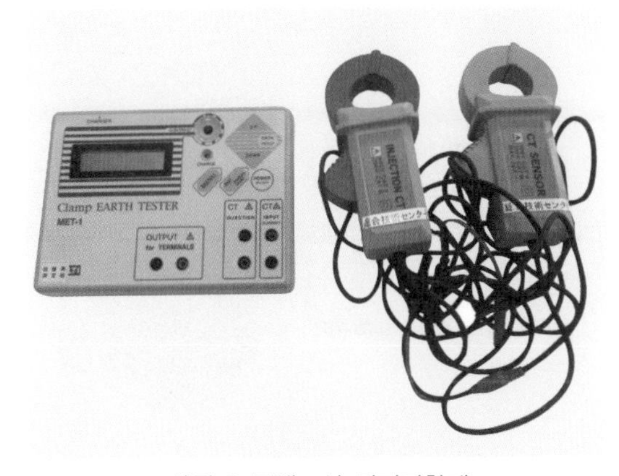

사진 3 클램프식 접지저항계

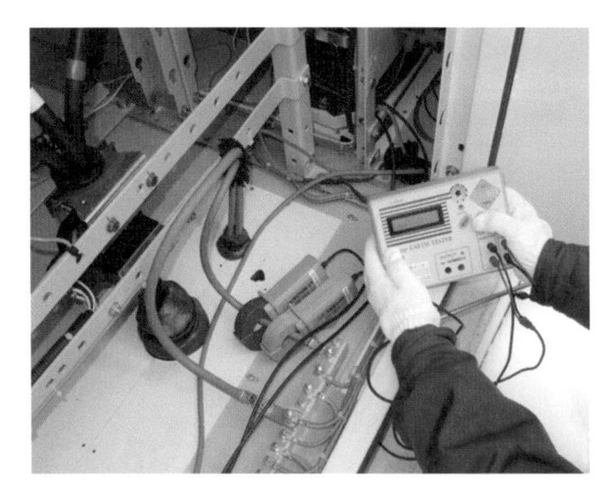

사진 4 큐비클에서의 측정

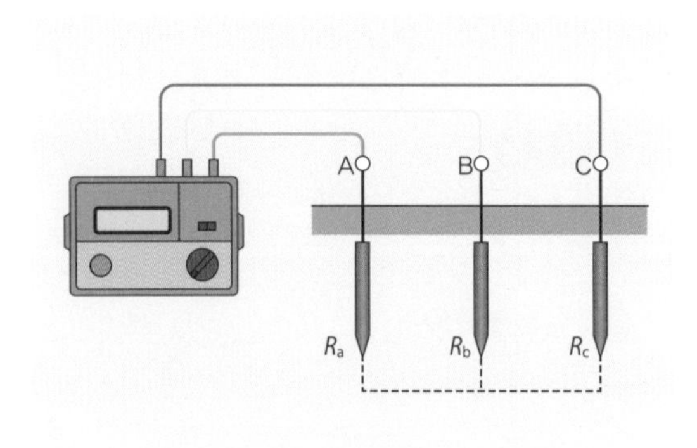

그림 4 연산식 접지저항계의 측정회로

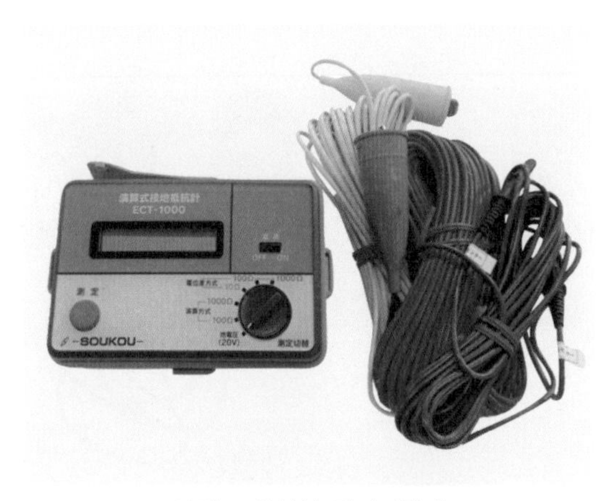

사진 5 연산식 접지저항계

진 3의 클램프식 접지저항계는 측정 주파수 4~400kHz에서 1~200Ω까지 측정할 수 있습니다. 주입용 CT와 검출용 CT는 각각 별도로 되어 있습니다.

사진 4는 큐비클 내에서 접지저항을 측정하고 있는 모습입니다.

(2) 연산식 접지저항계

그림 4와 같이 접지극 A, B, C가 있으며, 각각의 접지저항을 R_a, R_b, R_c라고 하면, 2극 사이의 합성 접지저항은 각각

$$R_a+R_b=X$$
$$R_c+R_a=Y$$
$$R_c+R_a=Z$$

가 됩니다. 이것은 미지수가 3개인 3원 1차 연립방정식이므로 접지극 A, B, C의 접지저항은

$$R_a=\frac{X-Y+Z}{2}$$
$$R_b=\frac{X+Y-Z}{2}$$
$$R_c=\frac{-X+Y+Z}{2}$$

에서 구할 수 있습니다.

이와 같이 보조접지극이 없어도 접지극이 3개 있고, 2극 사이의 접지저항을 모두 측정하면, 위의 식과 같은 연산에 의해 각각의 접지극의 접지저항을 구할 수 있습니다.

사진 5가 연산식 접지저항계로, 측정 스위치를 누르면 자동적으로 연산하여 각각

의 접지저항이 표시됩니다. 또한 통상의 접지저항계로도 사용할 수 있습니다.

(3) 전압강하식 접지저항계

사진 6과 같은 변전소의 메시 접지나 빌딩의 구조체 접지 등과 같이 대규모의 접지는 통상의 접지저항계로는 측정할 수 없습니다. 이것은 접지극이 크기 때문에 C극(전류극)이나 P극(전압극)이 접지극의 저항구역 내로 들어가기 때문입니다.

이와 같이 대규모 접지의 접지저항값을 측정하기 위해서는 접지극에 영향을 주지 않는 충분이 먼 곳에 C극을 설치하고, 실제로 접지극에 20~30A 정도의 상용 주파 전류를 흘릴 필요가 있습니다. 그리고 이로 인한 전위상승을 측정하기 위한 P극도 접지극으로부터 충분하게 떨어뜨립니다(그림 5와 같이 C극의 영향을 피하기 위하여 접지극의 반대측에 설치합니다).

이 측정을 위해서 그림 5와 같이 절연 변압기나 전류계, 전압계, 스위치류를 조합한 시험회로를 작성합니다.

그러나 측정 시마다 기재를 조합하는 것은 어려우므로 필요한 기구류(그림 5의 점선 내)를 일체화하여 측정기로서 하나로 만든 것이 사진 7의 전압강하식 접지저항계입니다. 이 접지저항계를 사용하면 효율적인 측정이 가능합니다.

(4) 서지 임피던스계

낙뢰와 같은 서지전류가 흐른 경우의 접지저항은 서지 임피던스라고 부르며, 일반

사진 6 변전소

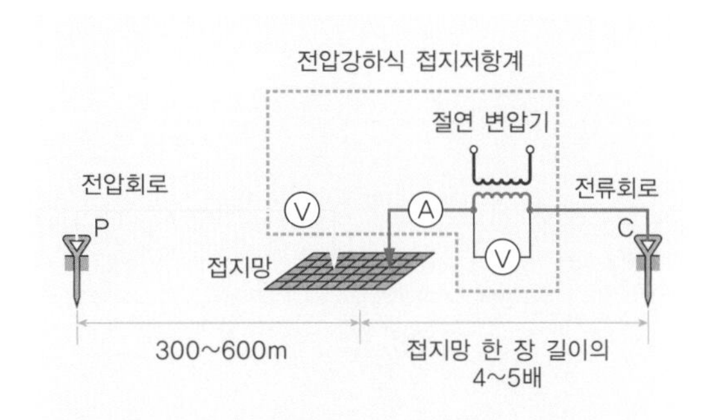

그림 5 전압강하법에 의한 측정

사진 7 전압강하식 접지저항계

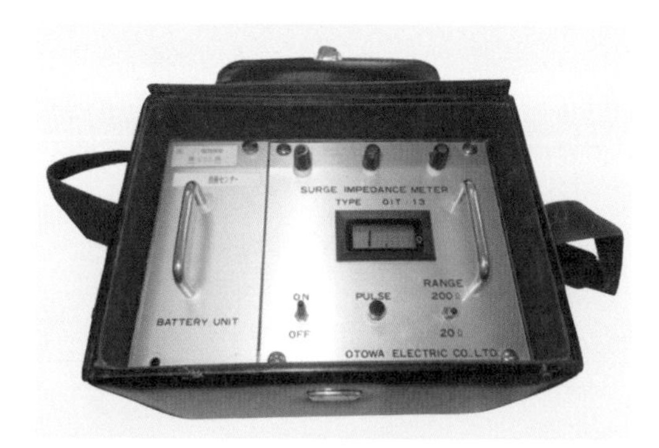

사진 8 서지 임피던스계

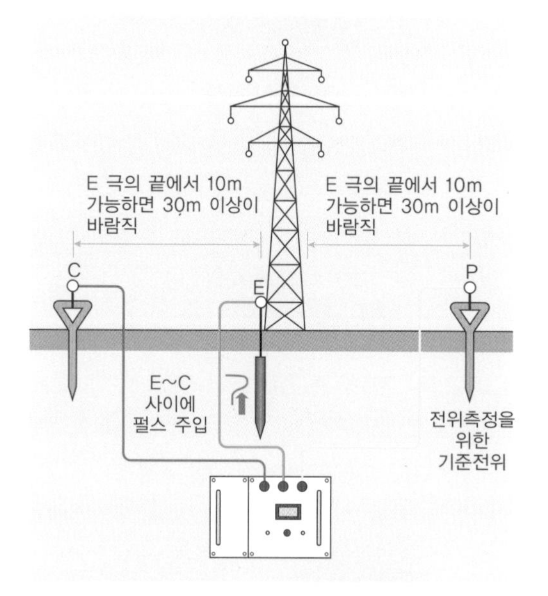

그림 6 서지 임피던스의 측정회로

사진 9 서지 임피던스의 측정

적인 접지저항과는 다릅니다. 서지 임피던스는 시간적으로 변화하는 과도 접지저항이며, 서지의 파형이나 접지선의 길이, 접지극의 형상 등에 의해서도 변합니다.

송전선의 철탑이나 통신용 안테나, 또는 피뢰기, 피뢰침 등은 낙뢰가 침입할 우려가 있습니다. 이와 같은 설비의 접지극은 종래와 같이 접지저항(상용 주파전류에 대한 접지저항)이 낮을수록 좋은 것은 아니며, 서지 전류에 대한 접지저항, 즉 서지 임피던스가 중요해집니다. 이 서지 임피던스를 측정하는 것이 서지 임피던스계입니다.

사진 8의 서지 임피던스계는 접지극에 1A 정도의 펄스 형태의 전류를 흘리고, 그 때의 전위상승으로부터 연산에 의하여 서지 임피던스를 측정합니다.

통상의 접지저항계와는 달리 그림 6과 같이 보조접지극(P)와 보조접지극(C)는 서지 임피던스를 측정하고자 하는 접지극(E)를 중심으로 하여 양측에 삽입합니다.

사진 9는 휴대전화 기지국 철탑의 서지 임피던스를 측정하고 있는 모습입니다.

이 철탑의 접지저항은 1.9Ω, 서지 임피던스는 6.3Ω였습니다. 이와 같이 서지 임피던스는 통상의 접지저항에 비해 큰 것이 일반적입니다. 또한 접지선도 큰 임피던스가 됩니다.

온도 측정

자가용 가전설비의 접촉불량, 늘어짐, 과부하, 내부고장 등의 이상은 발열현상을 동반하는 경우가 있습니다. 이 때문에 자가용 전기설비의 점검에서는 전압이나 전류 등의 전기적인 점검과 동시에 온도 관리도 중요합니다.

이 장에서는 온도 관리에 필요한 온도계와 그 사용 방법에 대하여 설명합니다.

최근에는 방사 온도계나 적외선 영상장치 등의 비접촉 온도계를 사용하게 되었습니다. 비접촉 온도계는 운전 중에도 간단하게 측정할 수 있는 편리한 툴로, 측정거리나 공간분해능, 방사율 등을 고려할 필요가 있습니다. 정확하게 온도를 측정하기 위해서는 온도계의 측정원리를 잘 이해하고 사용할 필요가 있습니다.

적절하게 온도 관리를 하면, 이상의 징후를 조기에 발견할 수 있습니다. 이렇게 하면 사고를 미연에 방지할 수 있습니다.

1 온도 관리

사진 1 유도전동기

사진 2 VVF 케이블

$$\ln L = \frac{a}{T} + b$$

여기서, L : 수명〔h〕
T : 절대온도〔K〕
a, b : 상수(실험에 의해 구할 수 있음)

그림 1 아레니우스 모델

(1) 온도 관리

① 절연재료

폴리에틸렌이나 비닐 등의 유기절연재료는 우수한 절연성능 때문에 전동기(사진 1)나 케이블(사진 2) 등에 널리 사용되고 있습니다. 또한 절연재료는 그 주목적인 전기절연 이외에 구조부재로서의 역할도 하고 있습니다.

이 절연재료들은 다양한 요인에 의하여 열화, 즉 절연성능이 저하하는데, 그 최대 요인이 열스트레스입니다.

전기기기를 운전하거나 전선이나 케이블 등에 전류가 흐르면 구리 손실, 유전체 손실, 철 손실, 기계 손실 등의 손실에 의하여 발열합니다. 그리고 그 발열과 외부로의 방열이 열적 평형을 이룰 때까지 온도가 상승합니다. 온도가 상승하면 절연재료의 열분해나 산화 등의 화학반응이 촉진되므로 열화속도를 증가시켜 수명 단축으로 이어집니다.

일반적으로 열과 화학반응 속도와 관계를 나타내기 위하여 '아레니우스의 식※'이 사용됩니다. 이 식으로부터 수명과 온도와의 관계는 그림 1과 같이 나타낼 수 있습니다.

※ 스웨덴의 물리학자인 스반테 아레니우스가 1884년에 제안한 식. 아레니우스는 물리화학 분야에서 주도적인 역할을 하여 1903년에 노벨 화학상을 수상했다.

아레니우스 모델을 사용하여 권선재료의 내열수명 특성을 나타낸 것이 그림 2입니다.

이것에 의하면, E종 코일을 112℃에서 사용한 경우의 수명은 약 10년으로 예상할 수 있습니다. 그리고 8℃ 온도를 올려 120℃에서 사용하면 수병은 절반인 약 5년으로 단축됩니다(그림 2는 온도만을 변화시켰을 때의 특성으로, 실제로는 습도나 전압 등의 영향도 더해지므로 반드시 이 특성과 같이 된다고만은 할 수 없습니다).

이와 같이 절연재료의 수명은 절대온도에 반비례하기 때문에 온도 관리는 매우 중요합니다. 일반적으로 사용온도가 6~10℃ 상승할 때마다 수명은 반감한다고 알려져 있습니다.

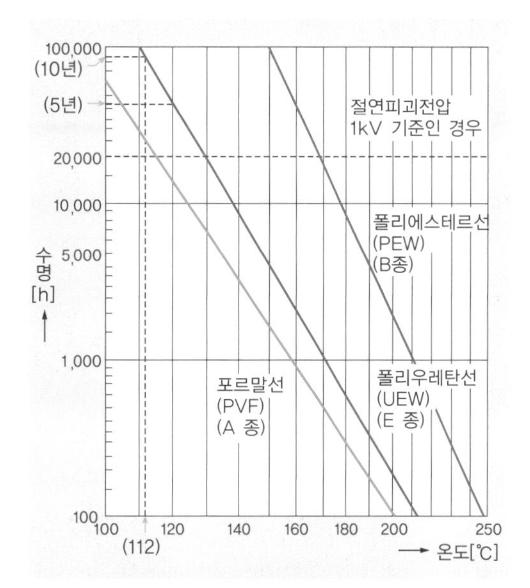

그림 2 내열수명 곡선의 예
(전기학회기술보고 제Ⅱ부 제44호)

② 도전재료

사진 3이나 사진 4와 같은 도전재료에는 구리나 알루미늄 등의 금속이 사용되고 있습니다. 금속류는 유기절연재료에 비하여 열스트레스에는 비교적 강한 재료입니다. 그러나 이 도전재료들도 열에 의하여 열화합니다. 특히, 단자 부분이나 전선의 접속부는 진동 등에 의하여 볼트 등이 헐거워지는 경우가 있으며, 이것이 접촉저항의 증가로 이어집니다.

접속저항이 증가하면, 발열하여 온도가 상승하고, 금속이 산화합니다. 금속의 산화는 접촉부 저항이 추가적으로 증가시켜 끝내는 불에 타서 손상을 입을 가능성도 있습니다. 이것은 아산화구리 증식발열현상※이라고 부르며, 처음에는 천천히 진행하지만 마지막에

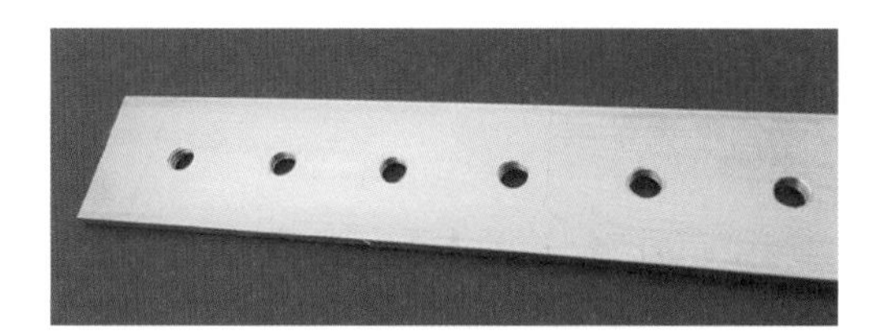

사진 3 구리 바

사진 4 접속단자부

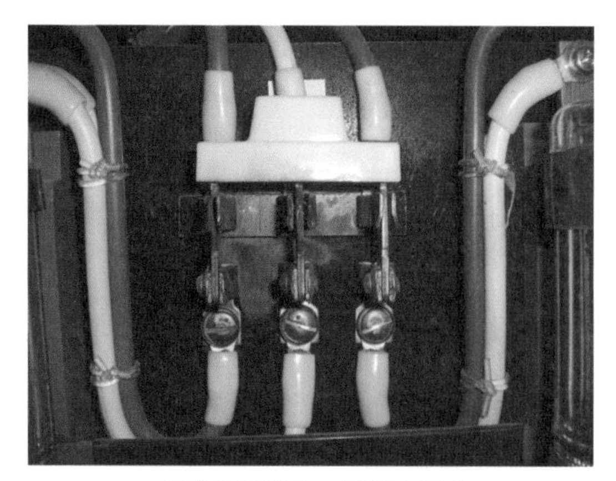

사진 5 나이프 스위치의 과열

사진 6 단자의 과열

사진 7 온도 측정

는 급격하게 증가합니다.

※ 접촉불량 등에 의하여 줄열이나 전기불꽃이 발생하고, 발열하여 구리가 산화하여 아산화구리가 생성된다. 여기에 전류가 흐르면 고열(600℃ 이상)을 발생시키고, 나아가서는 아산화구리가 증식하는 현상을 말한다.

사진 5에서는 나이프 스위치의 투스 레스트(tooth rest) 부분이 검게 변색되어 있습니다. 맞물리는 부분이 넓어져 접촉불량이 되어 과열이 발생한 예입니다. 이 경우의 시설예로서는 나이프 스위치뿐 아니라 성능이 더욱 좋은 MCCB(배선용 차단기)로 교환하는 것이 바람직할 것입니다.

사진 6에서는 전선의 단자부가 변색되어 있습니다. MCCB와 전선의 접속이 헐거워져 과열이 발생한 예입니다.

③ 온도 관리의 필요성

자가용 전기설비의 점검에는 정전하고 점검하는 경우와 운전 중에 점검하는 경우가 있는데, 온도 관리는 운전 중의 점검에 해당합니다. 규정값 이상의 온도는 수명을 단축시키며, 자가용 전기설비의 이상은 통상적으로 발열을 동반합니다. 온도변화에 주의하여 사고를 미연에 방지하기 위해 노력할 필요가 있습니다.

사진 7은 전기실에서 온도를 측정하고 있는 모습입니다.

(2) 관리 기준

① 정격값

전기기기나 전선, 케이블 등에는 규격으로 정해진 정격전압이나 정격전류 등의 정격값이 있습니다. 따라서 정격값 이내에서 사용하는 것은 당연하지만, 부하가 커지면 그만큼 스트레스도 커지기 때문에 일반적으로는 다소의 여유를 가지고 사용하는 것을 추천합니다.

이 때문에 정격값 부근에서 운전을 하고 있는 경우에는 중점 보수·점검 장소로 하여 점검하는 것이 바람직할 것입니다.

또한, 전기기기나 전선, 케이블 등은 설치된 환경에 의하여 큰 영향을 받습니다. 주위 온도, 밀폐도, 냉각방식, 직사광선의 유무 등에 따라 온도가 변합니다.

사진 8은 보일러실로, 이 방에 설치된 제어반의 주위온도는 매우 높은 상태입니다. 또한 사진 9는 옥상에 설치된 큐비클로, 여름철의 직사관선에 의해 내부의 온도가 상승합니다. 각각의 조건에 맞춘 온도 관리가 필요합니다.

사진 8 보일러실

사진 9 옥상 큐비클

표 1 내열 클래스(JIS C 4003-2010)

내열 클래스 (℃)	지정 문자	절연물 종류의 예	용도예
90	Y	면, 명주, 종이, 폴리에틸렌, 천연고무, 염화비닐	소형기기
105	A	Y종 재료를 바니스류로 함침한 것 또는 오일에 담근 것	고압유입 변압기
120	E	에폭시 수지, 폴리우레탄 수지, 멜라민 수지	소형 저압변동기
130	B	마이카, 석면, 유리섬유 등을 접착제와 함께 사용한 것	중형 저압변동기
155	F	B종 재료를 실리콘알킬드 수지 등의 접착제와 함께 사용한 것	대형 저압변동기, 고압변동기, 고압 몰드변압기
180	H	B종 재료를 실리콘 수지 등의 접착제와 함께 사용한 것	고압H종 건식변압기
200	N		
220	R	생마이카, 자기, 석면 등을 단독으로 사용한 것	특히 내열성을 필요로 하는 부분
250	–		

(주) 2010년의 개정으로 내열 클래스 200℃와 220℃에 대하여 각각 N 및 R의 지정문자가 추가되었다.

표 2 최고 허용온도

기기명	측정 장소	최고허용 온도(℃)	규격
큐비클	접속부(구리)	90	JIS C 4620
	접속부(주석 도금)	105	
	접속부(은 도금)	115	
고압 단로기	접촉부(구리 또는 구리 합금)	75	JIS C 4606
	접속부(구리 또는 알루미늄)	90	
	자기 애자	90	
고압교류 부하개폐기	접촉부(구리 또는 구리합금)	75	JIS C 4605
	접속부(구리 또는 알루미늄)	90	
	자기 애자	90	
차단기	접촉부(구리)	75	JIS C 4603
	접속부(구리 또는 알루미늄)	90	
	OCB의 오일	90	
유입 변압기	절연유	95	JIS C 4604
	권선	95	
몰드 변압기	권선(B종)	75	JIS C 4606
	권선(F종)	95	
	권선(H종)	120	
유입 콘덴서	A종	65	JIS C 4902-1
	B종	60	
MCCB	단자부	90	JIS C 4606
	케이스 표면	80	

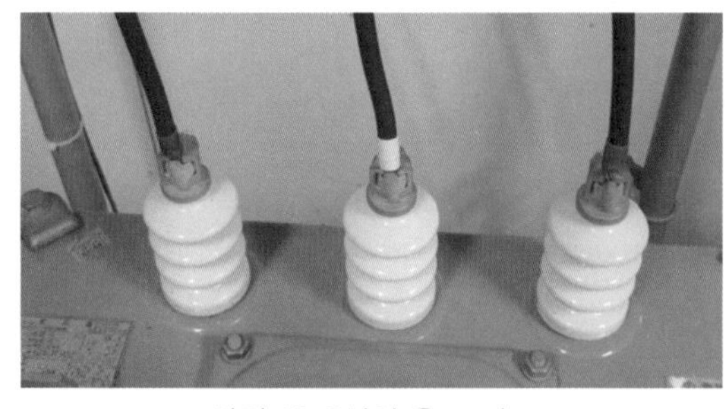

사진 10 3선의 온도 비교

사진 11 MCCB의 접속부

② 절연재료

절연물의 종류마다 허용 최고온도가 정해져 있습니다. 표 1에 JIS C 4003-2010의 내열 클래스를 표시했습니다. 내열 클래스는 제조사의 설계내용에 따라 최적인 것을 선정하여 제품화하고 있습니다.

③ 관리값

전기기기나 전선, 케이블 등의 온도 관리에 있어서 관리값을 몇 ℃로 하는지, 또는 정상인지 비정상인지의 판단기준을 몇 ℃로 할지는 일률적으로 말할 수 없습니다. 참고로 표 2에 규격상의 최고허용온도를 나타냈습니다. 다만, 이 값은 어디까지나 최고 허용온도이며, 이 온도 이하라고 해서 안전을 보장한다는 것은 아닙니다. 실제로는 운전조건이나 주위환경, 열화상황 등 다양한 조건을 고려하여 판단해야 합니다.

예를 들어 온도는 규정값 이하에서도 사진 10과 같이 3선의 온도가 불균형하여 한 선만 온도가 높으면, 이상이 발생하고 있을 가능성이 있습니다. 또한 저압반이라면 사진 11과 같이 MCCB와 IV전선과의 접속부에서 60℃를 넘으면 위험하다고 판단합니다(IV 전선의 절연피복의 최고 허용온도는 60℃).

이상과 같이 온도 값만으로는 판단할 수 없지만 일반적으로 60℃ 이상을 확인하면서 상세 점검을 계획해 75℃를 넘으면 위험하다고 판단하고 정전하여 조사할 것을 장려합니다.

(3) 온도

① 에너지

물질은 모두 원자로 이루어져 있습니다. 이 원자는 그림 3과 같이 모두 무질서한 운동을 하고 있습니다.

고체의 경우, 원자는 자유롭게 돌아다닐 수는 없지만, 자기 자리에서 무질서하게 진동을 하고 있습니다.

액체의 경우, 원자는 어느 정도 위치를 바꿔 무질서하게 진동을 하고 있습니다. 이 진동 에너지가 열의 정체입니다.

전류는 전자의 흐름이지만, 전자는 도체 속을 흐를 때, 그림 4와 같이 도체를 구성하는 원자에 충돌하면서 흐릅니다. 이 충돌에 의하여 원자가 진동하기 때문에 열이 발생합니다. 이렇게 발생하는 열이 줄열입니다.

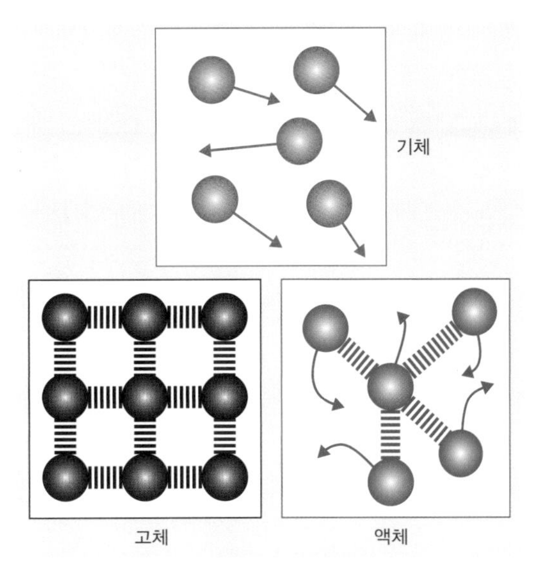

그림 3 물질의 진동

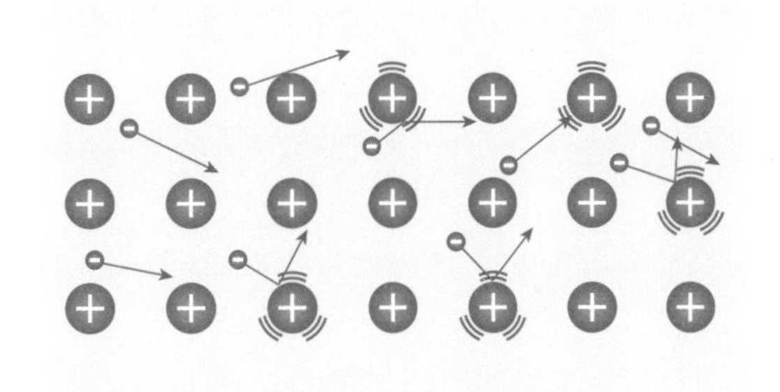

그림 4 전자의 충돌

② 단위

열운동의 크기를 측정하는 기준 중 하나가 온도라는 척도입니다. 온도의 단위에는 셀시우스온도(섭씨) 〔℃〕와 켈빈온도(절대온도) 〔K〕가 있습니다. 통상은 셀시우스온도를 사용합니다.

표 3에 셀시우스온도와 켈빈온도의 비교를 나타냈습니다.

표 3 온도의 단위

항목	셀시우스온도(섭씨)	켈빈온도(절대온도)
정의	1기압에서 순수의 응고점을 0℃, 끓는점을 100℃로 하여, 그 사이를 100등분한 것이 1℃	온도가 저하하여 분자나 원자의 운동이 완전히 정지하는 온도를 0K로 한다. 이 이상 낮은 온도는 없다. 눈금 간격은 셀시우스 온도와 동일.
단위	℃	K
읽는 법	도	켈빈
온도 환산	−273.15℃	0K
	0℃	275.15K

(4) 온도계의 종류

온도계에는 많은 종류가 있지만, 크게 접촉식과 비접촉식으로 나눌 수 있습니다. 접촉식과 비접촉식의 비교를 표 4에, 주요 온도계의 종류를 표 5에 나타냈습니다.

표 4 접촉식와 비접촙식

항목	접촉식	비접촉식
측정물의 크기	온도계에 의해 측정물의 온도가 변화하는 경우가 있으며, 작은 물체의 온도는 측정하기 어려움	작은 물제도 측정 가능
응답속도	고속으로 움직이고 있는 물체에는 적합하지 않음	빠르기 때문에 움직이고 있는 물체도 가능
측정상태	접촉해야 함	멀리 떨어져서 측정 가능
측온점	임의의 장소에서 측온이 가능(내부 온도가 측정 가능)	표면온도
온도범위	+2000℃ 정도까지	고온 타입도 가능
정밀도	정밀도가 높은 것을 용이하게 제작 가능	비교적 정밀도 낮음
수명	일반적으로 짧음	김

표 5 온도계의 종류

분류	종류	원리와 특징
접촉식 온도계	액체 온도계	알코올 온도계나 수은 온도계와 같이 유리용기에 들어있는 액체의 열팽창에 동반되는 액면의 위치변화를 이용하여 온도를 측정하는 계기. 액체와 유리의 열팽창 차를 이용하고 있다. 간단하지만, 하나의 온도계의 사용온도 범위는 좁다.
	열전대 온도계	2종류의 이종 금속을 조합하여 양단을 접합하고, 그 양단에 온도차를 주면 온도차에 따라 기전력이 발생한다. 이 기전력으로부터 온도를 측정한다.
	저항 온도계	금속의 전기저항이 온도에 비례하여 증가하는 성질을 이용한 온도계이다. 일반적으로 온도특성이 좋은 직선성, 재현성이 우수한 백금(Pt)이 사용된다. 또한 금속의 산화물을 소결한 반도체(서미스터)를 사용한 것도 있다. 서미스터는 백금에 비하여 저항의 온도계수가 크므로, 고분해능의 측정이 가능하지만, 백금보다 정밀도가 낮다.
비접촉식 온도계	방사 온도계	물체의 표면에서 방사되는 적외선 방사 에너지를 적외선 센서를 사용하여 측정하여 물체의 온도를 측정한다.
	적외선 영상장치	물체의 표면에서 방사되는 적외선 방사 에너지를 검출하여 온도분포를 화상으로 표시하는 장치.

① 접촉식 온도계

온도차가 있는 두 개의 물체를 접촉시키면, 물체의 열이 뜨거운 쪽에서 차가운 쪽으로 이동하여 시간이 지나면 일정해집니다. 이 상태를 열평형이라고 합니다. 일반적인 접촉식 온도계는 이 원리를 이용하고 있습니다.

원리적으로 측정하고 있는 온도의 값은 온도계 자신의 온도이므로 아무리 성능이 좋은 온도계를 사용해도 측정방법이 잘못되면 오차의 원인이 됩니다. 온도 측정에 있어서의 주의점은 온도계와 측정물의 열접촉을 좋게 하고, 측정물에 영향을 주지 않도록 열용량이 작은 온도계를 사용해야 한다는 점 등입니다.

② 비접촉식 온도계

모든 물체는 그 온도에 따라 적외선을 방사하고 있습니다. 이 성질을 이용하여 물체에 닿지 않고 떨어진 위치에서 적외선 방사 에너지를 포착하여 온도를 측정하는 것이 비접촉식 온도계입니다. 측정점의 온도를 수치로 표시하는 것을 방사 온도계, 온도분포를 화상으로 표시하는 것을 적외선 영상장치라고 부릅니다.

비접촉식 온도계의 특장점은 측정물체가 멀리 떨어진 장소에 있거나, 움직이고 있거나, 고압 충전부와 같이 위험해서 접근하기 힘든 장소에서도 측정물체에 영향을 주지 않고 순간적으로 계측을 할 수 있는 것입니다.

2 시온재

(1) 측정원리

시온재란 특정 온도에 도달하면 색이 변하는 특수한 안료가 포함된 온도검지재입니다.

시온재는 색의 변화에 의하여 온도의 변화나 온도의 이력을 알 수 있기 때문에 손이 닿지 않는 장소의 온도 관리에 사용합니다.

시온재에는 테이프나 라벨 형태로 표면에 접착제를 바른 것, 시온재를 도포하여 사용하는 펜 타입 등이 있습니다. 일반적으로는 붙이기만 해도 사용할 수 있는 라벨형의 시온재가 널리 사용되고 있습니다.

사진 1은 서모라벨®입니다. 또한 그림 1에 그 구조를 나타냈습니다.

사진 1 서모라벨®

서모라벨®은 시온 엘리먼트를 폴리에스테르 필름으로 밀봉한 구조로 되어 있으며, 설정한 온도에 따라 변색하도록 만들어져 있습니다. 시온 엘리멘트부는 밀폐구조로 되어 있으므로 물이나 약품 등이 부착해도 영향을 받지 않고, 온도 이외에는 변색하지 않도록 되어 있습니다.

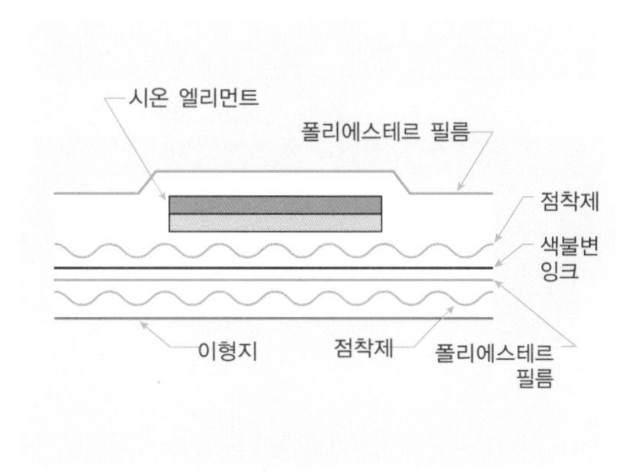

그림 1 서모라벨®의 구조

서모라벨®을 점착할 수 없을 정도 좁은 부분이라면 펜타입의 서모마커를 사용하는 경우도 있습니다.

사진 2는 서모마커로, 펜 끝에 시온재를 도포하여 사용합니다.

사진 2 서모마커

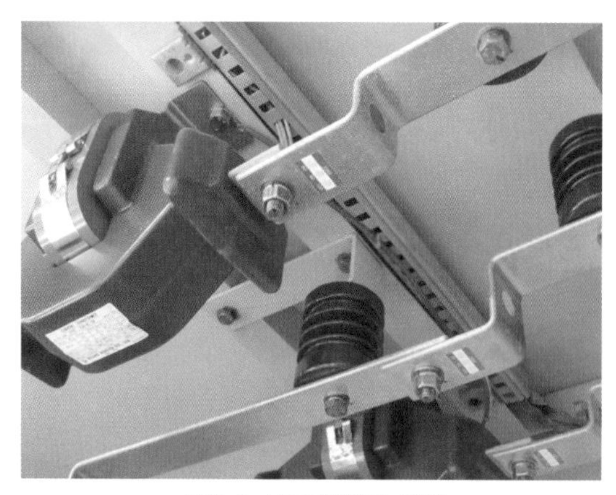

사진 3 서모라벨®의 접착

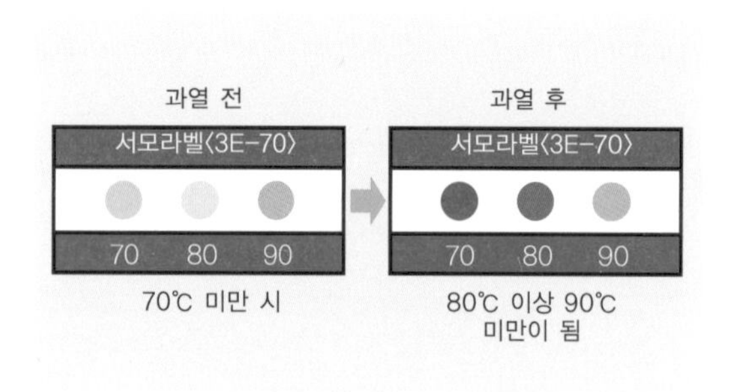

그림 2 비가역성 서모라벨®

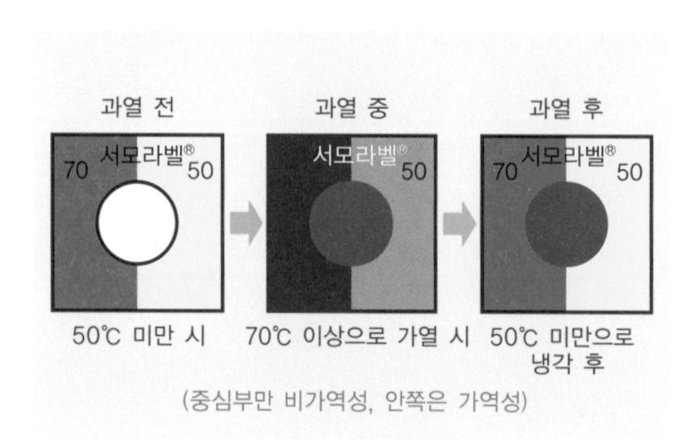

그림 3 조합 서모라벨®

(2) 사용방법

서모라벨®은 정기점검 등과 같은 정전 시에 붙입니다. 접착면은 물, 기름, 녹, 먼지 등을 청소하여 제거합니다. 오염이나 요철이 있으면 서모라벨®이 떨어지거나 이상변색을 하는 원인이 됩니다.

접착 시에는 이형지를 벗겨 측온면에 대고, 표면을 손가락이나 천으로 가볍게 누르는 정도로 합니다.

단자의 접속부나 단로기의 접촉부, 또는 기기의 표면 등에 붙여두면 일상점검 시에 육안점검에 의하여 온도의 이상을 확인할 수 있습니다.

사진 3은 배전반 내의 모선접속부에 붙인 것입니다.

서모라벨®에는 일정 온도 이상이 되면 변색하고 온도가 내려가도 색이 돌아가지 않는 비가역성인 것과, 일정 온도 이상이 되었을 때만 변색하고 온도가 내려가면 원래의 색으로 돌아가는 가역성인 것이 있습니다.

기기의 온도 관리에 사용하기 위해서는 온도 상승의 흔적이 남는 비가역성 제품을 사용하는 것이 일반적입니다. 이것에 의하여 점검 시의 온도뿐 아니라 최고 온도를 관리할 수 있습니다.

그림 2에 비가역성 서모라벨®의 변색 예를, 그림 3에 비가역성과 가역성을 조합한 서모라벨®의 변색 예를 나타냈습니다.

3 접촉식 온도계

(1) 측정원리

접촉식온도계는 이름대로 측정하는 물체의 표면에 접촉시켜 측정하는 온도계입니다.

접촉식 온도계의 온도센서에는 열전대, 측온저항체, 서미스터 등이 있습니다.

① 열전대

그림 1(a)와 같이 서로 다른 재료 2가닥의 금속선을 접속시켜 하나의 회로를 만들고, 2개의 접점에 온도차를 주면 회로에 기전력이 발생하여 전류가 흐릅니다. 이 현상은 독일의 물리학자 토마스 제벡에 의하여 발견되어 제벡 효과라고 부릅니다.

그림 1(b)와 같이 전압계를 접속하면 측온접점과 기준접점의 온도차에 따라 기전력을 측정할 수 있습니다. 여기에서 기준접점의 온도를 측정저항체나 서미스터 등

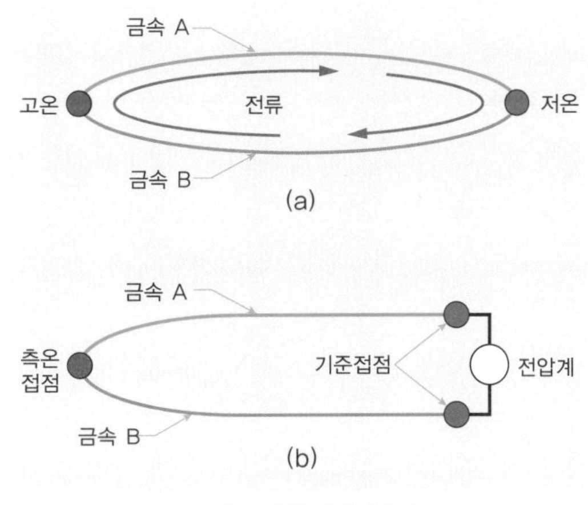

그림 1 열전대의 원리

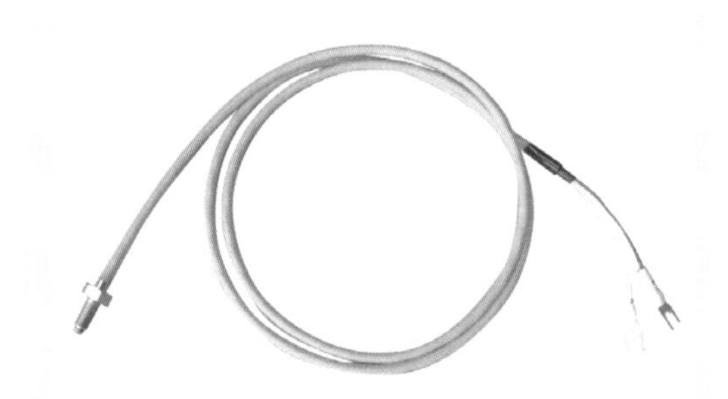

사진 1 열전대

표 1 열전대의 종류

기호	주요 구성재료		사용온도(℃)		특징
	+극	-극	상용한도	가열한도	
B	Pt70, Rh13	Pt94, Rh6	1,500	1,700	JIS에 정해져 있는 것 중에서 가장 고온에서 사용할 수 있음
R	Pt87, Rh13	Pt100	1,400	1,600	백금계 열전대 중에서는 가장 많이 사용됨
S	Pt90, Rh10	Pt100	1,400	1,600	유럽 및 미국에서 많이 사용되고 있음. 백금계 열전대는 모두 환원분위기에 약함
N	Ni, Cr, Si	Ni, Si	1,200	1,250	K열전대에 비하여 고온에서 사용할 수 있고, 안정성도 있음
K	Ni, Cr	Ni, Al	1,000	1,200	사용온도 범위가 넓으므로 많이 사용되고 있음. 환원분위기에 약함
E	Ni, Cr	Ni, Cu	700	800	JIS에 정해져 있는 열전대 중에서 기전력이 가장 큼
J	Fe	Ni, Cu	600	750	환원분위기에 강하지만 +극의 철은 산화하기 쉬움
T	Cu	Ni, Cu	300	350	환원분위기에 강함. 저온(300℃)에서 비교적 특성이 좋음

으로 별도 측정하면 측온접점의 온도를 구할 수 있습니다. 이 현상을 이용한 온도센서가 열전대입니다.

사진 1에 열전대의 외관의 예를 나타냈습니다. 또한 JIS C 1602-1995에서 규정하고 있는 열전대의 종류를 표 1에 나타냈습니다.

열전대는 열전대 자체가 열기전력으로서 출력신호가 발생되며, 비교적 저렴하고 구조도 간단하기 때문에 내구성이 우수합니다. 이 때문에 온도계로서 널리 사용되고 있습니다.

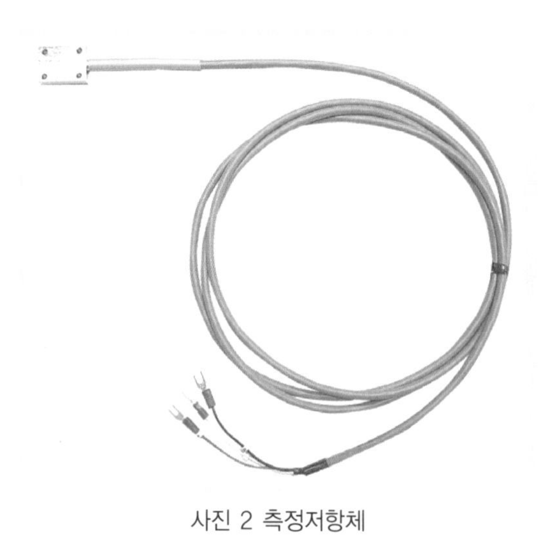

사진 2 측정저항체

② 측온저항체

측온저항체는 금속의 전기저항률이 온도에 비례하여 변하는 것을 이용한 것입니다.

온도와 저항의 관계가 파악된 금속 등을 온도센서로 하여, 그 저항을 측정하여 온도를 구합니다. 사진 2에 측온저항체의 예를 나타냈습니다.

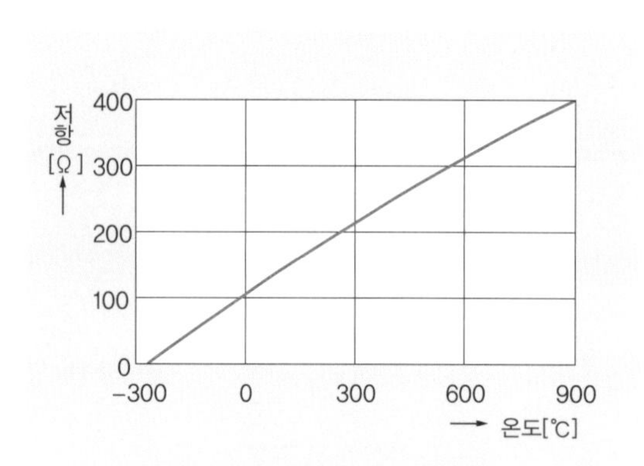

그림 2 백금의 저항온도 특성

측온저항체에는 전기저항의 온도계수가 크고 직선성이 좋으며 넓은 온도 범위에서 사용할 수 있는 점 등의 특장점으로 인해 통상은 백금이 사용되고 있습니다. 그림 2에 백금(100Ω)의 저항온도 특성을 나타냈습니다.

측온저항체와 외부기기 사이를 접속하는 배선을 도선이라고 하는데, 측온저항체의 저항이 작기 때문에 도선저항은 측정 정밀도에 큰 영향을 줍니다. 이 도선저항의 영향을 제거하기 위하여 일반적으로 3도선

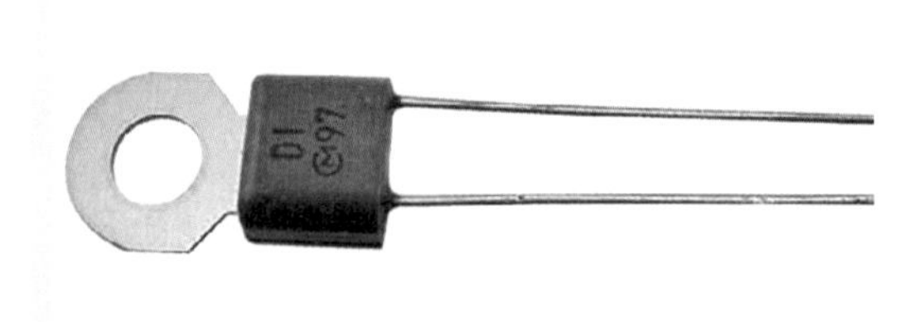

사진 3 서미스터

방식의 배선을 사용합니다(3도선 방식 이외에 2도선 방식, 4도선 방식도 있습니다).

③ 서미스터

서미스터는 열에 민감한 저항체의 총칭이며, 금속산화물을 주원료로 하여 고온에서 소결한 세라믹 반도체입니다.

사진 3에 서미스터의 외관 예를 나타냈습니다.

서미스터는 금속 측온저항체와 비교했을 때, 저항변화 특성의 직선성이 나쁘고 측정 정밀도도 낮지만, 작고 저렴하며 충격에도 강하고, 감도가 10배 정도 좋으므로, 온도센서로서 널리 사용되고 있습니다.

(2) 측정방법

사진 4는 열전대(K)를 사용한 접촉식 온도계이며, 본체의 측정범위는 −100℃~1000℃입니다. 또한 프로브는 물체의 표면 온도를 측정하는 표면형 타입으로, 측정온도는 −40℃~500℃입니다.

사진 5는 프로브의 끝부분입니다.

이외에 사진 6과 같은 시스형도 있습니다. 시스형 프로브는 끝부분이 온도부로 되어 있으며, 물체나 액체의 내부 온도를 측정하는 데 사용합니다.

측정온도는 −100℃~300℃입니다.

본체의 온도와 측정장소의 온도에 차가 있는 경우에는 기준점 보상이 불안정해져 오차의 원인이 됩니다. 본체와 프로브를 접속한 상태에서 10~20분 정도 사용환경에 두어 본체가 주위온도에 익숙해지면 측

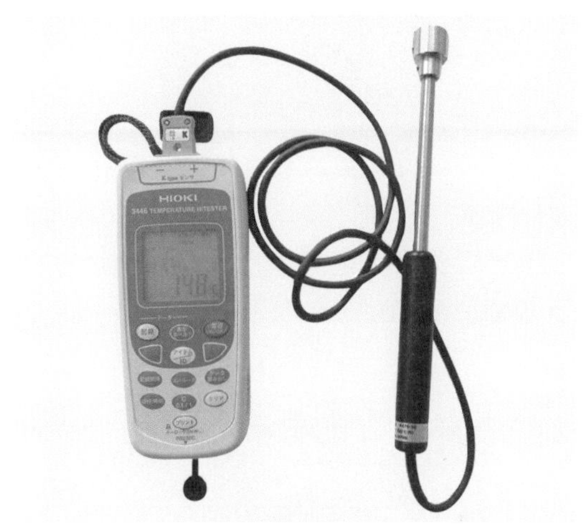

사진 4 열전대 온도계

사진 5 표면형 프로브

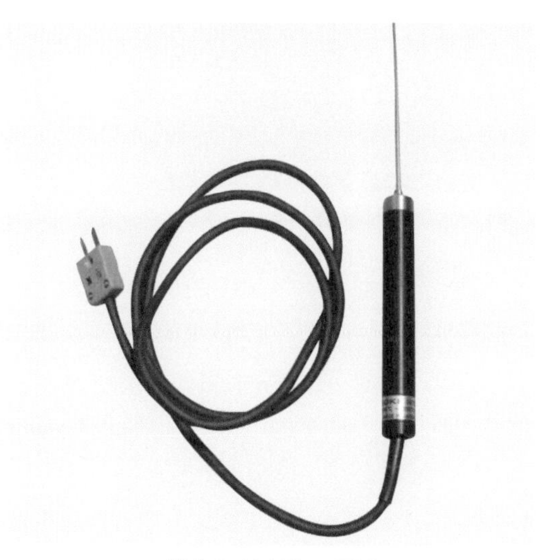

사진 6 시스형 프로브

사진 7 프로브의 접속

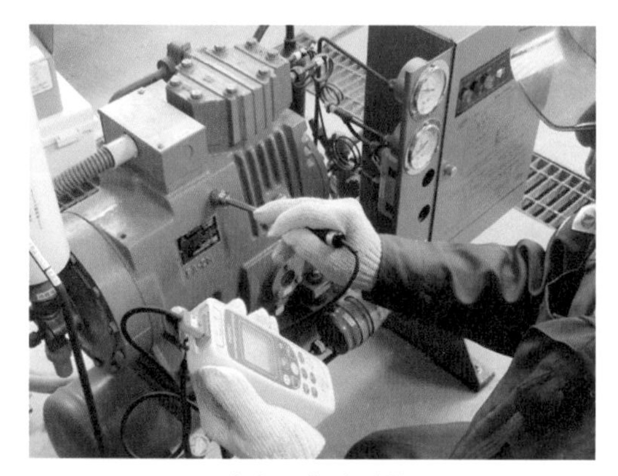
사진 8 측정 상황

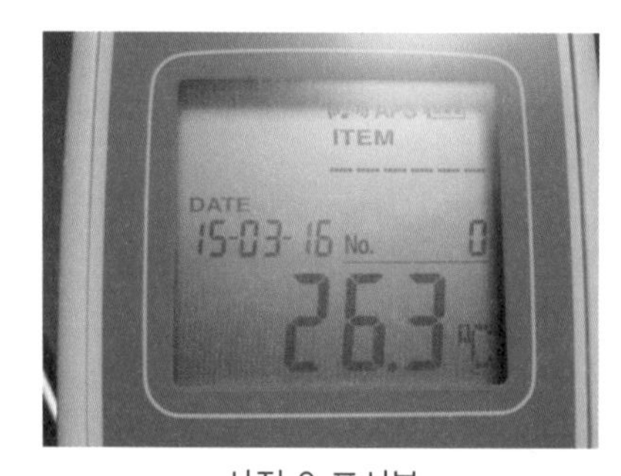

사진 9 표시부

정합니다.

사진 7과 같이 측정 전에 본체와 프로브를 접속합니다. 커넥터에는 극성이 있으므로 +와 −를 맞춰 삽입합니다.

본체와 프로브를 접속한 후 전원을 켜면 측정이 개시됩니다.

사진 8은 냉동기의 압축기 온도를 측정하고 있는 모습입니다. 측정 장소에 측온부를 가볍게 닿게 하여 측정합니다. 감전의 위험이 있으므로 충전부나 충전부 부근에서는 측정하면 안 됩니다. 측온부의 끝부분은 측정면에 균등하게 접하도록 합니다.

온도를 측정하고자 하는 물체가 작은 경우는 측정부가 닿아서 온도가 변하는 경우도 있으므로 주의가 필요합니다.

측정값은 사진 9와 같이 표시됩니다.

이 온도계는 측정기능 이외에 메모리, 로깅, 컴퍼레이터, 컴퓨터 접속 등 다양한 기능이 탑재되어 있습니다.

펠티에 효과

열전대는 제벡 효과를 이용하고 있는 것으로, 이것과 반대의 현상이 펠티에 효과입니다. 펠티에 효과는 프랑스 물리학자 샤를 펠티에가 1834년에 발견한 원리입니다. 서로 다른 재료의 금속선을 접속하여 전류를 흘리면 한쪽의 접점은 차가워지고, 다른 한 쪽의 접점은 따뜻해지는 현상으로 이것을 이용한 냉각을 전자냉각이라고 합니다. 소형·경량, 가동부가 없고 온도반응이 빠르며 온도제어가 용이하다는 점 등의 특징이 있습니다.

4 방사 온도계

(1) 측정원리

모든 물체는 그 온도에 상당하는 적외선을 방사합니다. 따라서 이 적외선량을 측정하면 온도를 알 수 있습니다.

그림 1은 흑체(반사 등을 하지 않고 방사만을 한다고 여겨지는 이상적인 물체)로부터 방사되는 적외선 스펙트럼을 물체의 온도를 파라미터로 하여 플롯한 것으로, 플랭크의 법칙으로부터 유도되는 곡선입니다.

이 그림으로부터 온도가 상승함에 따라 적외선 양이 늘어남과 동시에 파장의 피크가 짧아지는 쪽으로 시프트하는 것을 알 수 있습니다.

따라서 임의의 파장에 주목한 경우는 적외선의 양이 온도와 대응관계를 갖는다는 것을 알 수 있습니다.

물체로부터 방사된 적외선은 렌즈로 집광되어 서모파일이라고 하는 검출소자에 의하여 전기신호로 변환됩니다.

서모파일은 그림 2와 같이 열전대의 온접점을 안쪽에, 냉접점(기준접점)을 바깥쪽에 배치하여 직렬로 다수 연결하여 고감도로 만든 것입니다. 적외선이 입사하면 온접점과 냉접정 사이에 온도차가 발생하므로 이것에 의하여 열기전력이 발생합니다.

이 열기전력을 증폭하여 리니어라이

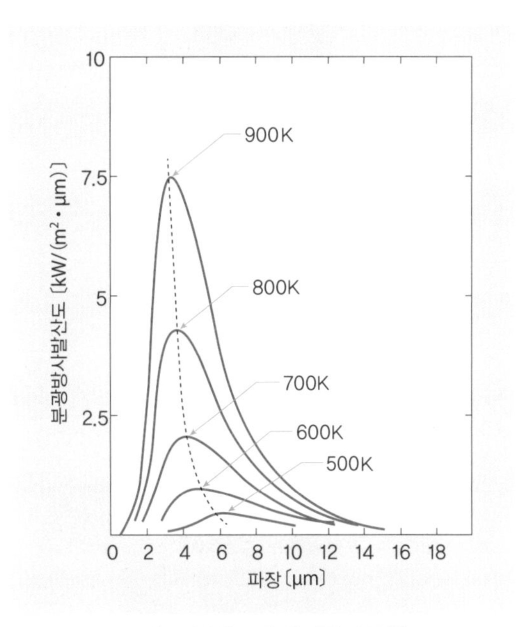

그림 1 플랭크의 흑체방사곡선

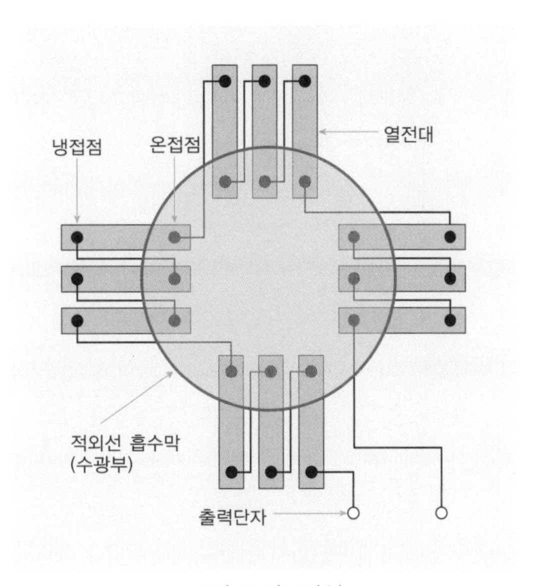

그림 2 서모파일

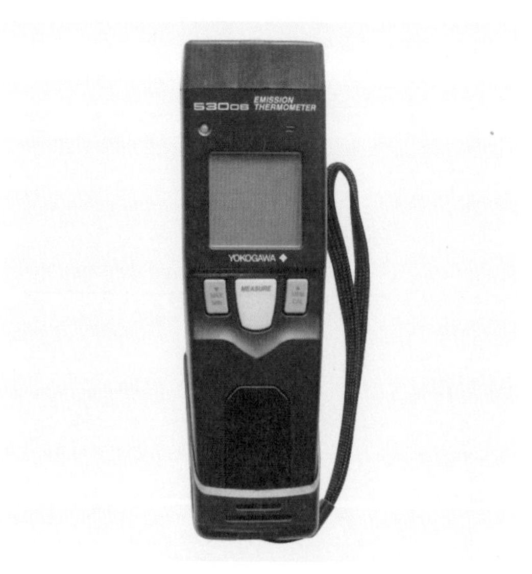

사진 1 방사 온도계

사진 2 수광부

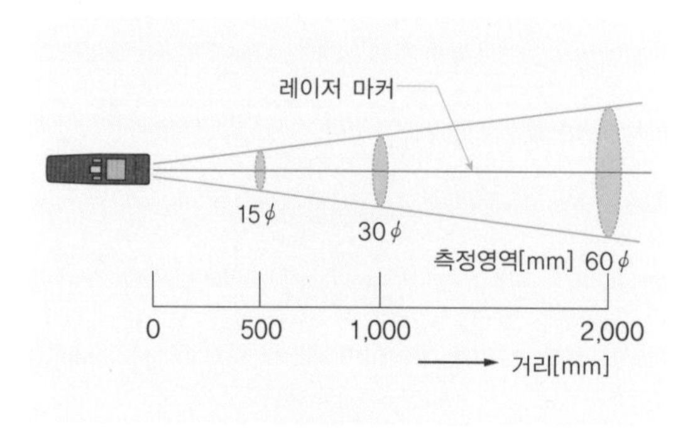

그림 3 측정영역(예)

즈 보정과 방사율 보정을 한 후, 표시부에 표시합니다.

사진 1의 방사 온도계는 -30℃~600℃까지의 범위에서 측정이 가능합니다. 사진 2는 적외선을 수신하는 실리콘 렌즈입니다. 또한 렌즈의 중심부의 구멍은 레이저 마커의 조사구입니다.

(2) 측정방법

① 측정영역

그림 3에 측정영역의 예를 나타냈습니다. 거리가 짧을수록 측정영역은 넓어집니다. 그림 3의 경우, 2000mm 떨어진 지점에서 60ϕ의 측정영역이 됩니다. 측정값은 이 원의 평균온도를 나타내므로, 피측정물이 이것보다 작으면 피측정물의 주위 온도도 측정하여 오차가 커지게 됩니다.

또한, 방사 온도계에 따라서는 이 원의 중심을 따라 레이저를 조사하는 타입이 있습니다.

적외선은 눈에 보이지 않으므로 레이저로 측정 포인트를 확인할 수 있다면 정확하게 측정할 수 있습니다.

② 방사율

물체로부터 방사되는 적외선의 양은 재질이나 표면상태에 따라 달라집니다. 이 물체들로부터의 방사가 용이한 정도를 나타내는 지표로서 방사율(ε)이 사용됩니다.

에너지는 증감하지 않으므로 그림 4와 같이 입사한 방사 에너지와 흡수, 투과, 반사를 합계한 에너지와 같아집니다. 따라서

입사한 방사 에너지를 1이라고 하면,

$\alpha+\rho+\tau=1$

의 관계가 성립합니다.

또한, 방사 에너지를 흡수하기 쉬운 물질은 동시에 방사하기 쉬운 성질이 있어,

$\alpha=\varepsilon$

의 관계가 있습니다. 이것은 키르히호프의 법칙이라고 합니다.

예를 들어, 광택이 있는 금속의 반사율이 90%인 경우, 빛은 투과하지 않기 때문에($\tau=0$),

$\varepsilon=\alpha=1-(\rho+\tau)$

$=1-0.9=0.1$

가 되어 금속의 방사율은 매우 작은 값이 됩니다.

가장 많이 방사하는 물체의 방사율은 1로 흑체라 부르며, 스스로 전혀 방사하지 않고 주위에서의 열방사를 완전히 반사하는 물체의 방사율은 0으로, 경면체라고 부릅니다.

방사 온도계는 흑체를 기준으로 온도를 산출하기 때문에 통상의 물체에서는 각각의 방사율을 합쳐 보정해야 합니다.

표 1에 측정 대상물의 방사율 기준을 나타냈습니다.

방사율을 모르는 경우는 접촉식 온도계와 방사 온도계 모두로 측정하고, 각각의 측정값이 일치하도록 방사율을 설정합니다. 또는, 사진 3과 같이 미리 측정점에 방사율을 알고 있는 흑체 테이프를 붙여 측정하는 등의 방법이 있습니다.

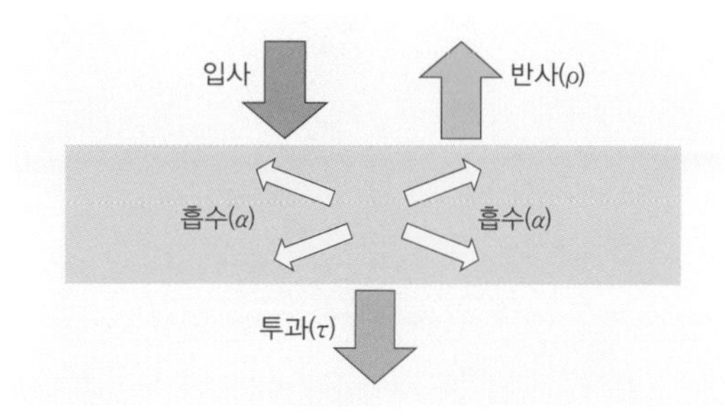

그림 4 입사 에너지

표 1 방사율의 예

측정 대상물	방사율	측정 대상물	방사율
스테인리스	0.1~0.8	콘크리트(건조)	0.91~0.95
황동	0.5	아스팔트	0.95
알루미늄(산화)	0.2~0.4	페인트면	0.8
구리(산화)	0.4~0.8	고무(검은색)	0.95
철(산화)	0.5~0.9	플라스틱	0.90~0.95
철(녹슨 상태)	0.5~0.7	세라믹	0.85~0.95

사진 3 흑체 테이프의 부착

사진 4 측정

사진 5 레이저 조사

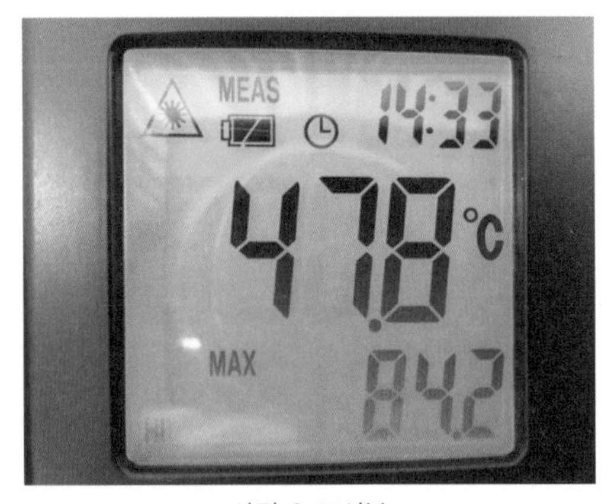

사진 6 표시부

사진 7 분전반에서의 측정

③ 온도 드리프트

측정 시 방사 온도계를 보관 장소에서 사용 장소로 이동시키는 등 환경 온도를 급격하게 변화시키면, 측정값에 온도 드리프트가 발생하여 측정오차가 발생합니다.

이와 같이 방사 온도계는 접촉식 온도계에 비하여 응답이 빠르고 즉시 측정할 수 있지만, 환경의 급변에는 주의가 필요합니다.

④ 측정

사진 4와 같이 방사 온도계의 측정버튼(MEASURE)을 누르고 있는 사이에는 연속하여 온도를 측정합니다. 또한 사진 5와 같이 측정범위의 중심으로 레이저가 조사되므로 측정점의 식별이 용이합니다.

이 측정기에는 온도의 상하한 경보기능이 있으므로 설정값을 넘으면 경보가 출력될 수 있습니다. 따라서, 온도 이상 부위를 발견하고자 한다면 그 때마다 측정값을 확인할 필요가 있습니다.

또한, 측정 중 최대값을 표시하는 기능과 메모리 기능 등도 있습니다.

사진 6은 표시화면의 예입니다. 현재의 온도는 47.8℃, 측정의 최대값은 84.2℃를 나타내고 있습니다.

사진 7은 분전반에서 차단기와 버스 바 온도의 이상을 확인하고 있는 모습입니다.

충전부 가까운 곳에서 측정할 때에는 감전에 주의해야 합니다.

5 적외선 영상장치

(1) 측정원리

방사 온도계와 마찬가지로 비접촉식으로 온도를 측정하는 장치입니다. 적외선 서모그래피, 서모카메라 등으로 부르는 경우도 있습니다.

측정하고자 하는 물체로부터 방사된 적외선을 포착하여, 그것을 열의 분포로서 화상으로 표시하거나 온도 데이터로 변환하여 기록하는 측정기입니다. 적외선 영상장치의 최대 장점은 넓은 범위의 표면온도의 분포를 상대적으로 비교할 수 있다는 점입니다. 이 때문에, 이상 장소의 발견이 용이하며, 빠뜨리는 일이 적기 때문에 예방보전에 효과가 있습니다.

방사 온도계의 검출소자는 1개이지만, 적외선 영상장치는 그림 1과 같이 다수의 검출소자가 필요합니다. 검출소자의 수(화소수)가 많을수록 상세한 측정이 가능해집니다. 실제 제품의 화소수에는 다음과 같은 것이 있습니다.

80×60(4,800 화소)
120×90(10,800 화소)
120×120(14,400 화소)
160×120(19,200 화소)
320×240(76,800 화소)
640×480(307,200 화소)

적외선 검출소자를 분류하면 그림 2와 같습니다. 검출소자에는 열형과 양자형이

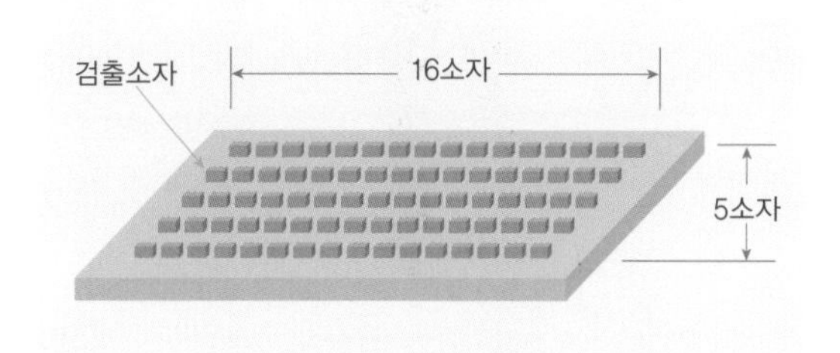

그림 1 검출소자

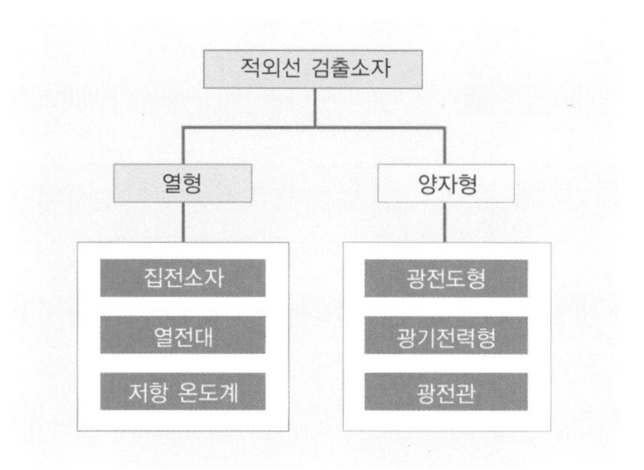

그림 2 검출소자의 종류

사진 1 디지털 카메라형

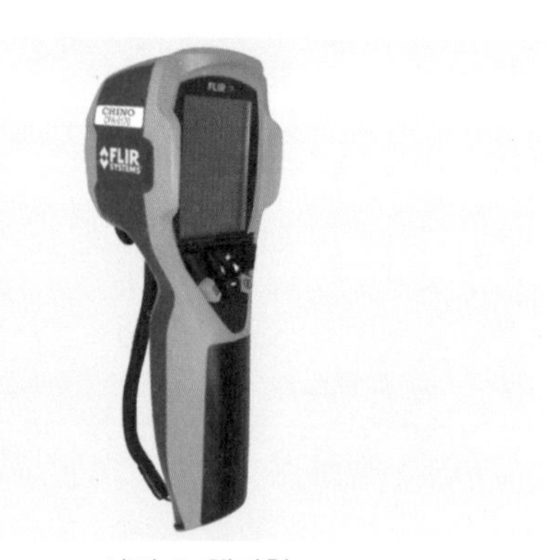

사진 2 핸디형

표 1 사양

화상성능	
측정 시야각(FOV)	25°×25°
온도 분해능	<0.1℃(25℃에서)
순간 시야각(IFOV)	3.71 mrad
집점거리	40cm~∞
포커스	포커스프리
검출기	
검출소자	비냉각 마이크로 저항 온도계(FPA)
측정파장	7.5~13㎛
해상도	120×120
표시	
디스플레이	28인치 LCD
계측	
측정온도 범위	0~250℃
정밀도(판독값에 대하여)	±2℃ 내지 2%
방사율 보정	○
반사온도 보정	○
화상 저장	
화상 저장	miniSD 카드(512MB)
화상 포맷	표준 JPEG(14비트 계측정보 포함·분석 가능)
사이즈	
중량	340g
사이즈cm(L×W×H)	223×79×83

사진 3 고기능형

있습니다. 양자형은 열형보다도 응답이 빠르고 고감도이지만, 액체질소나 스털링 쿨러 등으로 극저온까지 냉각할 필요가 있으므로 장치가 크고 가격도 비싸집니다.

한편, 열형은 냉각을 할 필요가 없으므로 저가격이며 소형화가 가능합니다. 이 때문에 최근의 적외선 영상장치의 검출소자는 열형이 많이 사용되고 있습니다. 그 중에서도 비냉각 마이크로 저항 온도계가 주류를 이루고 있습니다. 마이크로 저항 온도계는 적외선량을 저항의 변화로서 검출하는 것입니다(적외선에 의하여 감열소자의 온도가 상승하면 저항이 변화함).

비냉각 타입의 마이크로 저항 온도계도 안정된 측정을 위해서는 감열소자 주위온도를 일정하게 유지할 필요가 있기 때문에 펠티에 소자 등을 이용한 고도의 냉각기술을 채용하고 있습니다.

이와 같이 검출된 신호는 앰프를 지나 아날로그 데이터로부터 디지털 데이터로 변환되어 CPU에서 연산·보정하여 화상이 표시됩니다. 시판되고 있는 적외선 영상장치에는 다양한 타입이 있습니다.

사진 1은 디지털 카메라형으로, 콤팩트 타입입니다. 화소수는 160×120(19,200 화소)입니다.

사진 2는 핸디형으로, 콤팩트 타입입니다. 화소수는 120×120(14,400화소)입니다. 참고로 이 제품의 사양을 표 1에 나타냈습니다.

사진 3은 핸디형으로 고기능 타입입니다. 화소수는 320×240(76,800화소)입니다.

(2) 측정방법

적외선 영상장치를 이용한 측정에서는 적외선의 성질을 잘 이해할 필요가 있습니다. 유리와 아크릴판 등은 적외선을 투과하지 않기 때문에 피측정부 앞에 이러한 것들이 있으면 측정할 수 없습니다. 또한 공기의 온도도 측정할 수 없습니다.

① 측정 개시

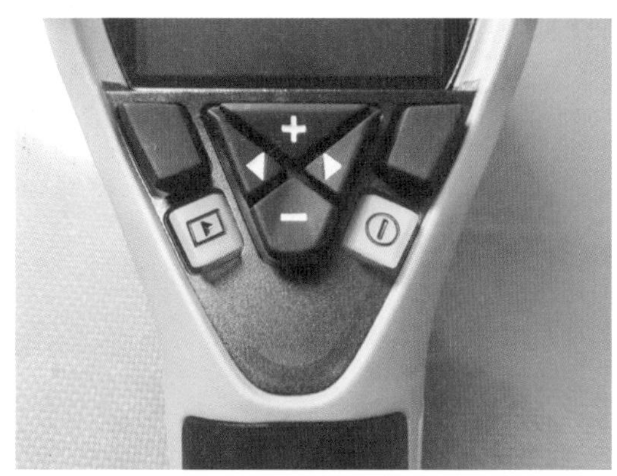

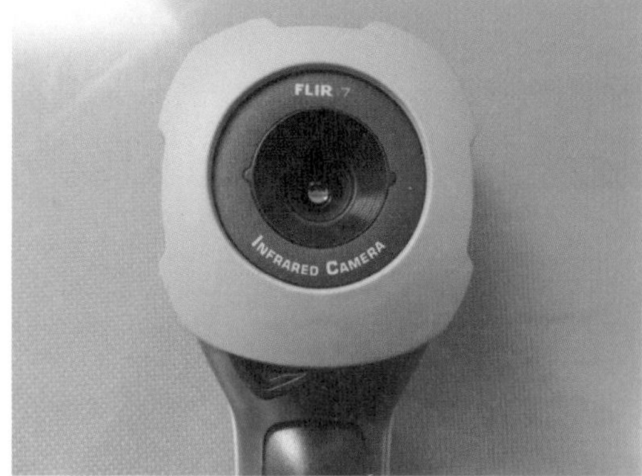

[조작 버튼(왼쪽)과 렌즈캡(오른쪽)] 전원 버튼으로 측정기의 전원을 켭니다. 렌즈 아래에 렌즈캡 레버가 있으므로 이것을 눌러 렌즈캡을 엽니다. 이 상태에서 카메라를 측정 대상물을 향하게 하면 화상을 표시합니다. 정밀하게 측정하기 위해서는 방사 온도계와 마찬가지로 방사율을 설정해야 합니다.

② 화상의 저장

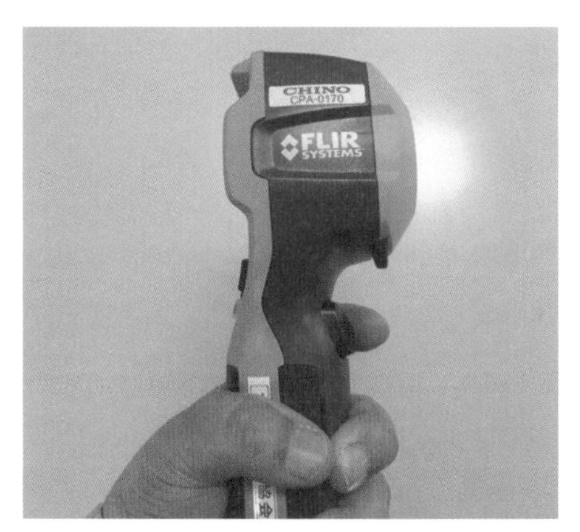

[저장 트리거] 화상을 저장하는 경우는 카메라 전면의 저장 트리거를 검지 손가락으로 당기면 기록됩니다.

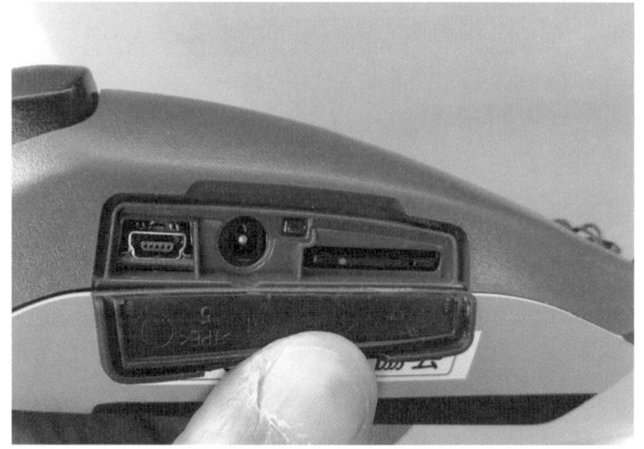

[왼쪽부터 USB 커넥터, 충전 커넥터, miniSD 카드] 내장된 리튬이온전지를 충전하면 약 5시간 동안 측정할 수 있습니다. 화상은 메모리카드에 보존할 수 있습니다.

③ 측정상황

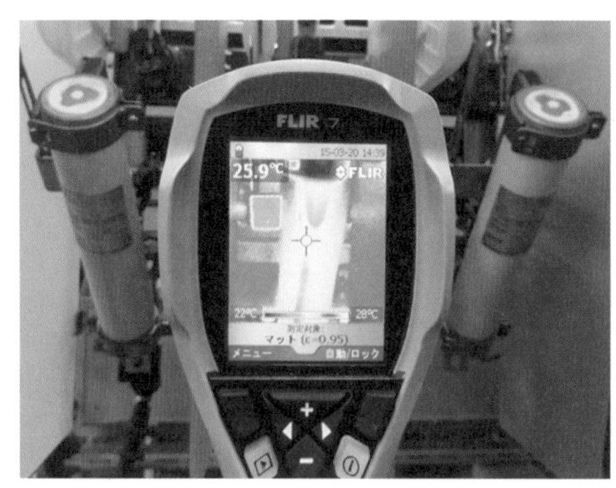

[LBS의 측정(왼쪽)과 제어반의 측정(오른쪽)] 온도 스케일의 변경, 최고·최저 온도 표시, 색 변경, 온도의 상하한 설정 등의 기능이 있으므로 필요에 따라 사용합니다.

④ 측정화상

적외선 영상장치의 기종에 따라서는 적외선 화상과 가시화상을 동시에 보존할 수 있는 것도 있습니다. 이렇게 하면 측정 장소를 확인할 수 있으므로 이상 장소의 특정이 쉬워집니다.

[계기용 전압기(VT)의 측정] 철심부의 온도가 가장 높고, 그 다음으로 퓨즈가 높습니다.

[변압기의 측정] 변압기 상부의 온도가 높으며, 절연유의 유면도 확인할 수 있습니다.

제6장

전원품질 측정

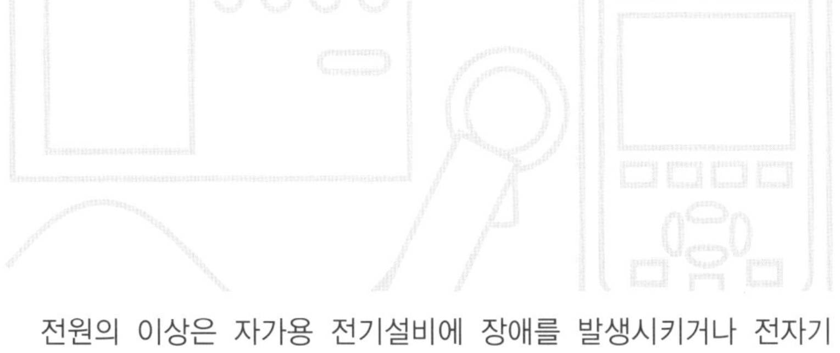

전원의 이상은 자가용 전기설비에 장애를 발생시키거나 전자기기의 오작동 등을 일으킵니다. 이러한 장애나 오작동 등에 의한 업무의 정지나 불량품 발생 등은 커다란 손해가 됩니다. 이와 같은 전원 이상의 원인을 살피고, 유효한 대책을 실시하기 위해서는 전원품질의 측정이 필요합니다.

다만, 전원 이상은 간헐적으로 발생하는 것이 많이 때문에 원인 심사는 상당히 곤란한 작업입니다. 또한 생각지도 못한 원인인 경우가 있으므로 모든 가능성을 염두에 두고 측정해야 합니다.

이 장에서는 전원품질 측정에 필요한 측정기와 그 사용 방법에 대해서 설명합니다. 전원품질 측정기는 다종다양하며, 측정 파라미터도 다양합니다. 전원품질 문제를 해결하기 위해서는 측정기에 관한 지식과 함께 전원품질을 악화시키는 요인에 대한 지식이 필요합니다.

1 전원품질

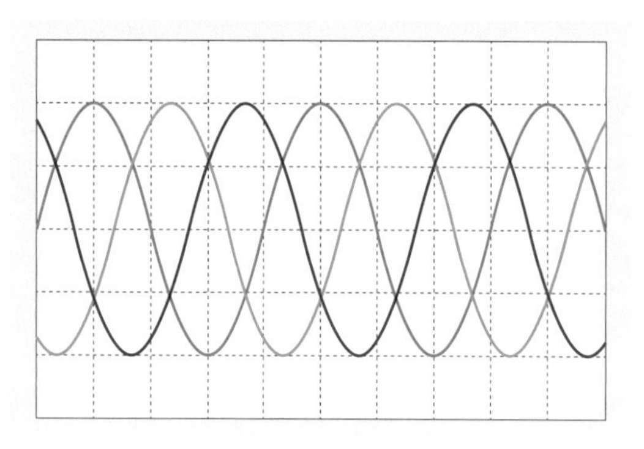

그림 1 고품질 3상전원

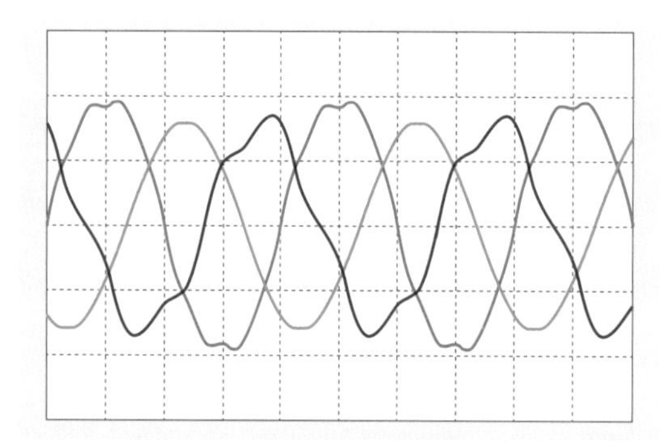

그림 2 왜곡된 전원

사진 1 서버

(1) 전원품질이란

자가용 전기설비에 있어서 전원은 단순히 정전하지 않는 것 뿐 아니라 그 품질도 중요합니다.

그림 1과 같이 파형에 왜곡이 없고, 전압이나 주파수가 일정하게 유지된 전력이 안정적으로 공급될 필요가 있습니다.

그림 2는 변형된 파형의 예로, 이러한 전원에서는 기기의 정상적인 운전을 바랄 수 없습니다. 특히 최근에는 사진 1과 같은 정보통신기기나 전자제어기기 등 전원품질의 영향을 받기 쉬운 기기가 증가하고 있습니다. 앞으로는 고품질의 전원을 확보하는 것이 더욱 중요해질 것입니다.

(2) 전원품질 파라미터

전원품질을 나타내는 주요한 파라미터를 표 1에 나타냈습니다.

이 전원품질 파라미터들이 허용한도를 넘어서면 다양한 장애가 발생합니다. 만일, 장애가 발생한 경우에는 전원품질 파라미터를 측정하여 원인을 특정할 필요가 있습니다.

또한 앞으로 태양광발전이나 풍력발전 등의 분산형 전원이 증가하고 이것들이 전력계통으로 연계하면 전원품질이 악화될 우려가 있습니다. 따라서 전원품질 파라미터의 측정은 전원품질 수준을 유지하기 위해서 점점 중요해질 것입니다.

또한 전원품질에 관한 국제규격으로는 국제전기표준회의 규격 IEC 61000-4-30이 있습니다. 이 규격에서는 전원품질 파라미터의 정의나 측정방법, 측정기에 필요한 기능 등이 규정되어 있습니다.

최근의 전압 왜곡률의 그래프를 그림 3 및 그림 4에 나타냈습니다. 이 데이터들은 전국 102개소에서 일주일간 측정한 것입니다. 대부분의 지역에서 1~2%의 전압 변형이 있음을 알 수 있습니다.

따라서 현재 전원은 반드시 왜곡되어 있다는 인식이 필요합니다. 장소나 시간에 따라서 그 크기가 변화하고, 임의의 레벨을 넘으면 장애가 발생하게 됩니다.

표 1 전원품질 파라미터

파라미터	내용	주요한 원인
전압변동	부하의 허용전원조건(실효값)을 장시간에 걸쳐 하회(저전압) 또는 상회(과전압)한 상태	변압기 탭의 선정이나 케이블 사이즈가 부적절
고주파	기본주파수(50Hz 또는 60Hz)의 정수 배의 주파수	정류회로를 가진 인버터나 사일리스터 등의 반도체 제어기기
불평형	전압이나 전류의 불균형	편중된 부하나 선로 임피던스의 불평형
노이즈	불필요한 전기신호	디지털 기기나 인버터, 전자접촉기 등
전압 딥	순간(단시간)의 전압저하 상태	낙뢰나 단락사고 등 전동기의 시동 등의 돌입전류
전압 스웰	순간(단시간)의 과전압 상태	큰 전력을 소비하는 장치의 전원을 차단한 경우
순간 정전	순간(단시간)의 정전상태	낙뢰나 단락사고 등
플리커	주기적으로 발생한 미세한 전압변동	전기등이나 아크 용접기, 사이리스터 제어기기
임펄스	정현파에 중첩되는 고주파의 과도전압 또는 과도전류	낙뢰 서지나 부하의 인가

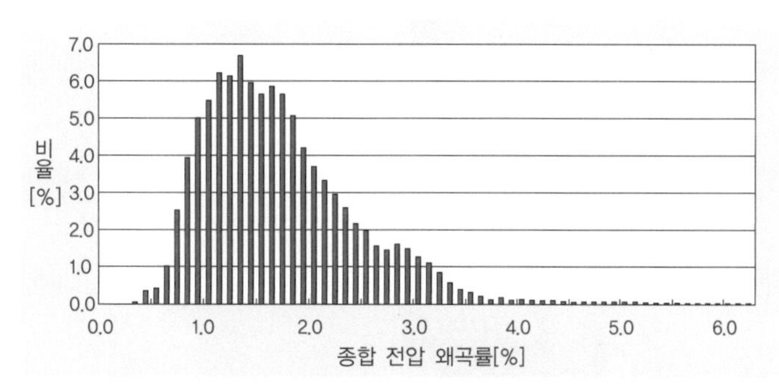

그림 3 전압 왜곡률(출처 : 전력중앙연구소 보고 R07006)

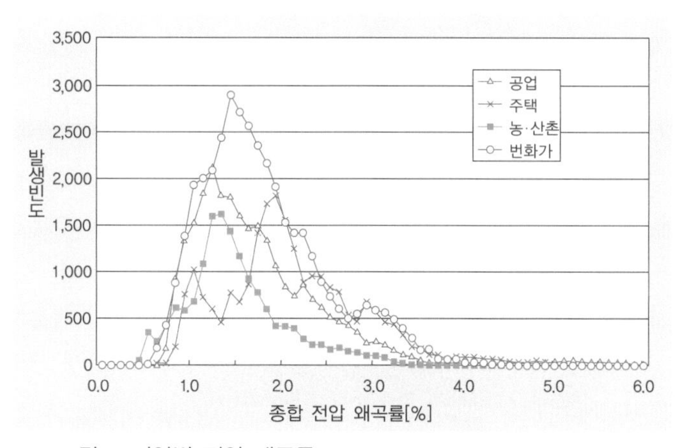

그림 4 지역별 전압 왜곡률(출처 : 전력중앙연구소 보고 R07006)

2 전압변동 측정

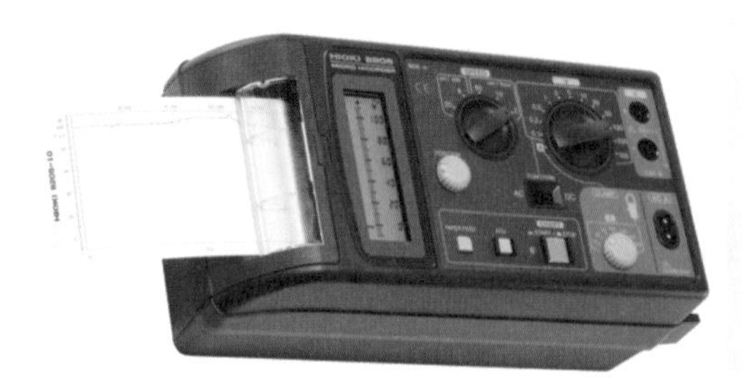

사진 1 전압 기록계

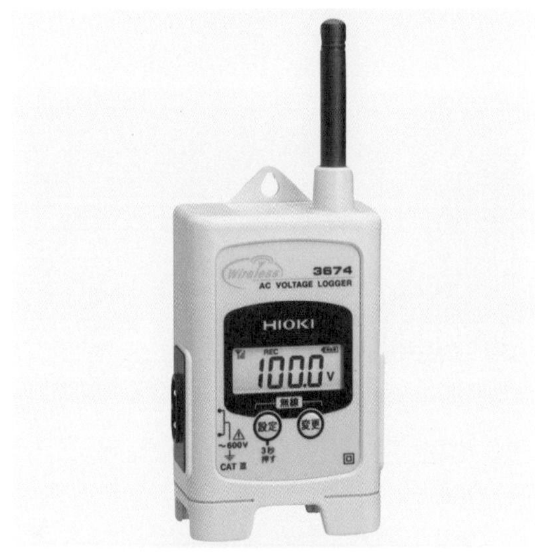

사진 2 전압로거

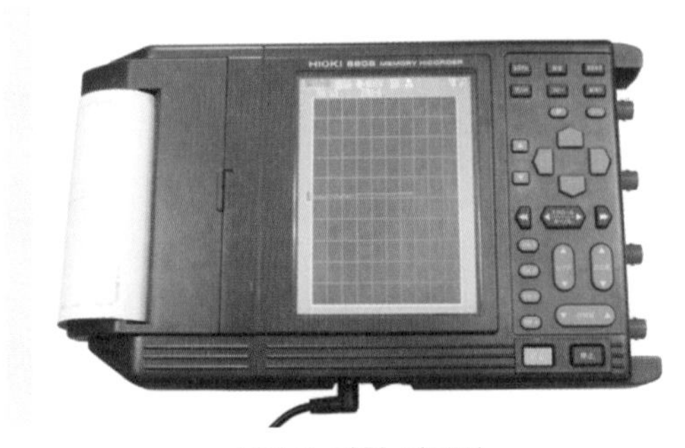

사진 3 파형 기록계

전기기기는 명판에 기재된 정격전압으로 운전되는 것이 바람직하지만, 실제로 공급되는 전압은 끊임없이 변동하고 있으며 일정하지 않습니다.

이것은 전로의 임피던스에 의한 전압강하나 부하의 시동·정지 등에 의한 전압변동이 있기 때문입니다.

공급전압이 허용범위를 넘으면 전동기의 시동불능이나 과열, 조명기구가 점등되지 않거나, 제어장치가 이상동작을 하는 등 다양한 장애가 발생할 우려가 있습니다. 또한 야간이나 휴일 등의 가벼운 부하 시에는 전압이 상승하는 경우가 있습니다.

전압의 변동상황을 측정하여 전압이 적정값인지 아닌지를 확인할 필요가 있습니다.

(1) 측정기

전압변동을 조사할 때에는 일반적으로 실효값을 연속해서 측정합니다. 이 때문에 기록형 측정기를 사용합니다.

사진 1은 조작이 간단한 인자(印字) 타입의 전압 기록계입니다. 측정값은 프린터로 출력되므로 종이가 출력되는 속도로 측정 범위를 설정하여 측정할 수 있습니다.

사진 2는 소형 전압로거입니다. 휴대전

화기 정도의 크기로 전원도 건전지이므로 어디서든 간단하게 설치하여 전압을 기록할 수 있습니다. 데이터는 내장 메모리에 기록되는데, 무선으로 컴퓨터로 송신하는 것도 가능합니다.

사진 3은 파형 기록계입니다. 기록모드를 사용하여 실효값을 측정하면 전압변동을 측정할 수 있습니다. 측정결과는 메모리에 저장되어 측정 후에 부속 소프트웨어로 표시됩니다.

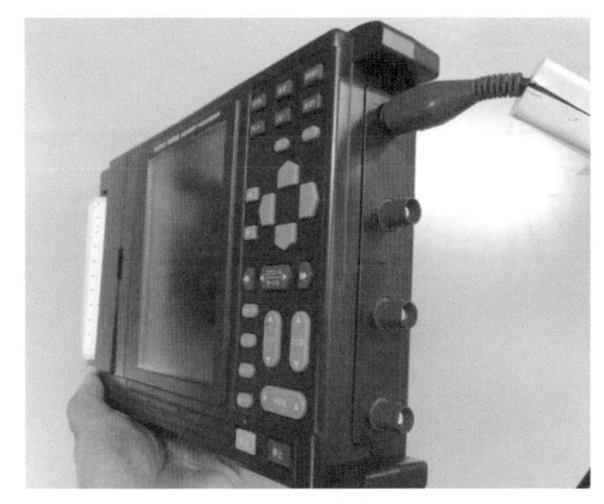

사진 4 전압 입력

(2) 측정방법

사진 3의 파형 기록계를 사용하여 전압변동을 측정합니다. 처음에 전압입력 프로브를 사진 4와 같이 파형 기록계의 커넥터에 접속합니다. 이 측정기는 4채널을 동시에 측정할 수 있는데, 한 군데만 측정할 거라면 1채널만을 사용합니다. 또한 각 채널은 전류도 측정할 수 있습니다. 이 경우는 클램프식 CT를 사용합니다.

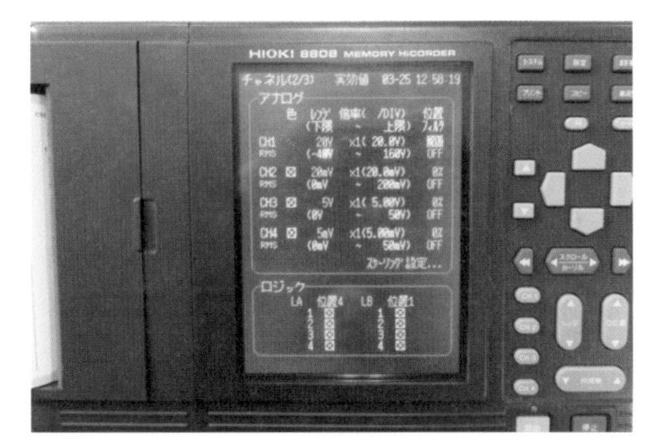

사진 5 설정화면

사진 5는 파형 기록계의 설정화면입니다. 시간축은 1눈금 200㎲~5min으로 최대 3200눈금까지 측정할 수 있습니다. 따라서, 측정시간에 맞춰 시간축 범위를 설정합니다. 예를 들어, 30초/눈금으로 하면 26시간 측정이 가능합니다.

사진 6은 측정 중인 화면입니다. 측정 데이터는 자동적으로 메모리에 기록됩니다.

사진 6 측정화면

사진 7은 콘센트의 전압변동을 측정하고 있는 모습입니다. 그림 1에 콘센트의 24시간 측정결과를 나타냈습니다. 전압은

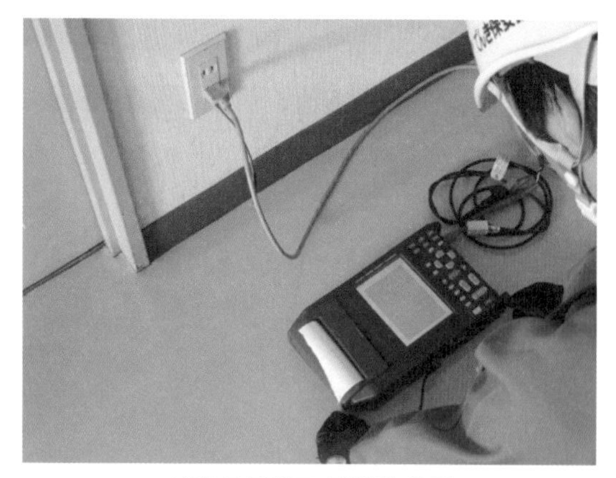

사진 7 콘센트 전압의 측정

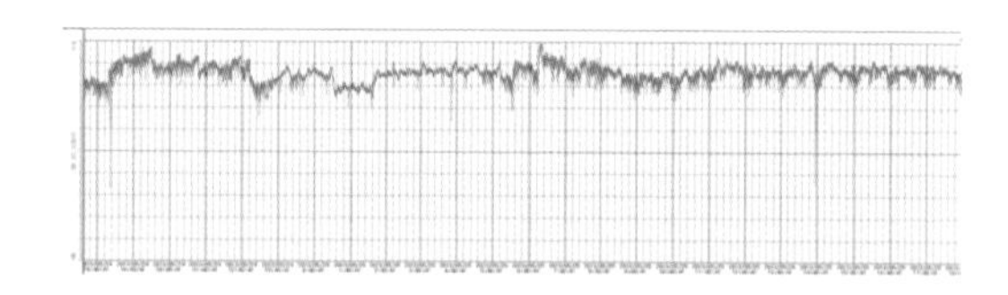

그림 1 콘센트의 전압변동 예

표 1 주요 기기의 허용전압 변동폭

기기	허용전동변압	조건	규격·기타
변압기	+5% +10%	정격주파수의 경우 사용 탭 전압에 대하여	JIS C 4304 JIS C 2200
유도전동기	±10%	정격주파수의 경우, JIS C 4210에서는 ±5~±10%에서의 장시간 운전은 바람직하지 않음	JIS C 4210 JEC 2137
동기전동기	±10%	정격주파수의 경우	JEC 2130
고압진상 콘덴서	+10%	24시간 중 12시간 이내	JIS C 4902-1
저압진상 콘덴서	+10%	24시간 중 8시간 이내	JIS C 4901
형광등	±6%	-	제조사 권장값
HID 조명기구	±6% ±10%	일반형 안정기 정전력형 안정기	제조사 권장값

104~110V 정도로 변동하고 있는데, 19시와 15시 정도에 96V로 상당히 저하되어 있습니다. 용량이 큰 부하의 시동에 의한 것이라고 판단됩니다.

(3) 판단기준

전기사업법 시행규칙 제44조(전압 및 주파수의 값)에서는 표준전압에 대하여 유지해야 하는 전압이 정해져 있습니다.

예를 들면, 100V의 전압이라면 101V의 상하 6V를 넘지 않는 전압(95~107V), 200V의 전압이라면 202V의 상하 20V를 넘지 않는 전압(182~222V)으로 되어 있습니다.

또한 전기기기는 규격 등으로 정격전압에 대한 허용전압 변동폭이 정해져 있습니다. 표 1에 주요 기기의 허용전압 변동폭을 나타냈습니다.

다만, 이 허용전압 변동폭은 실용적으로 기능장애를 발생시키지 않는 범위의 한도값으로, 기기의 수명이나 효율을 보장하는 것은 아닙니다. 당연히 정격전압 부근에서 사용하는 것이 바람직하다고 할 수 있습니다.

전압변동의 영향은 부하의 종류에 따라 달라지지만, 유도전동기의 경우는 표 2에 나타냈습니다.

유도전동기의 토크는 전압의 제곱에 비례하므로, 전압저하의 정도에 따라서는 시동시간이 길어지며, 최악의 경우 시동불능이 되는 경우도 있습니다. 운전 중이라면 정지될 우려도 있습니다.

또한 온도상승이 커지므로 수명에도 영향을 미칩니다. 반대로 전압이 상승한 경우에는 토크가 과대해져 문제를 발생시키는 경우가 있습니다.

다만, 정격전압의 ±10% 이내의 변동이라면, 온도상승보다 전압상승의 영향이 적다고 할 수 있습니다.

이외에 형광등에 대한 전원전압의 영향은 안정기의 종류에 따라 달라지지만, 자기회로(동철형)식이라면 전압이 높거나 낮아도 수명은 짧아집니다.

수은등의 경우에는 전압이 낮으면 점등불능인 경우가 있습니다.

〈표 2〉 변압 변동이 유도전압기에 미치는 영향
(출처: 『공업배전』 전기학회)

항목		전압변동		
		90% 전압	전압에 관하여 하기에 비례	110%전압
시동 토크 최대 토크		−19%	V^2	+21%
미끄러짐		+23%	$1/V^2$	−17%
효율	전 부하	−0.5~0%		−0.5~3%
	3/4 부하	+1%		−1~3%
	1/2 부하	+1~3%		−1~5%
역률	전 부하	+1~8%		−4~9%
	3/4 부하	+4~11%		−6~12%
	1/2 부하	+5~15%		−10~15%
전류	전 부하	+6~9%		−6~0%
	3/4 부하	−1~+7%		−3~6%
	1/2 부하	−8~+3%		+2~12%
시동전류		−10~12%		+10~12%
온도상승(전 부하)		+6~7%		−1~2%
자기 소음		조금 감소		조금 증가

column

세계의 전압

일본에서는 일반가정의 콘센트 정격전압은 100V입니다. 그러나 표에 나타낸 것과 같이 일본 이외의 나라에서는 100V보다 높은 전압을 사용하고 있습니다. 유럽은 대부분 230V, 미국은 주에 따라서 다르지만 120V, 아시아는 220V가 일반적입니다.

일본은 세계에서 가장 낮은 전압을 사용하고 있는 셈입니다.

또한 플러그나 콘센트의 형상도 사진과 같이 다양한 타입이 있습니다. 일본에서 사용하고 있는 전기제품을 해외에서 사용하기 위해서는 현지의 전원전압을 100V로 내리는 스텝다운 트랜스와 콘센트의 형상에 맞는 변환 플러그가 필요합니다.

주요국의 전압과 주파수

국명	전압(V)	주파수(Hz)
미국	120/240	60
브라질	127, 220	60
영국	230	50
프랑스	230, 230/400	50
독일	230, 230/400	50
러시아	220, 220/380	50
한국	220	60
중국	220	50
인도네시아	220	50
필리핀	110/220	60
태국	220	50
호주	240, 240/415	50
이스라엘	230	50

[프랑스(타입 E)] 콘센트 측에 접지용 핀이 돌출되어 있음

[이스라엘(타입 H)] 핀이 V형으로 배열되어 있음

3 고조파 측정

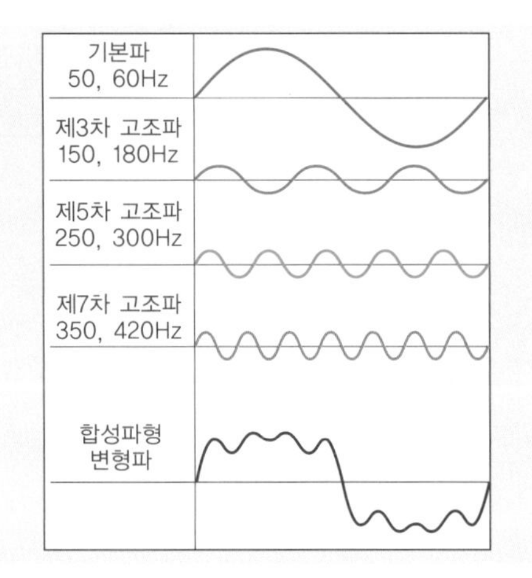

그림 1 고조파 성분

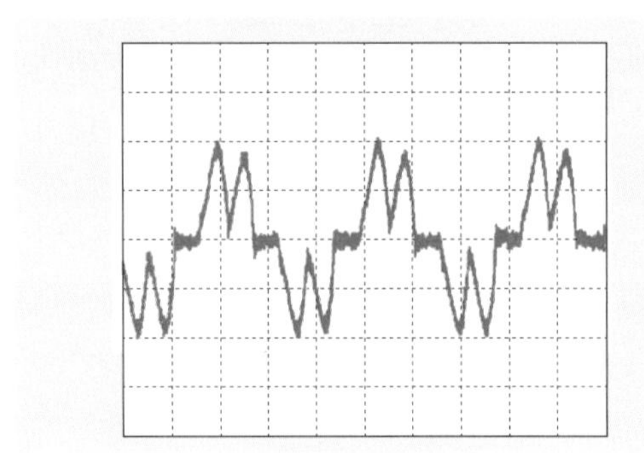

그림 2 인버터의 입력전류 파형

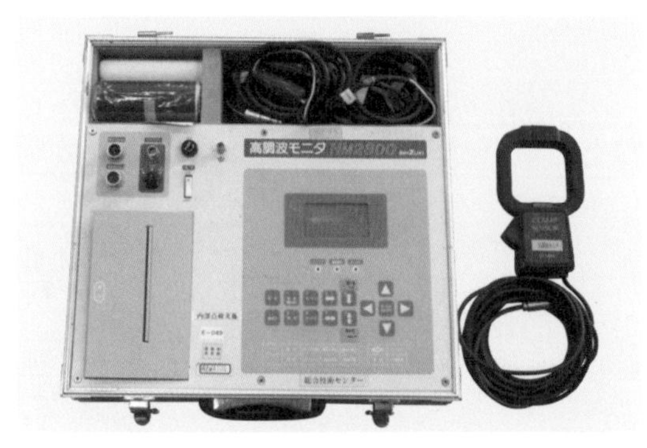

사진 1 고조파 측정기(1)

고조파는 전기기기의 오작동뿐 아니라, 기기의 수명저하나 화재에 의한 손상의 원인, 또는 역률저하에 의한 전력손실의 증가로 이어집니다. 이 때문에 전원품질 파라미터 중에서도 고조파 대책은 가장 중요한 항목 중 하나입니다.

(1) 고조파란

고조파란 '왜곡파 교류 속에 포함되어 있는 기본파의 정수 배의 주파수를 갖는 정현파'입니다. 그림 1에서는 제3차, 제5차, 제7차의 고조파를 나타내고 있는데, 이 고조파들과 기본파를 합성하면 그림 1의 가장 아래와 같이 왜곡된 파형이 됩니다. 반대로 말하면 왜곡 파형은 고조파를 포함하고 있다는 의미가 됩니다. 통상 고조파라고 불리는 것은 제2~50차 정도까지로, 이 이상은 고주파라고 부르고 있습니다. 고조파의 발생원은 정류회로를 갖는 인버터나 사이리스터 등을 이용한 제어기기, 전원의 교류-직류 교환장치 등입니다. 그림 2는 범용 인버터의 입력전류의 파형 예로, 반사이클에 2개의 피크가 있는 것이 특징적입니다.

(2) 측정기

최근에는 고조파 측정기가 아니라도 전압, 전류, 전력 등을 측정하는 측정기로 고조파 측정기능을 갖는 것도 다수 시판되고 있습니다. 그러나 고조파 전용 측정기는 고조파 측정에 특화되어 있으므로 조작이 간단하고 해석기능이 충실하며 부속품이 풍부하고 표시가 보기 쉽다는 점 등의 장점이 있어 널리 사용되고 있습니다.

사진 1, 2에 고조파 측정기의 예를 나타냈습니다. 양쪽의 측정기 모두 전압입력은 측정 코드, 전류입력은 클램프식 CT를 사용하고 있습니다. 또한 클램프식 CT에는 저압용뿐 아니라 사진 3과 같은 고압용도 있습니다. 고압용으로는 고압회로의 전류를 직접 측정할 수 있습니다.

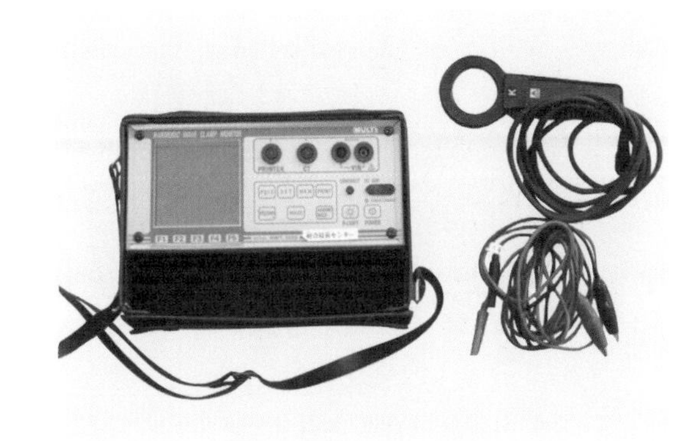

사진 2 고조파 측정기(2)

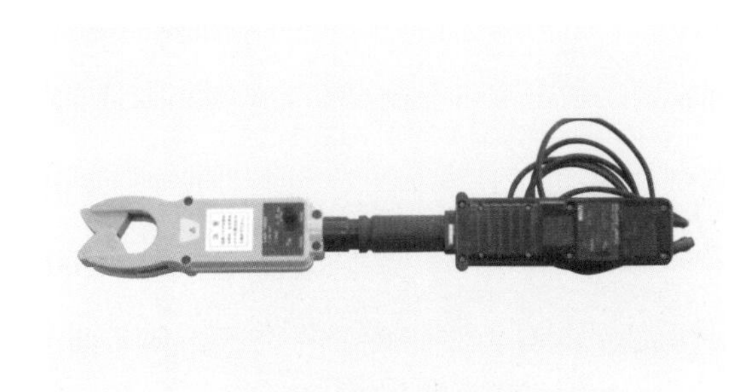

사진 3 고압용 클램프식 CT

(3) 측정목적

고조파를 측정하는 목적에는 주로 다음과 같은 것이 있습니다.

① 콘덴서나 리액터에 웅웅거리는 소리나 과열이 발생한 경우, 그 원인이 고조파에 의한 것인지를 확인하기 위한 측정(콘덴서나 리액터는 고조파의 영향을 받기 쉽기 때문).

② 전자기기가 오작동하는 경우, 그 원인이 고조파에 의한 것인지를 확인하기 위한 측정.

③ 부하설비에서 어느 정도의 고조파를 발생하고 있는지, 또는 배전계통의 고조파 왜곡은 어느 정도인지 등을 확인하기 위한 측정. 이 측정은 고장은 안 났지만 현상의 고조파 레벨을 파악하기 위한 측정.

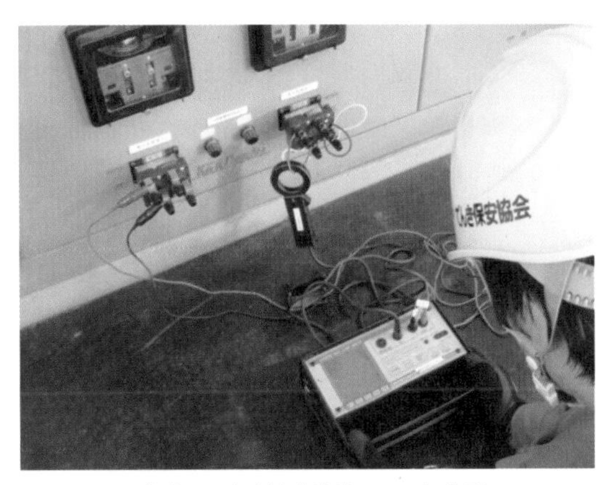

사진 4 전기실에서의 고조파 측정

(4) 측정기간

고조파는 고조파 발생기기의 운전상황이나 회로의 전원 ON/OFF 등에 의하여 항상 변하고 있습니다. 이 때문에 고조파의 발생상황을 확인하기 위해서는 순간적인 측정뿐 아니라, 2~3일, 가능하면 일주일 정도는 연속해서 측정할 필요가 있습니다.

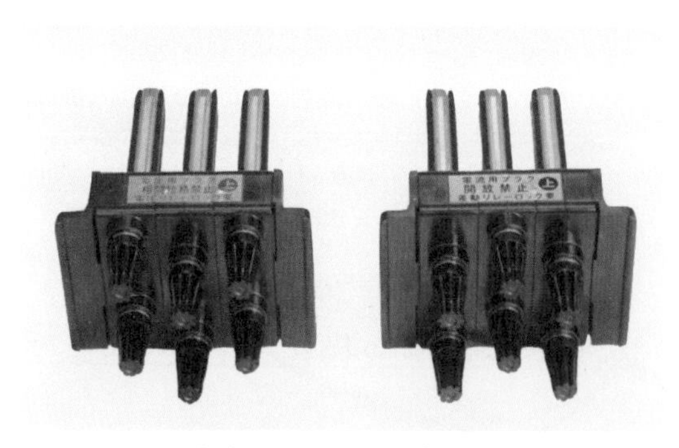

사진 5 삽입형 시험용 단자

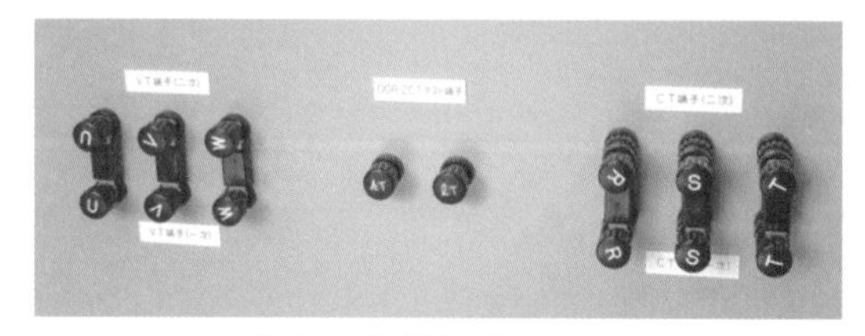

사진 6 단자형 시험용 단자

(5) 측정방법

사진 4는 전기실의 고압수전반에서 수전점의 고조파 전압과 전류를 측정하고 있는 모습입니다. 전압입력은 고압측정 코드를 전압시험용 단자(VTT)에 접속하고 있습니다. 또한 전류입력은 전류시험용 단자(CTT)의 연결선에 저압 클램프식 CT를 끼우고 있습니다.

시험용 단자에는 삽입형(사진 5)과 단자형(사진 6)이 있습니다. 측정 시에 실수로 VTT의 단락이나 CTT의 개방을 하지 않도록 주의해야 합니다.

사진 7 고압진상 콘덴서의 고조파 측정

사진 7은 고압진상 콘덴서의 고조파 전류를 측정하고 있는 모습입니다. 일반적으로 사진과 같은 고압진상 콘덴서에는 CT가 설치되어 있지 않으므로 고압용 클램프식 CT를 사용하여 측정합니다.

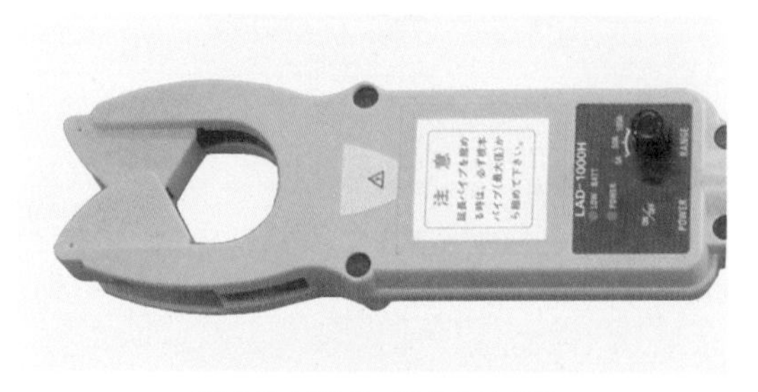

사진 8 고압용 클램프식 CT

사진 8은 고압용 클램프식 CT의 끝부분으로, 고압전압을 끝부분에 접촉하여 누르면 고압전선이 클램프됩니다. 반대로 당기면 고압전선이 클램프부에서 자동적으로 빠집니다.

(6) 판단기준

① 콘덴서, 리액터

1998년에 JIS 규격이 개정되었으므로 개정 전후로 판단기준이 달라졌습니다.

사진 9, 사진 10은 규격 개정 후의 콘덴서와 리액터의 명판입니다. 이 규격에서 콘덴서에는 리액터를 접속하는 것이 전제되어 있으므로, 정격전압이나 정격용량 등도 리액터를 고려한 것으로 되어 있습니다. 콘덴서를 단독으로 사용할 경우에는 주의가 필요합니다.

사진 11은 고조파에 의해 리액터가 불에 타서 손상을 입은 예입니다.

표 1에 콘덴서, 리액터의 과전류 판정기준을 나타냈습니다.

② 전자기기

전자기기류의 고조파 허용값의 명확한 기준은 없지만, 전자정보기술산업협회 규격(JEITA IT-1004 Class A)에서는 전원전압의 왜곡률을 5% 이내로 하고 있습니다.

전자기기류에서 전압 왜곡률이 작은(5% 정도 이하)데도 불구하고 장애가 발생하는 경우에는 다른 요인도 고려할 필요가 있습니다.

③ 현상의 고조파 레벨

고조파 억제 대책 가이드라인의 '고조파 환경 목표 레벨'은 전압 왜곡률이 6.6kV 배전계통에서 5%, 특별고압계통에서 3%로 되어 있습니다. 따라서 이 값을 기준으로 하여 관리하는 것이 좋을 것입니다.

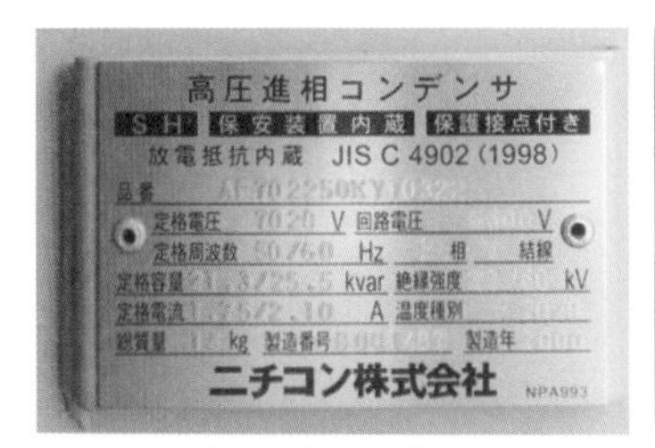

사진 9 콘덴서의 명판

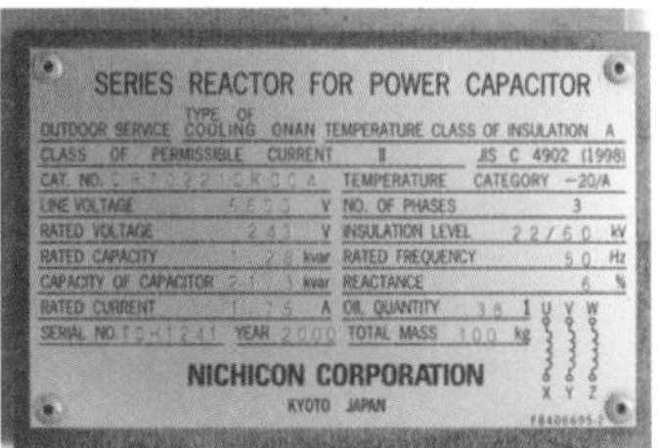

사진 10 리액터의 명판

사진 11 불에 타서 손상된 리액터

표 1 최대 허용전류

<table>
<tr><th>기기</th><th colspan="2">JIS C 4801
(1990)</th><th>JIS C 4902-1
(1998)</th><th colspan="3">JIS C 4902-2
(1998)</th></tr>
<tr><td>고압진상
콘덴서</td><td colspan="2">정격전류의 130%</td><td>정격전류의 130%</td><td colspan="3">-</td></tr>
<tr><td rowspan="2">직렬 리액터
(6% 리액터의 경우)</td><td rowspan="2">정격전류의
120%</td><td rowspan="2">제5주파
함유율 35%</td><td rowspan="2">-</td><td>종별 I</td><td>정격전류의
120%</td><td>제5주파
함유율 35%</td></tr>
<tr><td>종별 II</td><td>정격전류의
130%</td><td>제5주파
함유율 35%</td></tr>
</table>

4 불평형 측정

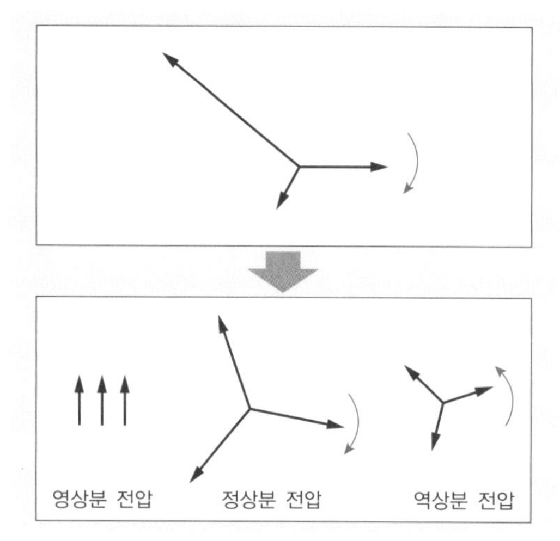

그림 1 불평형 3상 전압의 이미지

표 1 전압 불평형에 의한 전류 불평등의 예

전압의 불평형률 (%)	부하전류 (정상분) (%)	전류의 불평형률(%)	
		바구니형	이중 바구니형
5	50	36.2	45.5
	75	24.1	30.3
	100	18.1	22.7
10	50	72.4	91.0
	75	48.2	60.3
	100	36.2	45.5

사진 1 배전선로

불평형인 3상 전압은 그림 1과 같이 영상분 전압, 정상분 전압, 역상분 전압으로 분해할 수 있습니다. 이 때문에 3상 불평형 전압을 가하는 것은 이 3종류의 전압을 가하는 것과 같습니다.

불평형 전압에서 영향이 큰 것은 3상 유도전동기입니다. 3상 유도전동기는 권선의 구조상, 영상분의 영향은 없지만 정상분과 역상분의 전류만이 흐릅니다. 그러나 역상분의 임피던스는 정상분의 임피던스에 비하여 매우 작습니다.

이 때문에 전압의 불평형이 아주 작다하더라도 표 1과 같이 상당히 큰 역상분 전류가 흐릅니다. 이로 인해 3E 계전기가 동작하거나 역상 토크에 의한 전동기의 과열, 또는 효율저하나 진동·소음의 증가 등이 발생합니다. 또한, 불평형률은 다음 계산으로 구할 수 있습니다.

$$\text{전압 불평형률} = \frac{\text{역상전압}}{\text{정상전압}} \times 100\,[\%]$$

$$\text{전류 불평형률} = \frac{\text{역상전류}}{\text{정상전류}} \times 100\,[\%]$$

(1) 불평형의 원인

3상전류의 전압이 불평형이 되는 원인에는 다음과 같은 것이 있습니다.

① 사진 1과 같이 수전하는 배전선로가 길어 각 상의 부하가 균등하게 되기

어렵다.

② 사진 2와 같이 고압 수전설비에서 단상 변압기나 이용량 V 결선 변압기 등이 있어 변압기의 임피던스가 불균형해진다.

③ 구내에 단상 부하가 많아 각 상의 부하가 균등하게 되지 않는다.

이와 같이 전압 불평형의 주요한 원인은 부하의 불평형입니다. 이 때문에 내선규정(JEAC-8001)에서는 설비 불평형률을 30% 이하로 할 것을 권고하고 있습니다.

그림 2에 설비 불평형률의 계산 예를 나타냈습니다.

사진 2 전기실의 단상 변압기

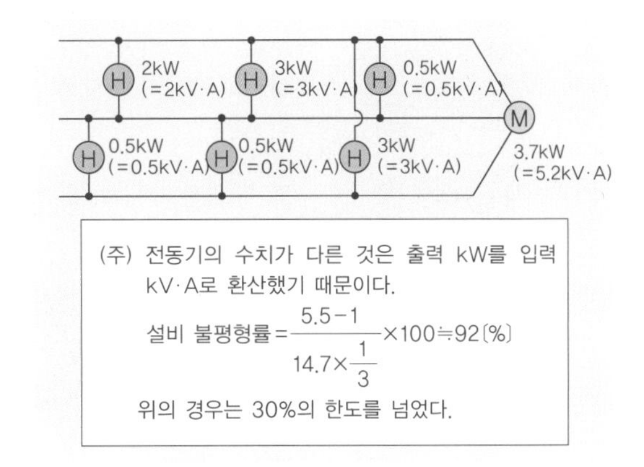

그림 2 설비 불평형률의 예

(2) 측정기

사진 3은 3상 교류전압 불평형률계입니다. 입력단자 RST에 3상 전압 입력하고 변환 스위치를 '불평형률 %'에 놓으면 측정할 수 있습니다. 전압 불평형률은 선간전압으로부터 연산에 의하여 구할 수 있습니다. 또한 사진 4와 같이 스위치를 변환하여 선간전압이나 정상전압, 역상전압도 측정할 수 있습니다.

(3) 측정방법

3상 교류의 불평형에 따른 장애는 간헐적으로 발생하는 경우가 대부분입니다. 이 때문에 측정은 한 번만 하는 것이 아니라, 연속적으로 측정할 필요가 있습니다. 경우에 따라서는 장애가 발생할 때까지 장기간에 걸쳐 측정해야 하는 경우도 있습니다.

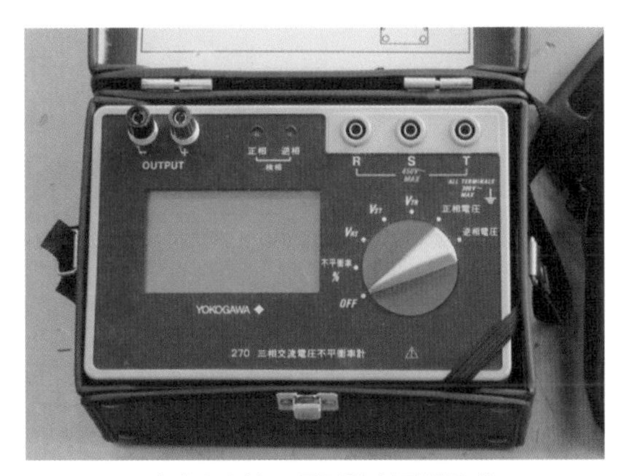

사진 3 3상 교류전압 불평형률계

사진 3의 측정기에는 출력단자가 있고,

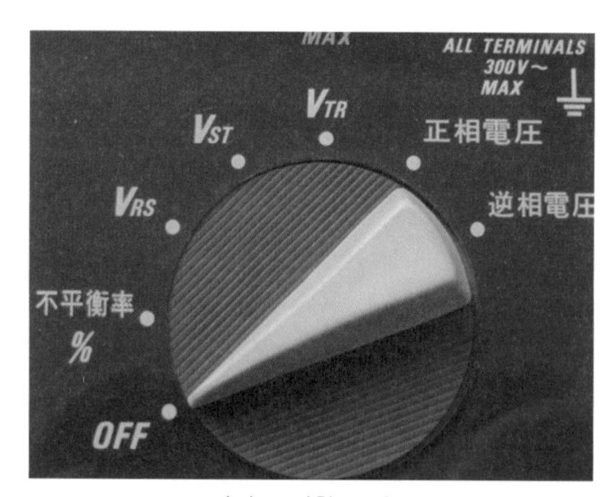

사진 4 변환 스위치

사진 5 전압 불평형률의 측정

전압 불평형률에 비례한 직류전압을 추출할 수 있기 때문에 연속 측정하는 경우는 기록계로 기록합니다.

사진 5는 동력제어반에서 전압 불평형률을 측정하고 있는 모습입니다. 차단기의 이차단자에 전압측정 클립을 접속하고 있습니다. 충전부에서의 작업이므로 감전이나 단락 사고를 일으키지 않도록 주의하여 측정합니다.

(4) 판단기준

표 2에 JEC(전기학회 전기규격조사회) 규격에 따른 전동기의 허용전압 불평형률을 나타냈습니다.

표 2 허용전압 불평형률

기기	전압 불평형률	조건	규격
유도 전동기	1%	장기간	JEC 2137
	1.5%	수 분 이내	
동기 전동기	1%	장기간	JEC 2130
	1.5%	수 분 이내	

전동기 보호 계전기

전동기의 보호에는 통상 서멀 계전기가 사용되는데, 중요한 전동기에서 서멀 계전기만으로는 보호가 불충분하다고 판단되는 경우에는, 2E 계전기나 3E 계전기를 사용합니다. 이 경우의 E는 요소(ELEMENT)를 의미하는 것으로, 3E 계전기란 보호요소가 과부하, 결상, 역상의 3개인 계전기를 가리킵니다.

이 중 역상 보호는 상(相)의 순서가 반대가 되며, 전동기가 역회전하는 것을 방지하기 위한 요소입니다. 그러나 전동기는 설치 시에 상회전을 확인하므로 운전 중에 갑자기 역회전을 일으킨다고는 할 수 없기 때문에, 역상요소는 반드시 필요하다고는 할 수 없습니다. 이 경우 3E 계전기를 사용합니다(다만, 이동용 전동기 등으로 결선의 제거가 빈번하게 이루어지는 경우에는 의미가 있음).

또한 결상보호는 3상회로의 불평형을 검출하여 동작하므로 결상뿐 아니라 불평형에서도 동작합니다.

5 노이즈 측정

(1) 노이즈란

노이즈(noise;잡음)는 '처리대상이 되는 정보 이외의 불필요한 정보로, 목적한 정보가 정확하게 전해지는 것을 방해하는 것'이라고 정의되고 있습니다.

전력 분야에서는 주로 전원선에 노이즈는 중첩하는 것으로, 기기의 정상적인 동작을 방해하는 전기신호를 의미합니다.

노이즈는 '전류나 전압이 급격하게 변화하는 부분', 즉 자계나 전계가 급격하게 변화하는 곳에서 발생합니다. 노이즈는 고주파 노이즈와 펄스 노이즈로 나뉘며, 전압의 크기와 시동시간으로 분류하면 그림 1과 같습니다.

고주파 노이즈는 주로 디지털 기기나 스위칭 전원의 고주파 성분이며, 그림 1과 같이 전압은 비교적 작아집니다.

펄스 노이즈는 전자접촉기나 솔레노이드 등의 코일을 ON/OFF할 때나 정전기가 방전할 때 등에 발생하는 것으로, 피크전압은 높아집니다.

노이즈원 중에서도 대표적인 것으로서 사진 1과 같은 인버터가 있습니다.

그림 2(a)는 인버터의 회로도로, 필요한 주파수나 전압을 만들기 위해 트랜지스터를 고속으로 ON, OFF하므로 노이즈가 발생합니다. 인버터의 출력전압은 그림 2(b)와 같이 펄스 형태로 되어 있어 펄스

	고주파 노이즈	펄스 노이즈
전압	~수 V	~수 kV
시동시간	–	1ns 이하
에너지	수 mJ	수 100mJ
파형		

그림 1 전원 노이즈의 종류

사진 1 인버터

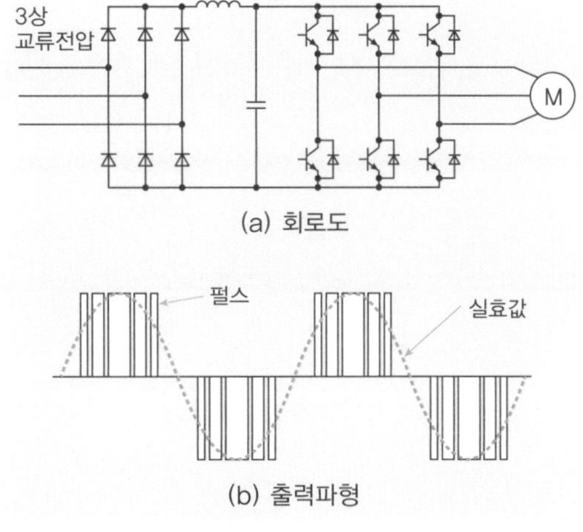

(a) 회로도

(b) 출력파형

그림 2 인버터 회로와 파형

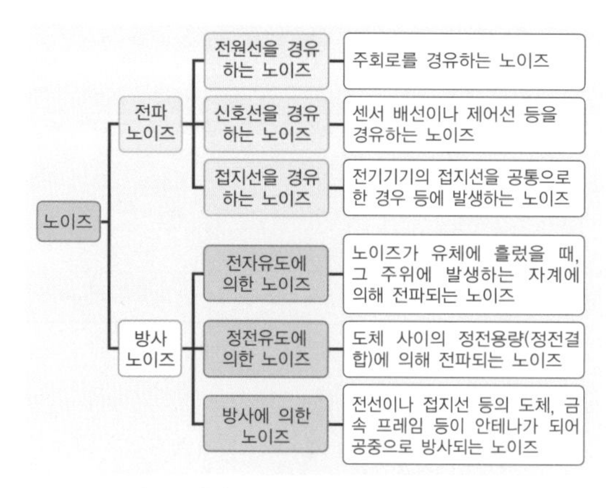

그림 3 전파 경로에 따른 노이즈의 분류

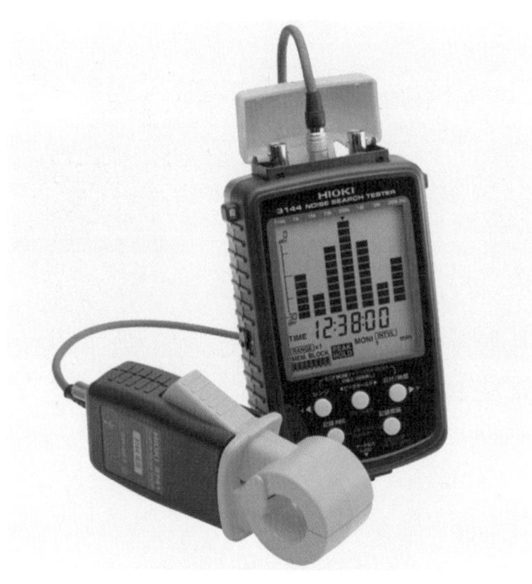

사진 2 노이즈 전압측정기

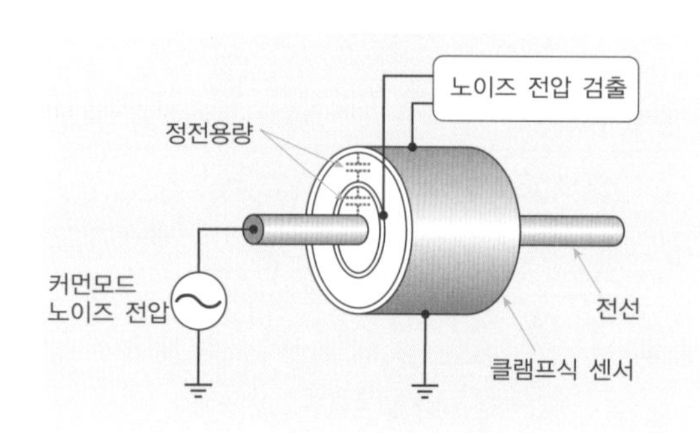

그림 4 노이즈 전압의 검출 원리

의 폭을 바꾸어 실효값을 변화시키고 있습니다.

그림 3은 노이즈를 전파 경로에 따라 분류한 것입니다. 노이즈는 전해지는 방법에 따라서 전도 노이즈와 방사 노이즈로 크게 나뉩니다. 전도 노이즈란 전원선이나 신호선 등의 전로를 통하여 전해지는 노이즈를 말하며, 또한 방사 노이즈란 공간을 통하여 전해지는 노이즈를 말합니다.

이와 같이 노이즈는 다양한 경로를 경유하여 전파되므로 노이즈의 측정은 시간과 노력을 필요로 하는 경우가 많습니다.

(2) 측정기

노이즈 전압측정기의 예를 사진 2에 나타냈습니다. 이 측정기에서는 500Hz~30MHz 대역의 커먼모드 노이즈※ 전압을 측정할 수 있습니다. 또한 일정 간격으로 측정값과 시각을 메모리하는 로깅기능이 있으므로 장시간의 측정도 가능합니다.

노이즈 전압은 그림 4와 같이 전선과 클램프식 센서 사이의 정전결합에 의하여 검출합니다.

※ 커먼모드 노이즈는 전선과 대지 사이의 노이즈를 말합니다.
한편, 선간 노이즈는 노멀모드 노이즈라고 합니다.

(3) 측정방법

사진 3은 변압기 B종 접지선의 노이즈 전압을, 사진 4는 전화선의 노이즈 전압을 측정하고 있는 모습입니다.

이들 노이즈 전압 측정은 클램프식 센서에 전선을 끼워 비접촉으로 측정할 수 있습니다. 다만, 대지를 기준전위로 하기 때문에 클램프식 센서의 접지단자는 접지하여 측정합니다. 노이즈 전압의 크기는 사진 5와 같이 7개의 주파수대역으로 분리하여 표시됩니다.

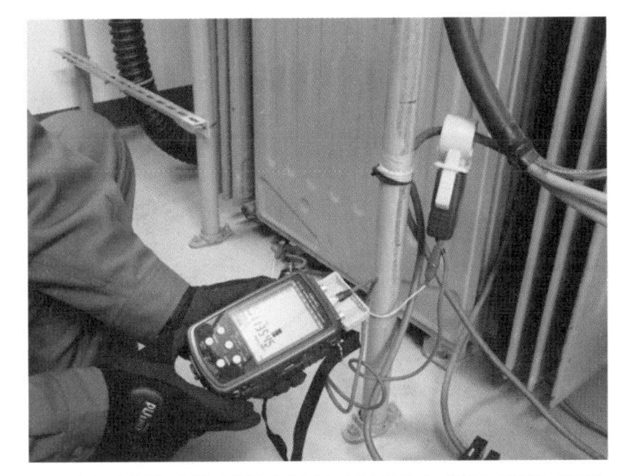

사진 3 변압기의 B종 접지선에서의 노이즈 전압 측정

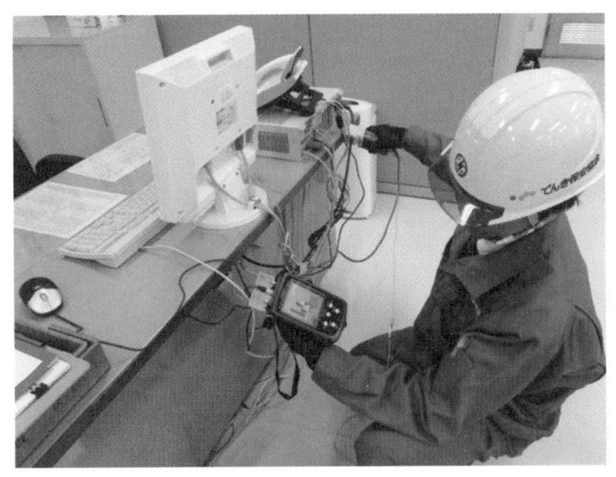

사진 4 통신선에서의 노이즈 전압 측정

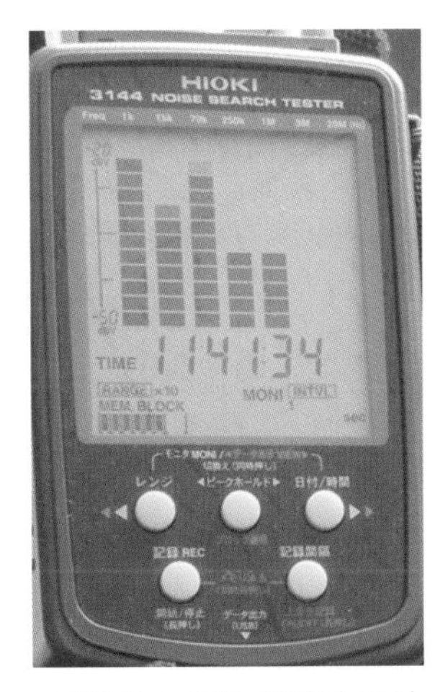

사진 5 노이즈 전압의 표시

(4) 노이즈 대책

노이즈 장애를 방지하기 위해서는 다음과 같은 방법이 있습니다.

① 공중전파 노이즈에 대하여

- 노이즈원을 금속 케이스로 감싸서 실드한다.
- 전원선을 안테나로 하여 노이즈가 방사되는 것을 방지하기 위해 금속관에 넣고 관을 접지한다.

② 전자 유도 노이즈에 대하여

- 전원선과 제어선이나 통신선을 차폐판 등으로 분리한다.
- 제어선이나 통신선에는 실드선이나 트위스트 페어선을 사용한다.

③ 전로전파 노이즈에 대하여

- 노이즈 필터를 설치한다.
- 절연 변압기를 설치하여 노이즈의 전파 경로를 차단한다.
- 기기의 접지를 단독으로 하고 접지선도 최단으로 한다.

6 전원품질 측정

사진 1 AC 라인모니터

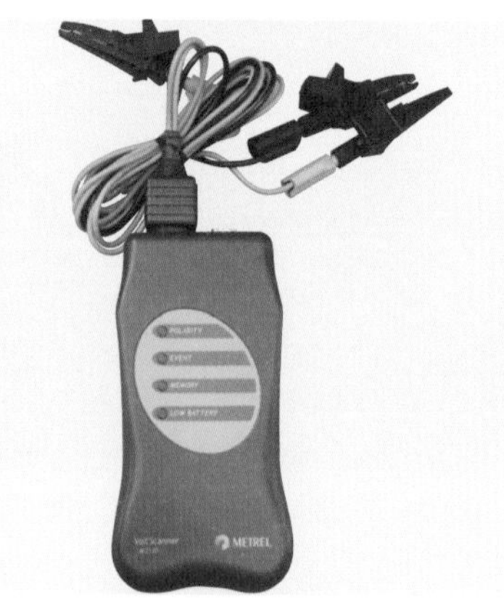

사진 2 볼트 스캐너

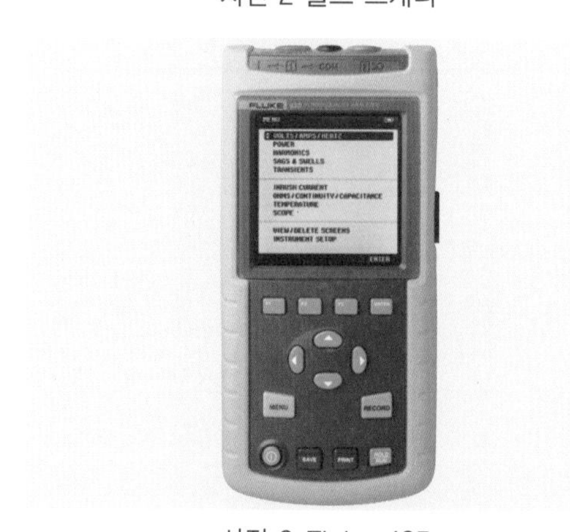

사진 3 Fluke 43B

측정항목이 명확하다면 필요한 측정기를 준비하여 측정하면 되지만, 실제 전원품질 측정에서는 측정항목 자체가 불명확한 경우가 많은 것이 현실입니다.

이것은 전기기기에 장애를 발생시키는 전원품질 파라미터가 다종다양하며, 장애의 상황만으로 원인이 되는 전원품질 파라미터를 특정하는 것이 어렵기 때문입니다.

그러나 모든 전원품질 파라미터를 측정하기 위하여 다수의 측정기를 준비하는 것은 곤란하며, 현실적으로 불가능합니다. 이러한 때에는 한 대의 측정기로 주요한 전원품질 파라미터를 측정할 수 있는 측정기를 사용합니다.

(1) 측정기

① 단상전원 측정

단상전원용 전원품질 측정기는 작고 조작도 비교적 간단합니다. 또한 3상이 평형을 이루고 있다면 통상의 측정에서는 충분한 기능을 갖고 있습니다.

사진 1은 AC 라인모니터(상품명), 사진 2는 볼트 스캐너(상품명), 사진 3은 Fluke 43B(상품명)입니다.

주요 사양을 표 1에 나타냈습니다.

② 3상전원 측정

단상에서 3상까지의 전원품질을 상세하

게 기록하여 분석할 수 있는 측정기입니다. 대표적인 것을 사진 4, 5, 6에 나타냈습니다.

이 측정기들은 전원품질 애널라이저(분석기)라고 부르고 있으며, 전원품질의 국제규격인 IEC61000-4-30에서 규정되어 있는 전원품질 파라미터를 측정할 수 있습니다. 전원 문제의 해결이나 전원품질의 실제조사에서는 이 한 대로 거의 대응이 가능합니다.

전원품질 애널라이저의 주요한 측정항목을 표 2에 나타냈습니다.

(2) 판단기준

전압변동, 고조파, 3상 불평형의 판단기준은 전술했으므로, 이외의 전원품질 파라미터에 대해서 설명하겠습니다.

① 전압 딥

순간 전압저하(순저)를 일컫는 말로, Sag라고도 합니다. 낙뢰 등의 자연현상에 의한 것이 대부분입니다. 고장 발생에서 차단까지 단시간 동안 전압이 저하하고 바로 회복됩니다.

인버터 등의 가변속 모터는 15%의 전압저하가 0.01초, 전자개폐기는 50%의 전압저하가 0.01초, 고압방전 램프는 15%의 전압저하가 0.05초 정도 계속되면 정지 등의 우려가 있습니다.

일반적으로 전압 딥은 10% 이내(상시전압의 90%)라면 영향이 적다고 생각할 수 있습니다.

표 1 단상용 전원품질 측정기

	AC 라인 모니터	볼트 스캐너	Fluke 43B
입력	전압, 전류	전압	전압, 전류
측정 항목	전압, 전류, 고조파	전압, 고조파	전압, 전류, 전력, 역률, 주파수, 고조파
메모리	있음	있음	있음
사이즈 (mm)	264×202×70	103×51×199	232×115×50
중량 (kg)	1.9	0.5	1.1
전원	AC (정전 시는 배터리)	AC (정전 시는 배터리)	배터리

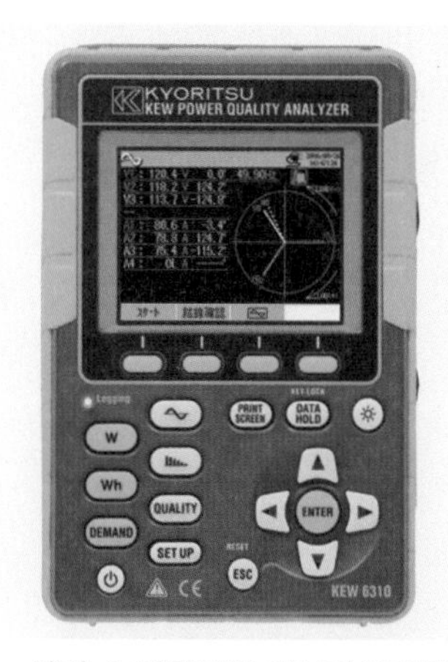

사진 4 전원품질 애널라이저(1)

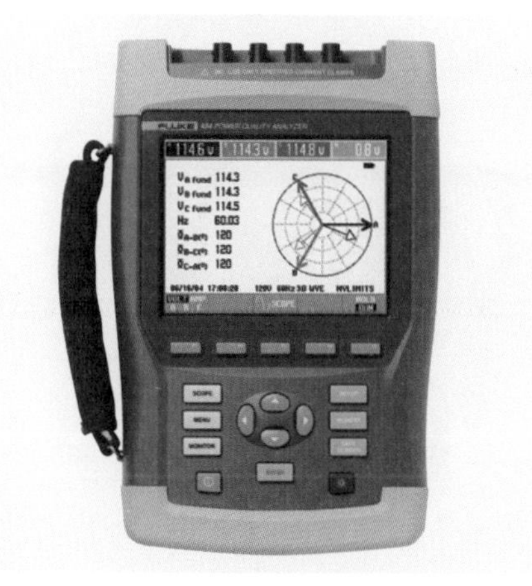

사진 5 전원품질 애널라이저(2)

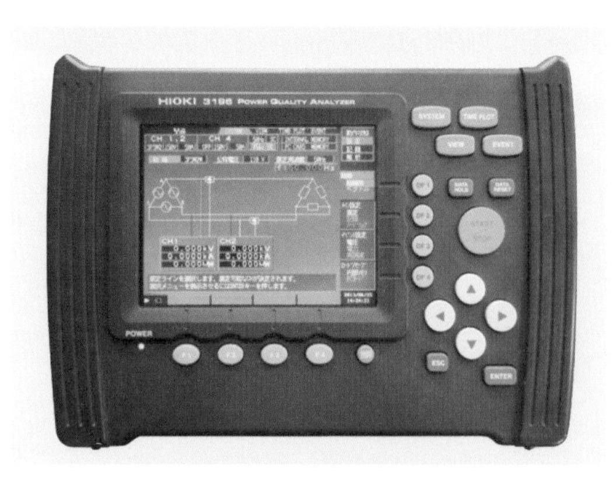

사진 6 전원품질 애널라이저(3)

표 2 주요 측정항목

전원품질 파라미터	측정항목
측정회로	단상2선, 단상3선, 3상3선, 3상4선
전압	전압변동, 순간 전압저하, 순간 전압상승, 단시간 정전, 임펄스, 주파수 변동
전류	전류변동
전력	유효전력, 무효전력, 피상전력, 역률
고조파	전압, 저류, 전력, 위상, 왜곡률, 고차고조파
불평형	전압, 전류
플리커	ΔV_{10}플리커, IEC 플리커

② 전압 스웰

단시간의 전압상승으로 큰 부하를 차단한 경우 등에 발생합니다. 관리값은 전압 딥과 마찬가지로 10% 이내(상시전압의 110%)가 일반적입니다.

③ 플리커

플리커의 크기는 ΔV_{10}으로 표시합니다. ΔV_{10}은 전압변동에 따른 광원의 깜빡임이 시각에 주는 영향을 수치화한 것입니다. 사람의 눈은 10Hz의 깜빡임을 가장 강하게 느끼므로, 시감도 곡선을 이용하여 전압변동을 10Hz로 환산한 것입니다. 전기협동연구 제20권 8호에서는 허용 플리커값을 0.45V로 하고 있습니다.

또한 해외에서는 IEC61000-4-15에서 V_{10}이란 서로 상이한 기준을 사용하고 있습니다(IEC 플리커).

(3) 측정방법

사진 6의 전원품질 애널라이저를 사용한 전원품질 측정 방법입니다.

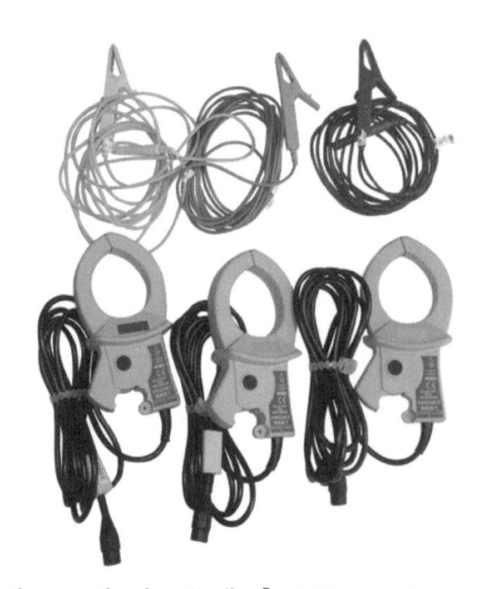

[전압 코드와 전류 클램프] 위쪽이 전압 코드, 아래쪽이 500A의 전류 클램프입니다. 전류 클램프는 이 이외에 5~5000A까지 준비되어 있습니다.

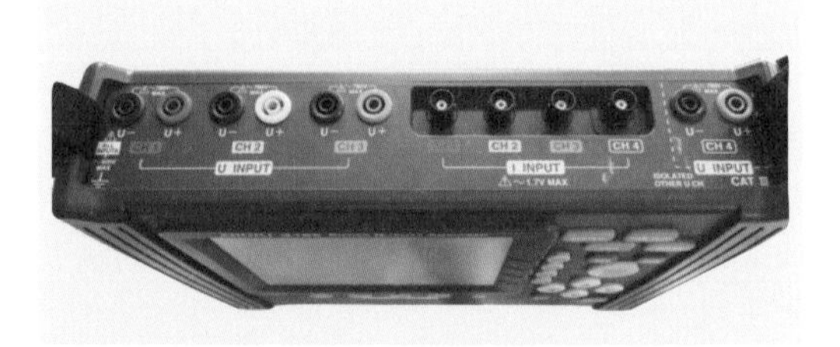

[입력단자] 전압입력 및 전류입력 모두 각각 4CH의 입력이 가능합니다. 최대압력 범위는 AC600V 실효값, 임펄스는 6000Vpeak입니다.

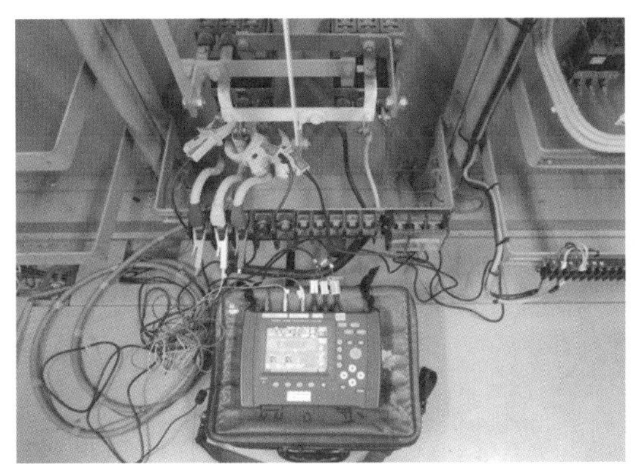

[전압실에서의 측정] 전력회로(3상 3선식 회로)를 측정하고 있는 모습입니다. 전압 클립은 버스바에 접속하고 전류 클램프는 전선에 끼웁니다.

전원이상은 언제 발생할지 모르기 때문에 각 측정항목마다 사전에 '임계값(threshold)'을 설정하여, 문제가 발생할 때까지 또는 필요한 기간 동안 측정합니다. 그리고 측정항목 중 어느 것이 임계값을 넘었을 때에는 발생시각과 그 때의 순간 파형이 기록됩니다. 이때, 임계값을 넘지 않는 항목을 포함하여 모든 항목이 동시에 기록되므로 상황파악이 쉬워져 문제의 해석에도 도움이 됩니다. 또한 임계값과는 관계없이 각 측정항목은 시계열 데이터로서도 기록되므로 전체의 변동상황을 알 수 있습니다.

(4) 측정결과

전원품질 애널라이저로 측정한 결과의 예를 나타냈습니다.

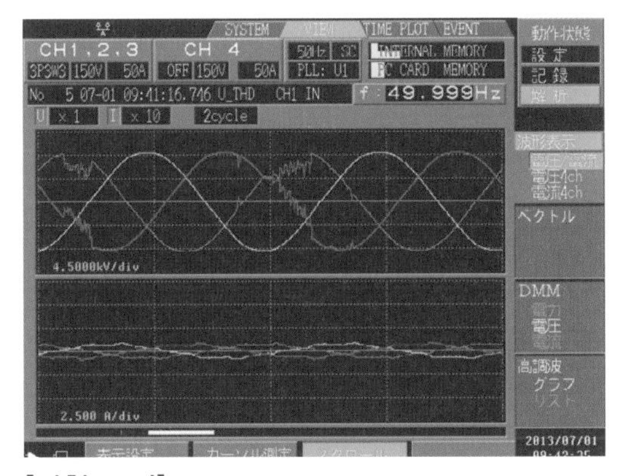

[파형 표시] 각상의 전압·전류 파형을 표시합니다. 고조파 등과 같이 수치만으로는 알 수 없는 왜곡 정도도 한눈에 알 수 있습니다.

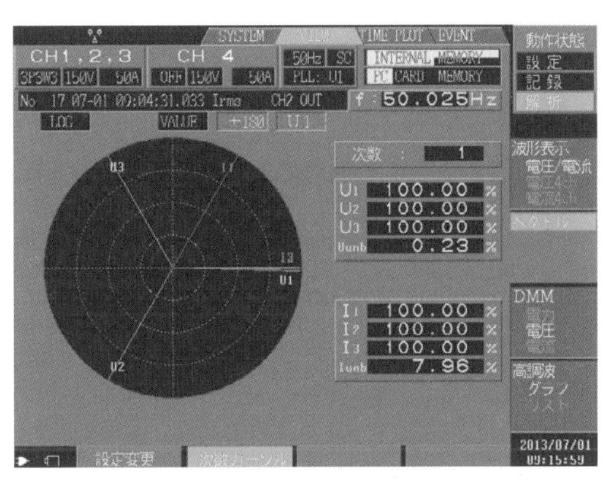

[벡터 표시] 각 상의 전압·전류 벡터와 실효값/위상각 등을 수치로 표시합니다. 3상전원의 위상확인이나 고조파의 위상확인을 할 수 있습니다.

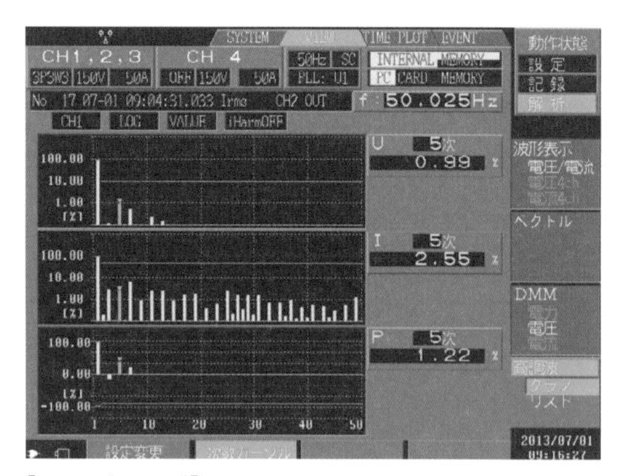

[고조파 표시] 고조파를 막대그래프로 표시합니다. 또한 각 차수별 위상차도 표시하므로 고조파의 조류방향도 알 수 있습니다.

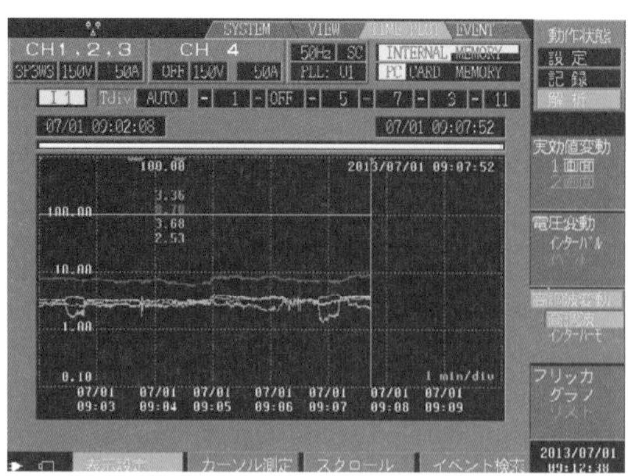

[고조파 변동 표시] 고조파의 변동 그래프를 표시합니다. 또한 인터벌 기간 내의 최대값/최소값/평균값도 표시합니다.

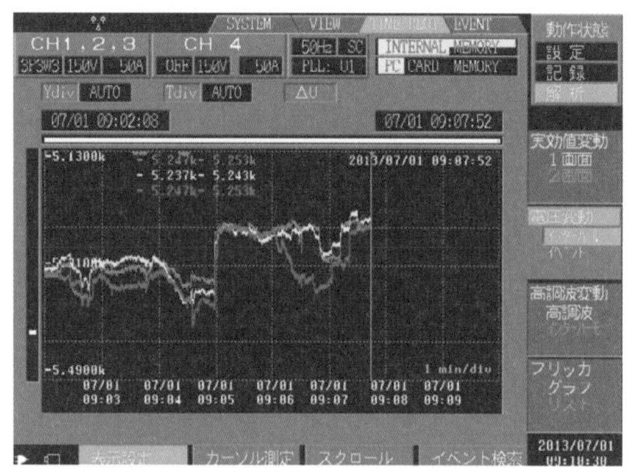

[전압 변동 표시] 전압의 변동 그래프를 표시합니다. 또한, 인터벌 기간 내의 최대값/최소값/평균값도 표시합니다.

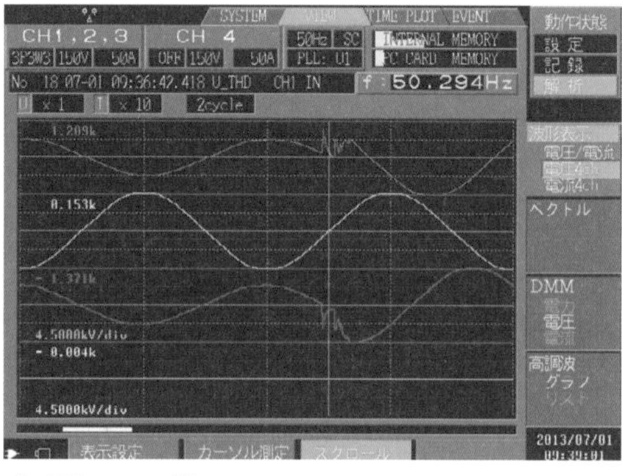

[이벤트 표시] 측정 중에 보충한 전원이상 이벤트를 표시합니다. 발생일시, 레벨, 유지시간, 파형 등 상세하게 표시합니다.

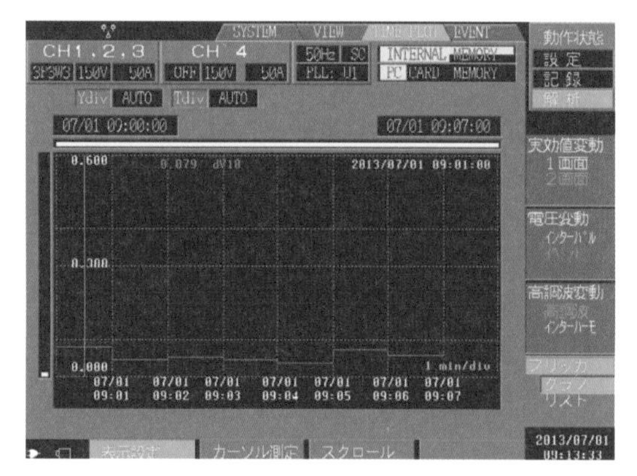

[플리커 표시] ΔV_{10} 값을 1분마다 그래프로 표시합니다. 또한 IEC 플리커값을 10분마다 그래프로 표시합니다.

(5) 원인 특정

전원 문제는 드물게 발생하므로 원인탐사는 매우 곤란한 작업입니다.

다음은 원인탐사의 주의점입니다.

① 측정범위

예상되지 않는 원인도 있으므로 처음에는 모든 가능성을 염두에 두고 측정범위를 정합니다. 측정 데이터를 해석하면서 서서히 범위를 좁혀 갑니다.

② 현장 상황

처음에 문제가 발생한 시기에 신규로 도입한 기기가 없는지, 시설 내에 공사나 기기의 이설 등이 없었는지 등을 충분히 청취합니다.

③ 발생시각

이상이 기록된 시간에 운전하고 있던 기기, 또는 그 때에 'ON/OFF'한 기기가 원인인 경우가 있습니다.

④ 변화의 방향

전압이 저하되어 있음에도 그림 1(b)와 같이 전류가 증가하고 있는 경우에는 측정점의 부하측에 원인이 있는 경우가 많습니다. 반대로 그림 1(c)의 전압과 마찬가지로 전류가 감소하고 있는 경우에는 측정점의 전원측에 원인이 있는 경우가 많습니다.

(6) 영향을 받기 쉬운 기기

사진 7이나 사진 8과 같은 전자회로를 사용한 장치는 전원품질의 영향을 받기 쉬우므로 주의가 필요합니다.

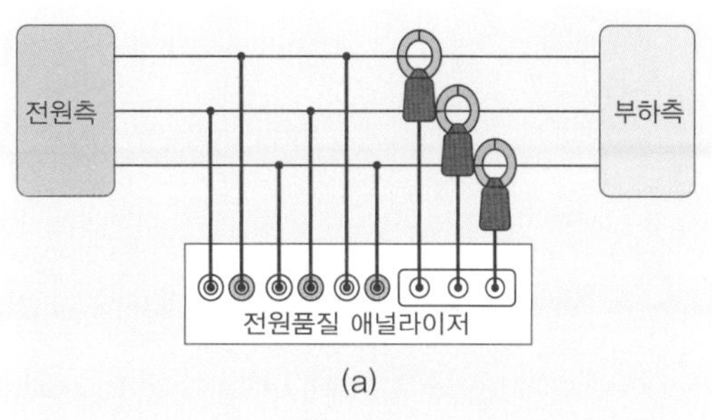

(a)

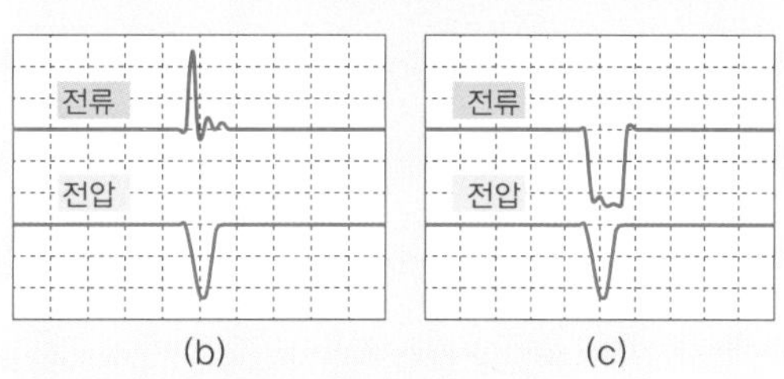

(b) (c)

그림 1 전압, 전류의 변화

사진 7 감시장치

사진 8 제어장치

예비전원 설비

1887년(메이지 20년)에 도쿄전등 주식회사에 의하여 전기가 공급되었는데, 이것이 일본 전기사업의 시작입니다. 당시에는 현재와는 달리 배전설비의 신뢰성이 부족하고, 사고에 의한 정전이나 정기정전 등이 많아서 수요가 입장에서는 큰 문제였습니다. 이 때문에 정전을 방지할 목적(전원품질의 확보)으로 비상용 예비발전 설비나 축전기 등의 예비전원이 설치되었습니다.

예를 들면, 1922년(다이쇼 11년)에 준공된 제국호텔에서는 비상용 직류발전기 2대(10kW와 15kW)와 축전지가 설치되었습니다. 또한 1929년(쇼와 4년)에 준공한 미츠이 본관에는 100kV·A 비상용 교류발전기 2대와 축전지가 설치되었습니다.

최초에 비상용 발전기의 원동기로는 취급이 용이한 가솔린 엔진이 사용되었습니다. 디젤 엔진은 1924년(다이쇼 13년)에 신축된 일본흥업은행에 설치된 3상 교류 발전기 50kV·A가 최초였습니다.

디젤엔진을 사용한 발전설비는 시동성이 좋고 설비비도 저렴하므로 그 후의 대규모 건축물에는 대부분 설치되게 되었습니다.

축전지는 페이스트식 납축전지가 1887년(메이지 20년)에 영국에서 수입되었습니다. 그 후, 1897년(메이지 30년)에 미국에서 클로라이드식 납축전지, 독일에서 튜도르식 납축전지가 수입되었습니다. 이 축전지들이 자가용 전등의 정전대책으로서 사용되었습니다.

일본산 축전지는 1904년(메이지 37년)에 시마즈제작소의 전지공장이 제조한 클로라이드식 납축전지(150A·h, 80개)가 1호로, 동 공장의 예비전원으로서 사용되었습니다. 이 축전지는 1908년(메이지 41년)에는 시마즈 겐조의 이니셜을 딴 'GS 축전지'로서 판매되었습니다. 또한 이 축전지는 러일전쟁 시에는 군함의 무선용 전지로서 사용되어 동해해전의 적함발견을 알리는 무선 제1보에 사용되었습니다.

비상용 예비발전 설비

축전지

차단기·케이블의 사고지점 탐사

자가용 전기설비의 개수공사나 문제발생 시에는 해당하는 차단기나 케이블의 식별이 필요하게 됩니다. 또한 굴착공사 등을 할 때에는 매설 케이블의 위치를 확인하지 않으면 케이블 절단 등의 위험이 있습니다. 그러나 낡은 설비의 경우, 케이블 포설배선도가 없거나 준공 후에 배선을 변경한 경우가 있어 차단기나 케이블의 식별에 어려움을 겪습니다.

또한 케이블에 지락이나 단락 또는 단선 등의 사고가 발생했을 때는 사고지점이 어디에 있는지를 탐사할 필요가 있습니다. 그러나 긴 경간의 케이블 배선이나 매설 케이블의 경우, 육안으로 사고지점 탐사를 하는 것은 어렵습니다.

이 장에서는 문제 발생 시의 차단기나 케이블의 식별, 사고지점 탐사에 필요한 측정기와 그 사용방법에 대하여 설명합니다. 정확하게 측정하려면 측정원리를 잘 이해하여 측정할 필요가 있습니다. 또한 가능하다면 측정원리가 서로 다른 복수의 측정기를 조합하면 오측정을 방지하는 데 효과가 있습니다.

1 차단기·케이블 탐사

사진 1 다수의 케이블

사진 2 지중매설 케이블

사진 3 반에 늘어서 있는 차단기

(1) 탐사의 필요성

전기실 또는 큐비클에서부터 현장의 제어반이나 분전반까지는 사진 1과 같이 다수의 케이블이 배선되어 있습니다. 또한 이 제어반이나 분전반과 부하(전동기나 조명기구 등) 사이에도 케이블에 의하여 배선되어 있습니다.

케이블은 건물의 벽이나 바닥을 관통하고, 케이블락 위나 덕트 내에 다수 포설되어 전기를 공급하고 있습니다. 이 때문에 전기실 또는 큐비글로부터 배선되어 있는 케이블의 외관만으로는 목적하고자 하는 케이블을 특정하는 것은 어렵습니다.

사진 2와 같은 지중 매설 케이블은 도면만으로 정확한 매설 위치나 매설 깊이를 확인하는 것은 어려운 경우가 많습니다. 또한 낡은 케이블은 배선도가 없는 경우도 있습니다.

또한 부하를 정지하기 위해 차단기를 내리고 싶지만, 사진 3과 같이 어느 차단기가 해당하는 것인지 불명확한 경우가 있습니다. 실수로 다른 차단기를 내리기라도 하면 큰 문제가 됩니다.

(2) 탐사원리

케이블 탐사는 목적하는 케이블에서 발생하는 자계나 전계를 검출함으로써 이루어집니다.

① 자계를 이용하는 방법

송신기에 의해 케이블에 신호(고주파 전류)를 흘리면 케이블 주위에 자계가 발생하므로, 이것을 수신기로 검출하여 케이블의 위치를 탐사하는 방법입니다.

그림 1과 같이 송신기에서 케이블의 도체에 신호(고주파 전류)를 주입합니다. 이때 도체는 케이블 심선일 필요는 없고 차폐층 등과 같이 전류가 흐를 수 있는 것이라면 상관없습니다.

다만, 원단부를 접지하는 등 전류가 흐를 수 있는 상태로 해 두어야 탐사를 할 수 있습니다.

자계의 검출은 클램프식 CT 또는 막대 형태 안테나로 전자결합에 의해 이루어집니다.

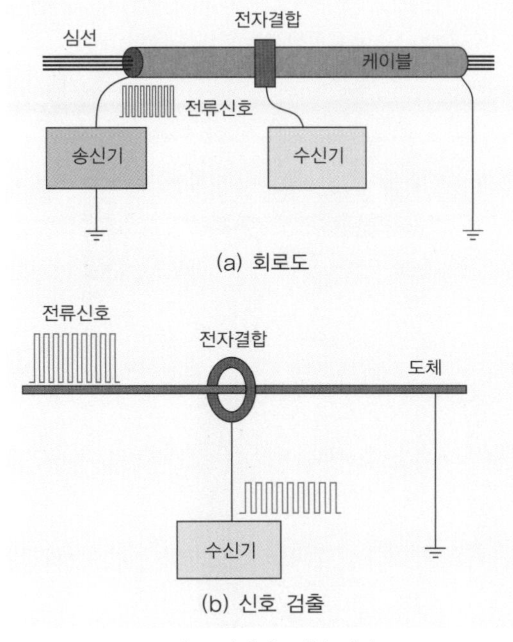

그림 1 자계에 의한 탐사

② 전계를 이용하는 방법

송신기에 의해 케이블에 신호(고주파 전압)을 인가하면 케이블 주변에 전계가 발생하므로, 이것을 정전결합에 의해 수신기로 검출하여 케이블의 위치를 탐사하는 방식입니다.

그림 2와 같이 자계에 의한 탐사와 마찬가지로 송신기에서 케이블의 도체에 신호(고주파 전압)를 인가합니다. 이 경우, 신호는 케이블의 가장 바깥쪽(차폐층이 있는 경우에는 차폐층)에 인가합니다.

또한 전압을 인가하기 위해 원단부는 개방상태로 해 두어야 합니다.

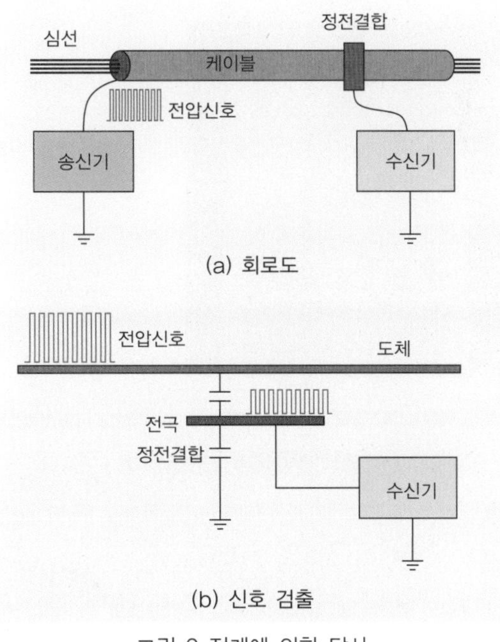

그림 2 전계에 의한 탐사

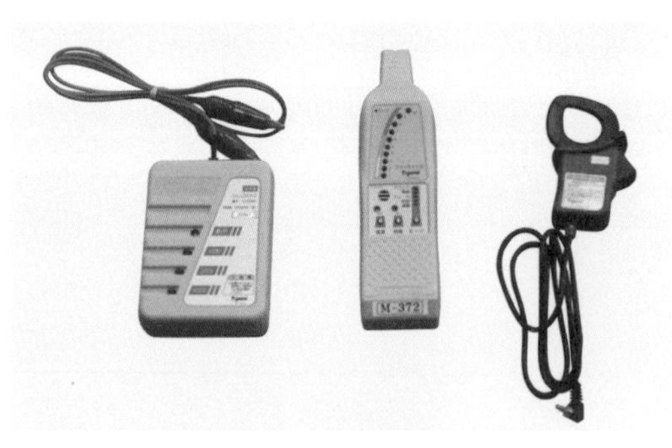

사진 4 케이블 탐사기

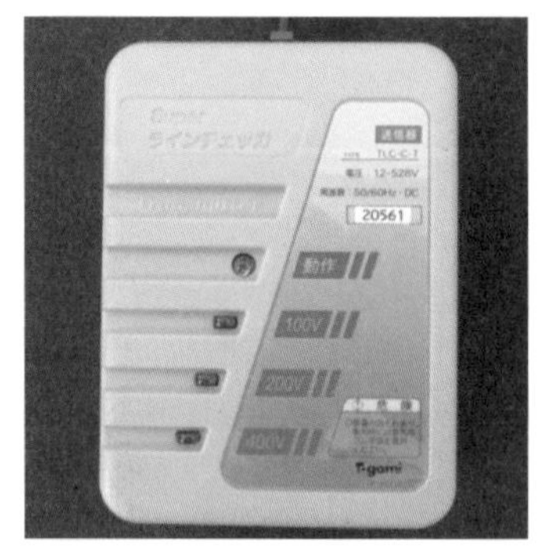

사진 5 송신기

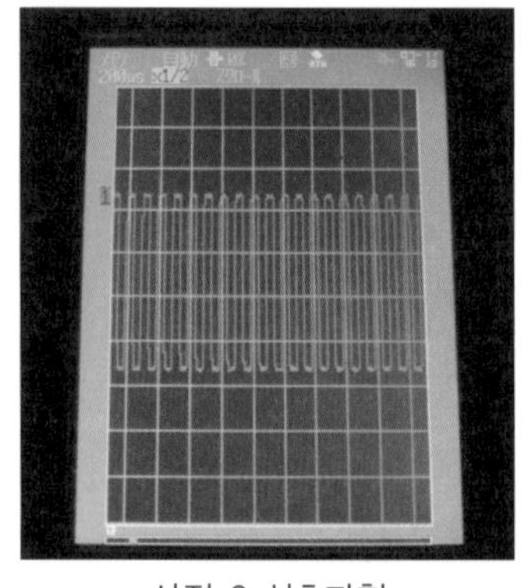

사진 6 신호파형

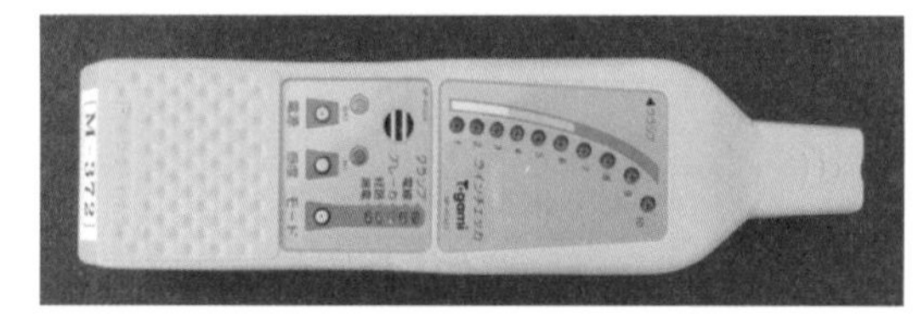

사진 7 수신기

(3) 탐사기

사진 4는 자계를 이용한 케이블 탐사기입니다. 왼쪽부터 송신기, 수신기, 클램프 센서입니다.

① 송신기

사진 5는 신호를 발생하는 송신기입니다. 송신기는 전원에 대하여 부하로 작용하므로 전압을 입력하면 신호가 전원측에 단속적으로 흐릅니다. 이 때문에 송신기 접속 장소인 전원측은 탐사할 수 있지만 부하측은 탐사할 수 없습니다.

입력은 교류전압과 직류전압 모두 사용할 수 있습니다.

송신기를 전원에 접속하면 동작표시 LED와 전압표시 LED가 점멸합니다.

동작표시 LED는 송신기가 동작상태에 있으며, 신호가 흐르고 있다는 것을 나타냅니다. 또한 전압표시 LED는 접속한 회로의 전압(100V, 200V, 400V)을 표시합니다.

동작표시 LED가 점멸하고 있음에도 불구하고 전압표시 LED가 점멸하지 않는 경우에는 회로전압이 규정값 이하인 경우입니다.

사진 6에 신호(5kHz, 0.2A)의 파형을 나타냈습니다. 이 신호에 의한 자계를 수신기로 검출하여 탐사합니다.

또한 송신기의 동작전압은 직류·교류 모두 9~440V±10%입니다. 이 이상의 전압인가는 위험하므로 피해야 합니다.

또한, 전원접속용 클립 이외에 9V 전지

용 클립이 부속되어 있는데, 이것은 정전 상태에서의 탐사에 사용하는 것입니다. 충전상태에서는 사용할 수 없습니다.

② 수신기

사진 7은 수신기로, 끝부분에 자계검출용 코일이 들어 있어 신호에 의한 전계를 검출합니다.

사진 8은 수신기의 조작부입니다. 전원 스위치, 감도 변환 스위치, 모드 설정 스위치가 있습니다.

사진 9는 수신기의 판정용 LED로, 신호의 강도에 의해 LED 점등의 수가 변합니다.

수신기에는 전원 스위치를 끄지 않아 발생하는 전지의 소모를 방지하기 위해서 오토 파워오프 기능이 탑재되어 있습니다. 전원 스위치를 [ON]으로 한 후, 약 3분 만에 자동적으로 [OFF]가 됩니다. 탐사 중에 오토 파워오프 기능이 작동한 경우에는 일단 전원 스위치를 [OFF]로 한 후에 다시 [ON]으로 바꿉니다.

③ 클램프 센서

노이즈 등의 영향에 의하여 판정이 어려운 경우에는 클램프 센서를 이용합니다.

클램프 센서는 사진 10과 같이 수신기에 접속하여 사용합니다. 이렇게 하여 자계의 검출부는 수신기의 끝부분에서 클램프 센서부로 바뀝니다.

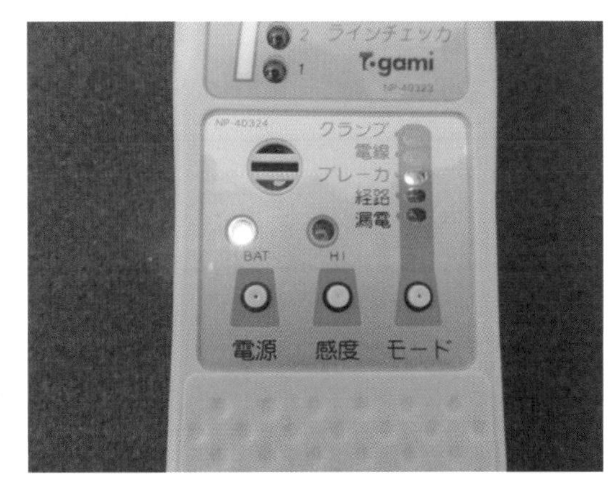

사진 8 수신기의 조작부

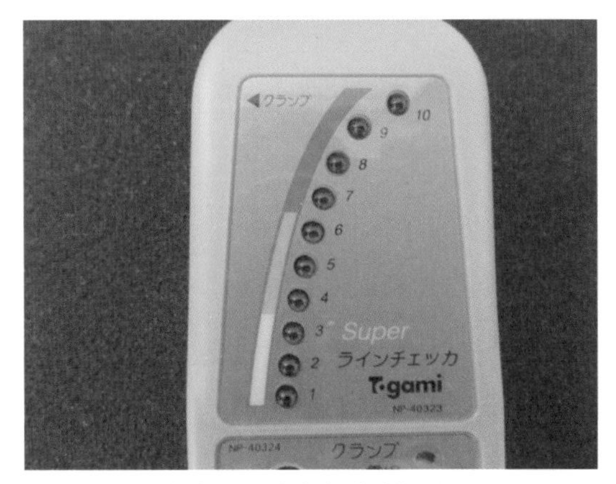

사진 9 수신기의 판정용 LED

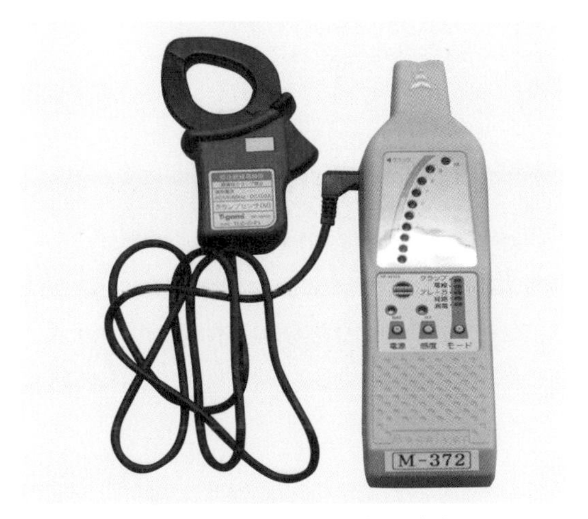

사진 10 클램프 센서와 수신기

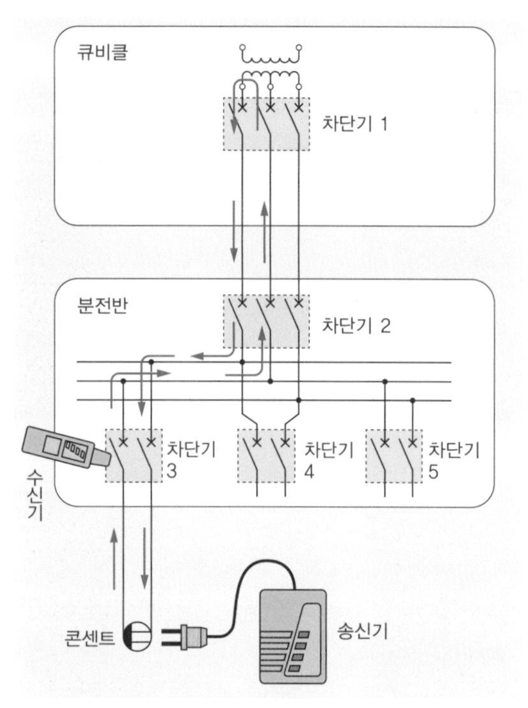

그림 3 콘센트로부터의 신호의 흐름

(4) 차단기 탐사

콘센트나 단자에 전원을 공급하고 있는 차단기를 탐사하는 방법입니다. 콘센트나 단자로부터 신호를 주입하면 배선을 경유하여 차단기에 신호가 도달합니다. 이 신호에 의하여 차단기로부터 자계가 발생하므로 이것을 검출합니다.

충전상태 또는 정전상태에서 모두 탐사할 수 있습니다. 정전상태에서 탐사하는 경우에는 별도 전원(9V 알칼리 건전지)이 필요합니다.

그림 3에 콘센트에 송신기를 접속했을 때의 신호의 흐름을 나타냈습니다.

또한, 송신기는 상에는 관계없으므로 임의의 상에 접속할 수 있습니다.

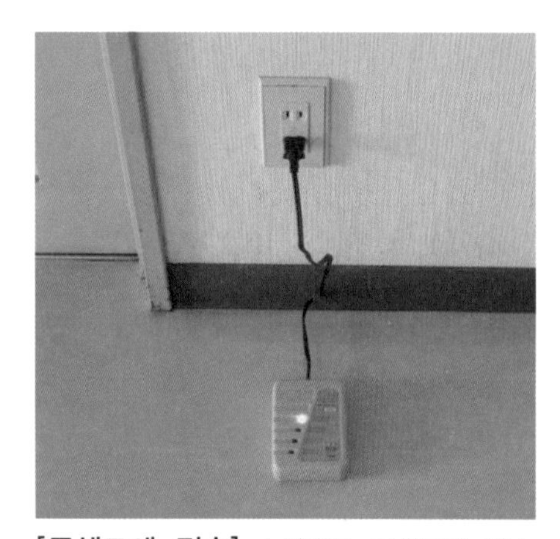

[콘센트에 접속] 송신기를 콘센트에 접속하는 경우는 콘센트용 플러그를 사용합니다. 단자부 등에 접속하는 경우는 클립이 달린 플러그를 사용합니다.

[분전반 탐사] 처음에 차단기가 수납되어 있는 분전반을 탐사합니다. 분전반의 문 사이에 수신기를 대고, 자계가 누설되고 있는 듯한 반응이 있다면, 문을 열어 탐사합니다.

[차단기 표면에서의 탐사] 분전반의 문을 열고, 수신기의 끝부분을 차단기에 직각으로 대고 탐사합니다. 판정용 LED가 가장 많이 점멸한 차단기가 해당하는 차단기입니다. 판정용 LED의 점멸과 동시에 부저도 울립니다.

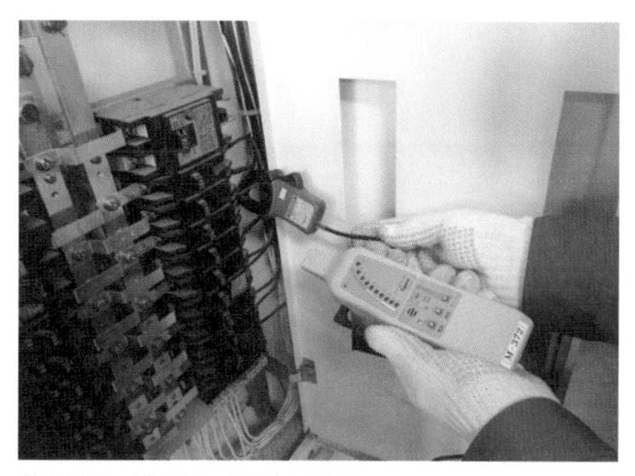

[클램프 센서에 의한 탐사] 해당하는 차단기 이외에도 수신기가 다소 반응하는 경우에는 클램프 센서를 사용하면 판정이 쉬워집니다.

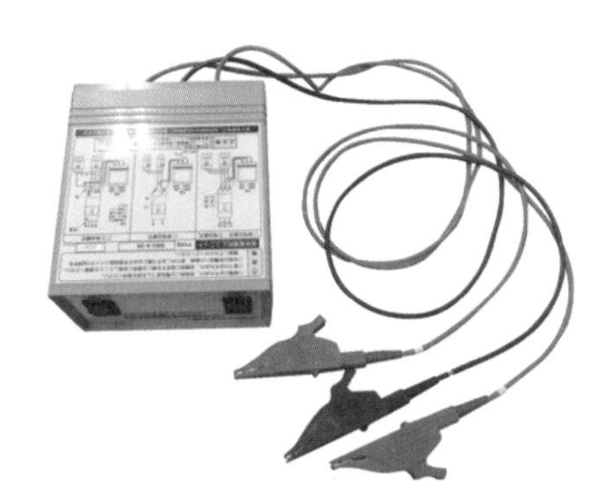

[신호누설 방지 유닛] 복수의 차단기에서 수신기가 거의 동일하게 반응하는 경우, 오반응 방지를 위해 사용합니다. 다만, 신호누설 방지 유닛으로부터 전원측에는 수신기가 반응하지 않으므로 탐사를 할 수 없습니다.

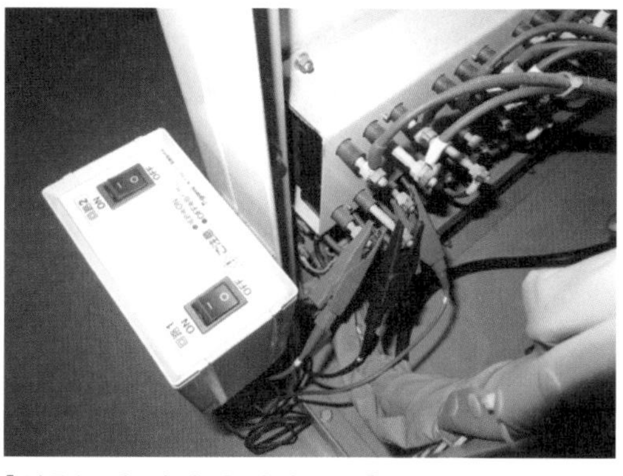

[신호누설 방지 유닛의 접속] 신호누설 방지 유닛의 접속 리드선의 클립을 주간 차단기와 분기 차단기 사이에 접속합니다. 이렇게 해서 다른 분기 차단기에서의 오반응을 방지할 수 있습니다.

[노이즈] 탐사회로에 노이즈가 있는 경우에는 판정용 LED가 점등해 있는 상태가 됩니다. 이 때 부저는 연속음이 됩니다(탐사신호는 삐삐 하는 단속음).
또한 점등수는 노이즈의 크기에 비례합니다.

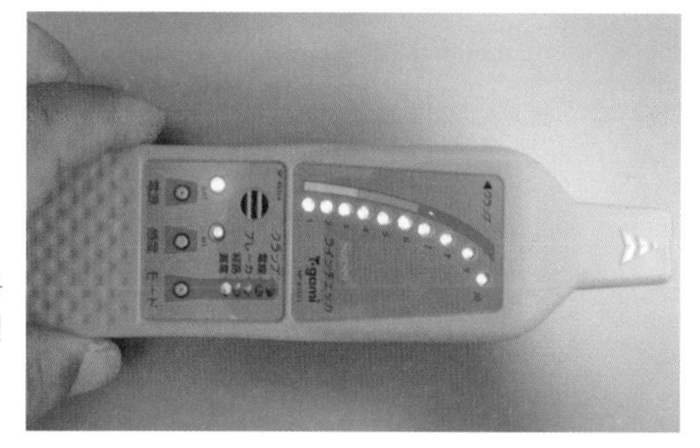

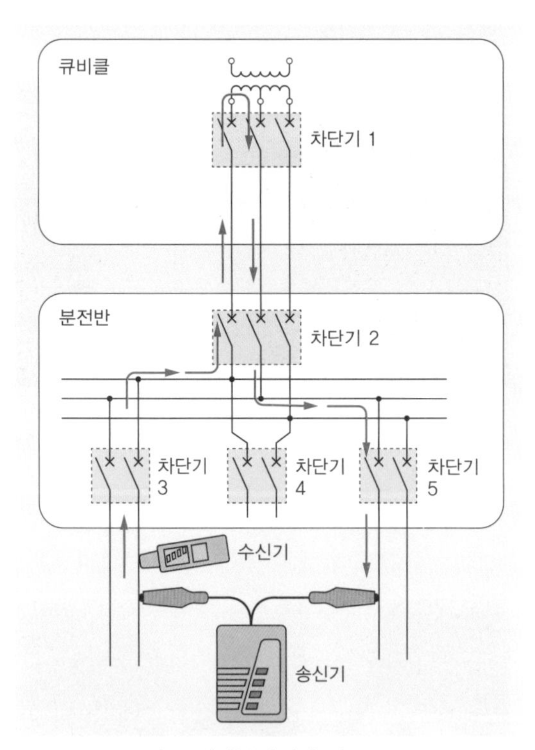

그림 4 케이블에서의 신호 흐름

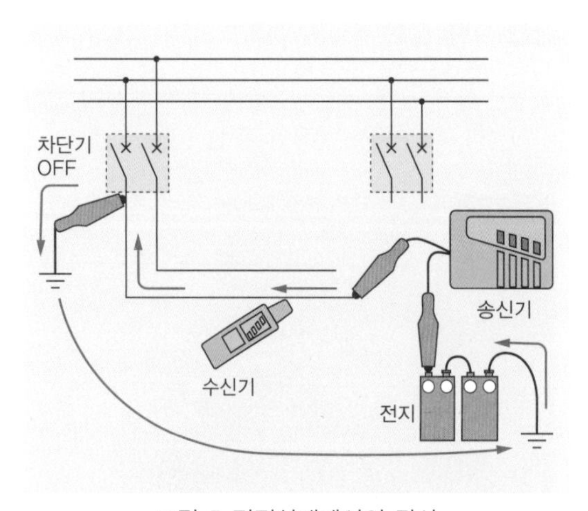

그림 5 정전상태에서의 탐사

(5) 케이블 탐사

케이블 탐사의 경우에는 같은 케이블 내에 왕복 신호가 흐르면 발생하는 자계가 소거되기 때문에 탐사할 수 없습니다. 이 때문에 그림 4와 같이 따로따로 케이블에 신호가 흐르도록 송신기에 접속합니다. 이 때 신호가 흐르는 경로에 누전 차단기가 있는 경우에는 동작할 우려가 있으므로 주의가 필요합니다.

또한 정전상태에서의 탐사에서는 송신기의 전원이 없어지므로, 그림 5와 같이 신호를 흘리기 위한 전원을 외부에 준비해 둘 필요가 있습니다(그림 5에서는 9V 건전지 2개 사용).

원리적으로는 도체에 발생하는 자계를 검출할 수 있으면 탐사할 수 있으므로, 그림 5와 같은 정전상태에서의 탐사에서는 지중 매설 케이블이나 배관 내의 케이블, 또는 벽 속의 케이블 등도 탐사할 수 있습니다. 다만, 탐사의 목적에 따라 탐사신호를 흘리는 회로를 고려할 필요가 있습니다.

또한 탐사의 응용으로서 누전 장소의 탐사도 가능합니다. 이 경우, 탐사 가능한 것은 전압상의 누전으로, 지락저항이 2kΩ 이하, 대지정전용량이 0.01μF 이하가 됩니다. 탐사신호(전원전압에 의한)는 차단기에서 주입된 누전지점에서 대지로 유출되어, 변압기의 B종 접지선으로 돌아갑니다. 누전지점 앞에는 탐사신호가 흐르지 않기 때문에 누전 부위를 검출할 수 있습니다.

[케이블 탐사] 수신기의 끝부분을 케이블의 표면에 접촉시켜 탐사합니다. 벽 속이나 지중 매설 케이블의 경우에는 수신기를 회전시키면서 탐사하여, 판정용 LED가 가장 많이 점멸하는 방향이 케이블 배선 방향입니다.

[수신기의 방향] 수신기의 끝부분에는 세로로 홈이 있으므로 배선방향에 맞춥니다. 이 때 가장 감도가 좋아집니다. 반대로 홈과 직각으로 하면 수신감도가 저하되어 수신기가 반응하지 않는 경우도 있습니다.

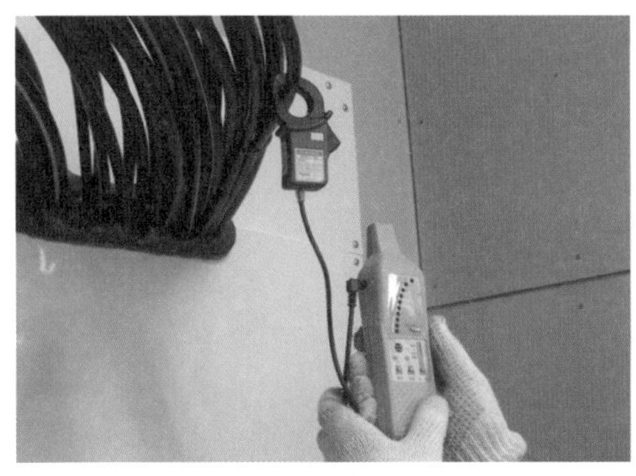

[클램프 센서에 의한 탐사] 복수의 케이블에서 수신기가 반응하는 경우에는 클램프 센서를 사용합니다. 다만, 클램프 센서는 저압용이므로 고압부에서는 사용할 수 없습니다.

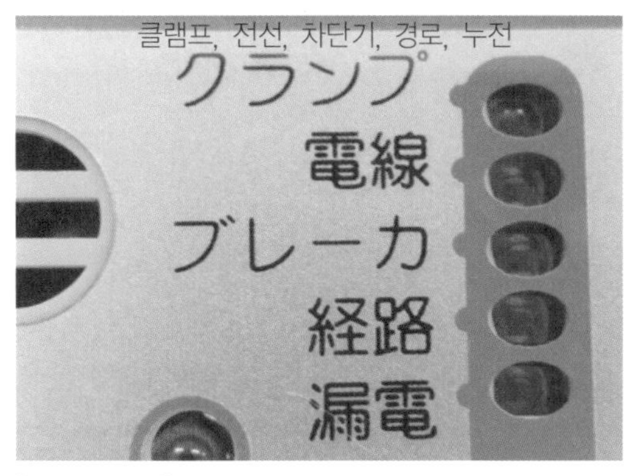

[모드 설정] 케이블을 탐사하는 경우, 탐사모드는 전선 또는 경로를 사용합니다. 다만, 클램프를 사용하는 경우는 클램프로 설정합니다.

[클램프 센서] 클램프 센서는 저압회로용이지만, 충전부에서의 사용은 위험합니다. 반드시 피복 부분을 클램프합니다.

2 매설 케이블 위치탐사

사진 1 매설 케이블 위치측정기

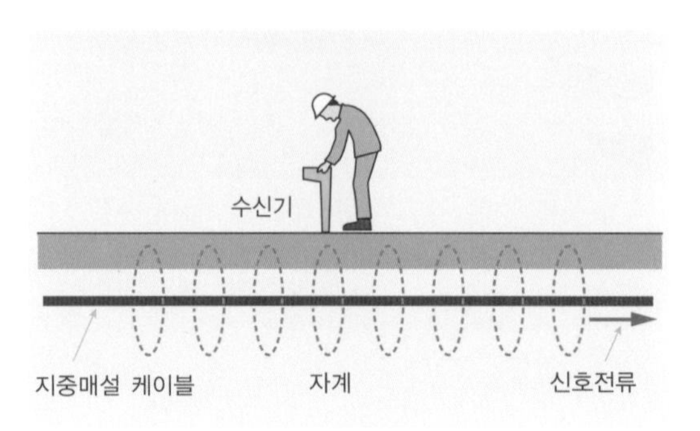

그림 1 측정원리

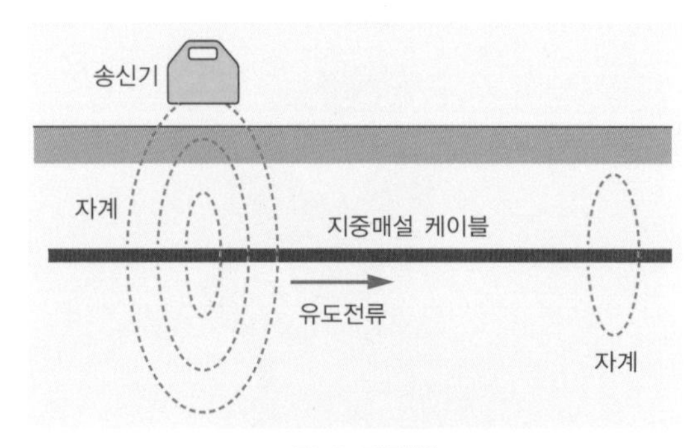

그림 2 간접법

(1) 탐사기

사진 1에 매설 케이블 위치측정기를 나타냈습니다. 왼쪽부터 송신기, 외부 코일, 수신기입니다.

측정원리는 케이블 탐사기와 동일하게 자계 방식입니다.

그림 1과 같이 지중 매설 케이블에 신호전류가 흐르고 있으면, 그 주위에 자계가 발생합니다. 이 자계를 수신기로 검지하여 지상에서 케이블의 매설위치와 매설 깊이를 측정합니다.

케이블에 신호를 주입하는 방법에는 간접법, 외부 코일법, 직접법이 있는데, 각각 장점과 단점이 있으므로 현장의 상황에 맞춰 선택합니다. 또한 측정주파수도 4종류가 있으므로, 측정 방식과 노이즈 환경에 따라 구분해 사용합니다.

① 간접법

송신기 본체에서 자계를 출력시키는 방법입니다. 이 자계는 그림 2와 같이 케이블과 교차하므로 케이블에는 유도전류가 발생합니다. 이 유도전류에 의하여 케이블 주위에 자계를 발생시키는 방법입니다. 송신기는 목적하는 케이블의 바로 위, 또는 그 부근에 설치하여 사용합니다. 작업성이 좋지만 정밀도가 낮으므로 대략적인 위치측정에 사용합니다.

사진 2는 외등의 전원 케이블을 탐사하고 있는 모습입니다. 케이블이 매설되어 있다고 생각되는 지면 위에 송신기를 매설 방향과 직각이 되도록 놓습니다. 이 때, 맨홀의 철뚜껑 등과 같은 금속부의 위는 피합니다. 또한 송신기로부터 나오는 자계가 측정에 영향을 미치기 때문에, 송신기와 수신기는 10m 이상 떨어뜨립니다.

사진 2 간접법

② 외부 코일법

그림 3과 같이 케이블의 지면노출부에 외부 코일을 설치하는 방법입니다. 맨홀이 있다면 맨홀 내에서 케이블에 설치합니다. 외부 코일에 의하여 케이블에 유도전류를 발생시키므로 신호의 강도가 크며 탐사 정밀도도 높아집니다.

사진 3은 큐비클 내에서 고압 케이블의 지면노출부에 외부 코일을 설치한 모습입니다.

외부 코일에서 나오는 자계가 측정에 영향을 미치므로 외부 코일과 수신기 사이의 거리는 5m 이상 떨어뜨립니다.

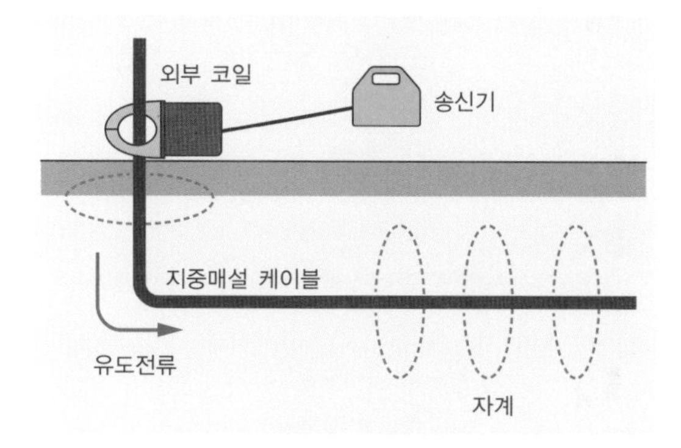

그림 3 외부 코일법

③ 직접법

클램프를 이용하여 송신기의 출력을 도체에 직접 가하는 방법입니다.

그림 4와 같이 송신기 2개의 클립 중 하나를 케이블 도체에 접속합니다. 다른 하나의 클립은 지면에 삽입한 접지봉에 접속합니다. 접지봉은 케이블의 매설방향과 직각방향으로, 가능하면 멀리 설치하면 정밀도가 높아집니다.

사진 3 외부 코일법

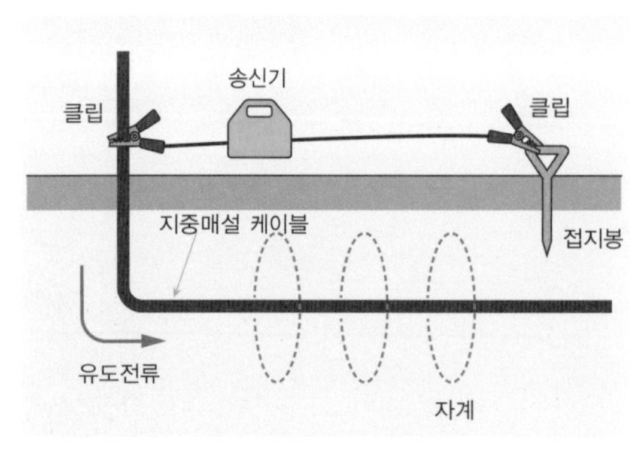

그림 4 직접법

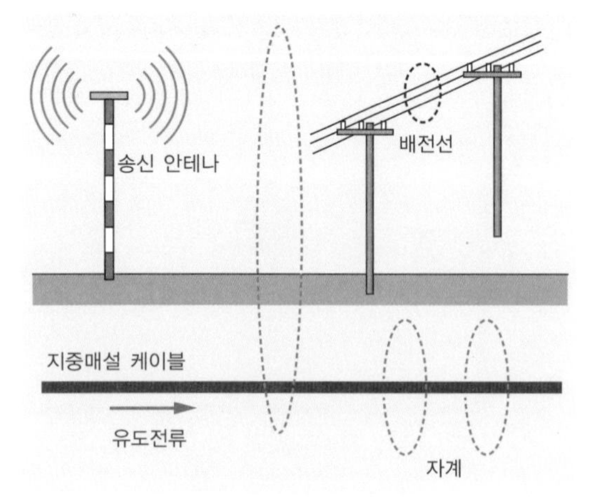

그림 5 공간전파의 이용

표 1 주파수와 신호주입 방법

주파수	간접법	외부 코일법	직접법	환경조건의 영향도	
				매설금속	외부 노이즈
80kHz	○	◎	◎	△ 영향을 받기 쉬움	△
38kHz	◎	◎	◎	△	○
9.5kHz	○	○	◎	○	◎
512Hz	×	×	○	◎	△

◎ : 가장 좋음, ○ : 좋음, △ : 적합하지 않음, × : 대응 불가

포장 등으로 지면이 노출되어 있지 않은 경우에는 맨홀의 뚜껑 등을 접지봉 대신 사용해도 좋습니다. 또한 금속관 등을 탐사하는 경우에는 클립을 금속관에 접속합니다.

또한 충전되어 있는 케이블에 직접 클립을 접속하는 것은 위험하므로 가능하면 정전상태에서 탐사합니다. 다만, 정전이 곤란해 어쩔 수 없을 경우에는 AC250V까지라면 탐사가 가능합니다.

④ 기타

간접법, 외부 코일법, 직접법 이외에 송신기를 사용하지 않고, 수신기만으로 측정하는 방법도 있습니다.

그림 5와 같이 대기 중에는 라디오파나 상용주파 등 다양한 자계가 존재하고 있어, 이 자계에 의해 케이블에는 미소한 유도전류가 흐릅니다. 이 유도전류에 의한 자계를 이용해서 탐사합니다. 수신기만을 사용하므로 조작이 간단하지만, 유도전류가 작기 때문에 정밀도도 낮아 간이적인 측정으로서 이용되고 있습니다.

이와 같이 케이블에 신호를 주입하기 위해서는 다양한 방법이 있습니다. 각각에는 장점과 단점이 있으므로 현장의 상황에 맞춰 최적의 방법을 선택합니다. 또한 신호 주파수도 다양하므로 용도에 맞춰 선택합니다.

주파수와 신호주입 방법의 조합을 표 1에 나타냈습니다.

(2) 탐사방법

지상의 수신기에서 자계를 검출하여 수신감도가 최대가 되는 장소가 케이블의 매설위치가 됩니다.

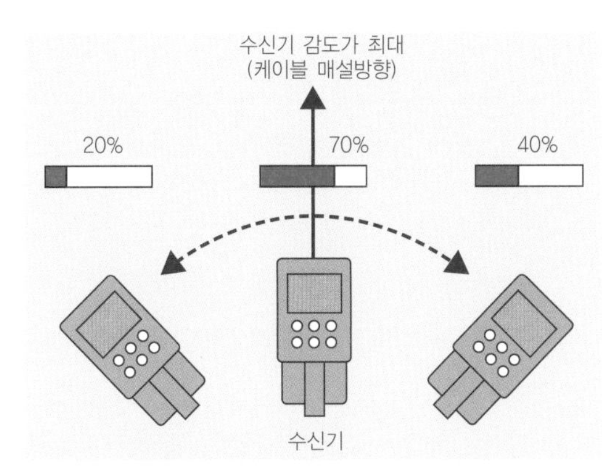

[케이블 매설방향의 확인] 수신기를 좌우로 움직여 수신감도가 최대가 되는 방향을 찾습니다. 수신감도가 최대가 되는 방향이 케이블의 매설방향입니다. 수신기는 항상 수평상태로 유지합니다. 수신기를 흔들면 정확한 측정이 되지 않습니다.

[매설위치의 탐사] 수신기를 좌우로 이동하여 수신감도가 최대가 되는 장소를 찾습니다. 수신감도가 최대가 되는 장소가 매설 케이블의 바로 위입니다. 이때, 수신기는 수평으로 유지한 채 이동합니다. 또한 감도가 100%를 넘는 경우에는 100% 이내가 되도록 수신기의 감도 스위치를 조정합니다.

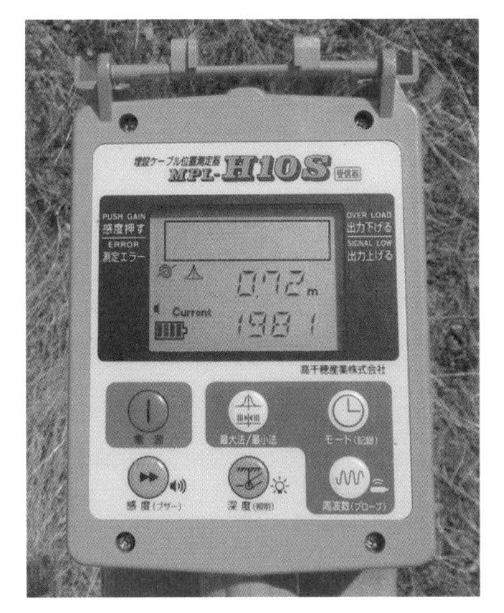

[매설깊이의 측정] 매설위치의 탐사에서 케이블의 위치를 확인할 수 있다면, 다음으로 매설깊이를 측정합니다. 매설 케이블 바로 위에서 수신기는 끝부분을 지면에 고정하여 수직 상태로 합니다. 이 상태에서 '심도' 버튼을 누르면 매설깊이가 표시됩니다. 이 측정 예에서는 0.72m를 표시하고 있습니다. 또한 매설깊이의 아래 숫자는 전류지수로, 신호전류의 크기를 나타내고 있습니다.

3 사고지점 탐사

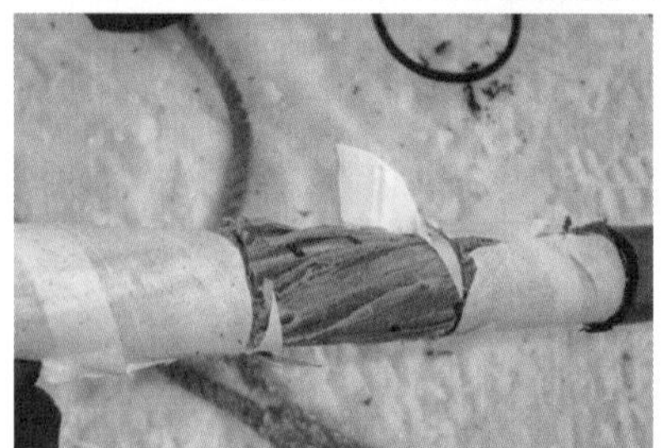

사진 1 사고 케이블

표 1 사고지점 탐사방법

종류	심사 방법	측정원리
선로상수를 측정하는 방법	머레이 루프법	도체저항을 브리지로 측정한다. 측정에는 건전 상이 필요하다.
	정전용량법	정전용량을 측정한다. 케이블 길이와 정전용량이 비례하는 것을 이용한다.
펄스를 사용하는 방법	펄스레이더법	단말부에서 주입한 펄스가 사고지점에서 반사하여 돌아오는 것을 검출한다.
	방전검출법	직류의 고전압을 고장 상에 가한다. 이렇게 해서 사고지점에서 발생하는 방전펄스를 검출한다.
기타 방법	탐침법	고장 상에 전압을 인가하여 사고지점의 누설전류에 의하여 대지표면에 발생하는 전위를 측정한다.
	전자파 측정법	사고지점에서의 방전에 의한 전자파를 지상에서 루프 안테나로 탐지한다.
	누전 탐사법	전로에 신호를 주입하고, 이것에 의해 발생하는 자계를 수신기로 검출한다.

(1) 탐사의 필요성

사진 1은 사고를 일으킨 케이블입니다. 이러한 상태에서는 케이블 부하측은 모두 정전됩니다.

정전은 업무에 중대한 영향을 미치기 때문에 사고지점을 빨리 발견해서 복구해야 합니다.

우선 사고지점을 발견할 필요가 있지만, 케이블은 기기와는 달리 넓은 범위에 포설되어 있습니다. 또한 모두 노출되어 있지 않고 은폐부나 매설부도 많아서 육안으로 사고지점을 찾아내는 것은 곤란합니다.

이럴 때에 사용하는 것이 사고지점 탐사기입니다. 이것을 사용하면 단시간에 정밀도가 높은 탐사가 가능해집니다.

(2) 탐사방법

사고지점 탐사에는 사고 상황에 따라서 각종 방법이 있습니다. 각각의 측정기를 단독 또는 복수의 측정기를 조합하여 사용합니다. 탐사방법을 크게 나누면,

- 도체저항이나 정전용량 등의 선로정수를 측정하는 방법
- 펄스를 사용하는 방법
- 기타 방법

이 있으며, 이 방법들을 분류하면 표 1과 같습니다.

(3) 머레이 루프법

① 측정원리

머레이 루프법에 의해 지락사고를 검출하는 것이 전력 브리지 측정기입니다. 원리는 화이트스톤 브리지를 사용한 저항측정회로입니다. 측정을 위해서 케이블에 전류를 흘리므로, 지락 상 이외에 건전 상 1상이 필요합니다. 그림 1과 같이 접속하여 검류계(G)의 흔들림이 0이 되도록 전력 브리지 측정기의 R_1을 조정합니다. 이때, 케이블의 단위길이당 도체저항을 r〔Ω/m〕으로 하면, 브리지의 평형조건으로부터

$$R_1(2l-x)r=R_2xr$$

이 됩니다. 이것을 변형하면,

$$R_1(2l-x)=R_2x$$

$$2lR_1-R_1x=R_2x$$

$$2lR_1=(R_1+R_2)x$$

이므로 사고지점까지의 거리 〔m〕는,

$$x=\frac{2lR_1}{R_1+R_2}\text{〔m〕}$$

이 됩니다.

또한 서로 다른 도체 사이즈의 케이블이 혼재하고 있는 선로의 경우, 그 중 1종류의 굵기로 환산하여 측정합니다.

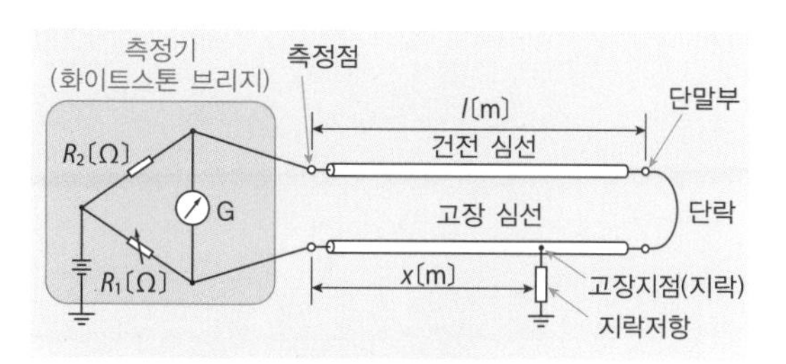

그림 1 측정원리

사진 2 전력 브리지의 외관

사진 3 검류계의 외관

② 측정기

사진 2가 전력 브리지(화이트스톤 브리지)입니다. 왼쪽이 측정부, 오른쪽이 전원부입니다. 이 전력 브리지에서 사용하는 검류계가 사진 3입니다.

또한 사진 4와 같은 디지털식 전력 브리지도 있습니다.

사진 4 전력 브리지(디지털식)

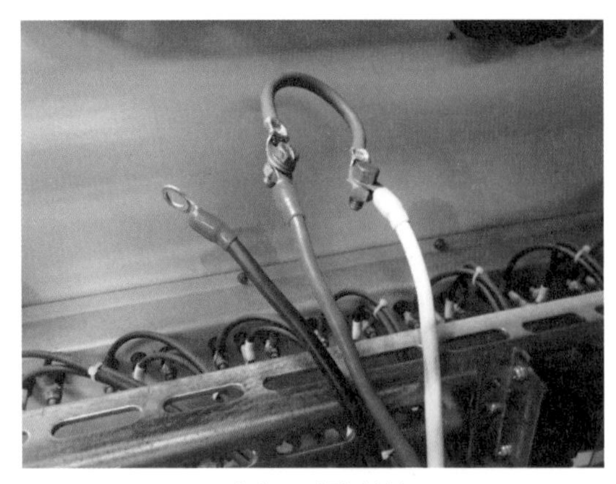

사진 5 단락 부분

사진 6 전압과 전류의 조정

③ 측정방법

전력 브리지의 측정부에 전원부, 검류계, 측정하는 케이블을 접속합니다. 머레이 루프법은 도체의 저항비로 거리를 구하므로 측정점이나 단말부의 접촉저항이 크면 오차가 커지게 됩니다.

사진 5는 케이블 반대측의 단말을 단락시킨 부분입니다.

접속이 끝나면 사진 6의 전원부의 전압 및 전류를 적절한 값으로 조정합니다. 측정에 필요한 직류전류는 50mA 정도인데, 안정되어 있을 필요가 있습니다. 지락저항이 불안정한 장소에서는 고전압을 인가하여 고장 지점을 탄화(지락저항을 작게 함)시키는 경우도 있습니다.

다음으로 측정부의 슬라이딩 저항의 다이얼(사진 7)을 조정하여 검류계의 바늘이 0이 될 때의 눈금을 읽으면 사고지점을 구할 수 있습니다.

사진 8에 측정상황을 나타냈습니다.

사진 7 다이얼 수신기

사진 8 측정상황

(4) 펄스 레이더법

① 측정원리

케이블에 펄스전압을 인가하면 특성 임피던스(서지 임피던스)가 고장 지점에서 변화하여 펄스가 반사됩니다. 그 반사 펄스를 오실로스코프로 관측하여 왕복전파 시간으로부터 고장 지점까지의 거리를 측정하는 것이 펄스레이더법입니다.

원리적으로는 특성 임피던스가 변화하는 장소라면 단락, 지락, 단선 등 다양한 사고의 검출에 사용할 수 있습니다.

특성 임피던스 Z_1의 케이블에서 Z_2의 고장지점에 진행파가 도달했을 때 발생하는 반사파의 크기 e_r은, 진행파를 e_p라고 하면,

$$e_r = \frac{Z_2 - Z_1}{Z_1 + Z_2} e_p$$

가 됩니다.

이 때문에 케이블의 특성 임피던스보다도 고장 지점의 특성 임피던스가 크면 정극성의 반사파가, 작으면 부극성의 반대파가 발생합니다. 그림 2에 대표적인 반사 펄스의 예를 타나냈습니다.

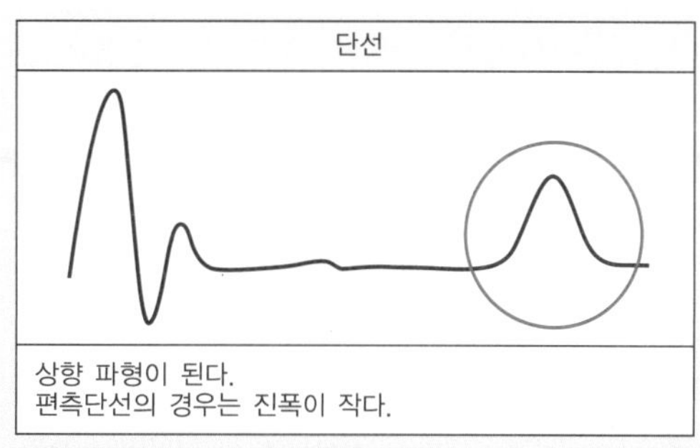

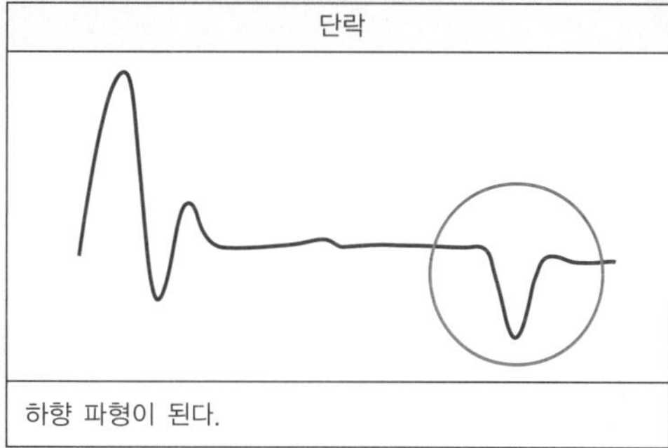

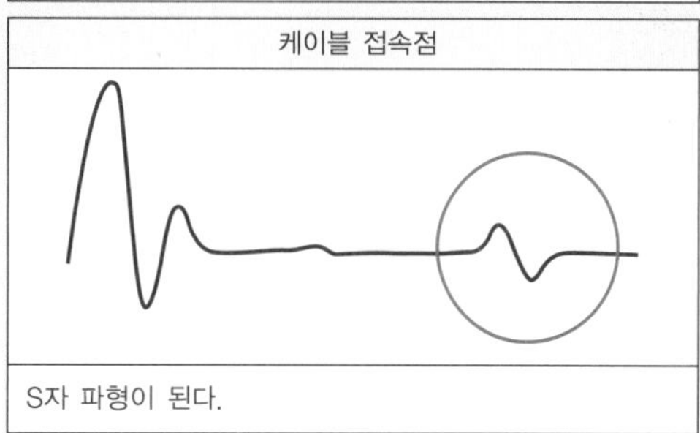

그림 2 반사펄스의 예

② 측정기

펄스식 측정기는 펄스레이더 또는 TDR (Time Domain Reflectometer)이라고도 합니다.

사진 9에 펄스식 측정기를 나타냈습니다.

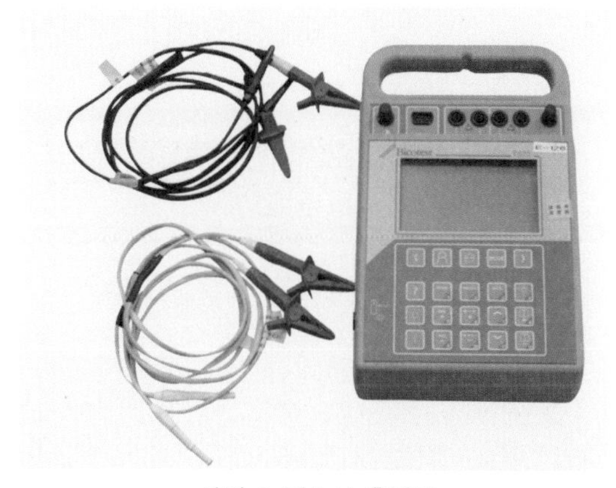

사진 9 펄스식 측정기

③ 측정방법

측정 리드선의 클립을 측정하는 케이블에 접속합니다. 케이블의 종류(절연피복의

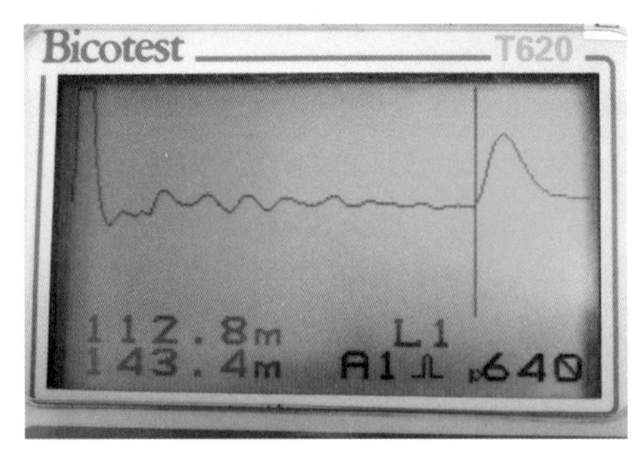

사진 10 측정 예(1)

유전율)에 따라 펄스의 전파속도가 달라지므로 전파속도율(진공 중의 전파속도와의 비율)을 설정합니다.

$$\text{전파속도율} = \frac{1}{\sqrt{\varepsilon\mu}} \fallingdotseq \frac{1}{\sqrt{\varepsilon}}$$

이 됩니다(여기서, ε : 절연피복의 비유전율, μ : 도체의 비투자율).

길이를 알고 있는 케이블이라면 역산하여 전파속도율을 구할 수도 있습니다.

사진 10의 측정 예(1)은 112.8m 지점에서 단선되어 있습니다.

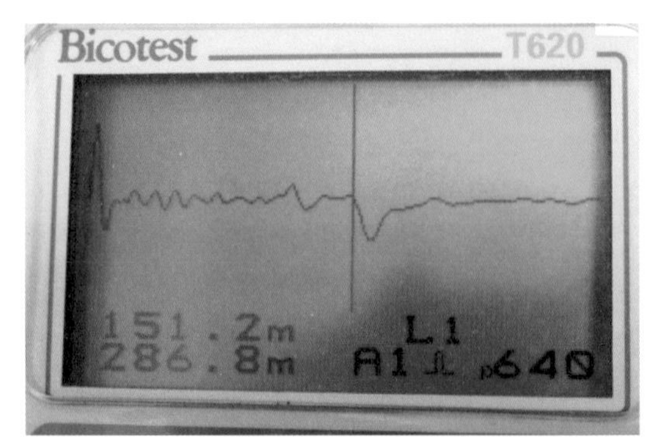

사진 11 측정 예(2)

사진 11의 측정 예(2)는 151.2m의 지점에서 단락되어 있습니다. 또한 단락점의 바로 앞 30m 지점에 케이블의 접속 부위도 있습니다. 두 측정 예에서 최초의 커다란 파형은 송신펄스입니다.

사진 12에 펄스식 측정기의 측정 모드를 나타냈습니다.

모드 1 : 측정 채널 L1을 사용

모드 2 : 측정 채널 L2를 사용

모드 3 : L1, L2를 동시에 사용(2가닥의 케이블을 비교하는 경우)

모드 4 : L1, L2를 동시에 사용(모드 3과 같지만, 차분을 표시)

모드 5 : L1, L2를 동시에 사용(L1, L2를 크로스하여 표시)

모드 6 : 메모리한 파형을 표시

모드 7 : L1의 측정파형과 메모리 파형을 표시

모드 8 : L2의 측정파형과 메모리 파형을 표시

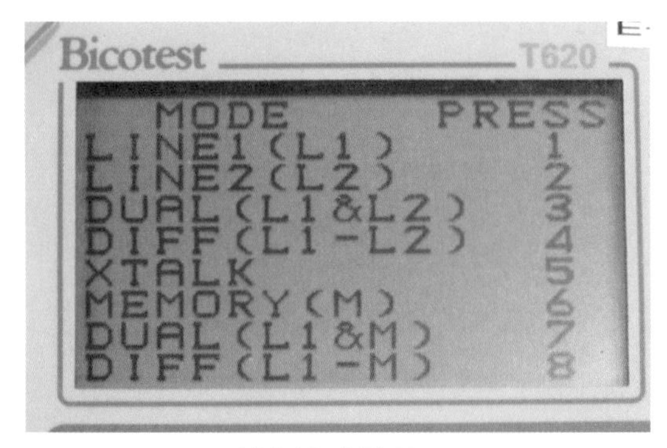

사진 12 측정 모드

(5) 누전 탐사법

① 측정기

사진 13에 누전탐사기를 나타냈습니다. 왼쪽부터 주입 트랜스, 송신기, 수신기, 탐사봉입니다. 송신기와 주입 트랜스를 사용하여 전로에 4.2kHz, 1.2V의 신호를 주입합니다. 이 주입신호에 의하여 발생하는 자계를 수신기로 검출하여 탐사합니다. 전로가 충전, 또는 정전 중 어느 한 상태에 있어도 측정할 수 있습니다.

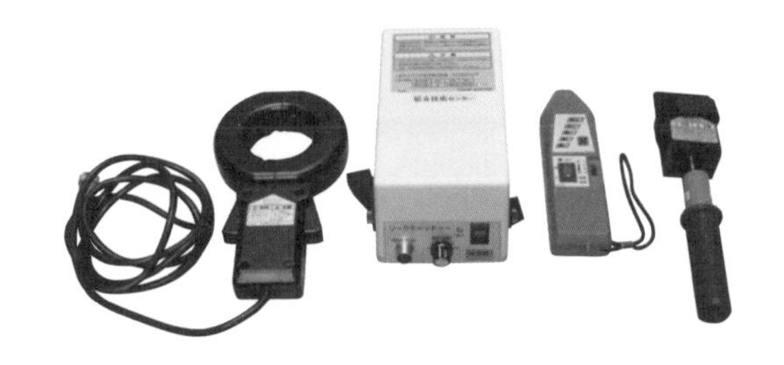
사진 13 누전 탐사기

② 측정방법

우선 주입 트랜스를 설치하는데, 클램프식이므로 설치가 간단합니다.

누전계통이 불명확한 경우는 사진 14와 같이 변전기의 B종 접지선에 설치합니다. 누전계통을 알고 있는 경우에는 사진 15와 같이 그 계통의 케이블에 설치합니다. 이 경우 3선 일괄로 끼웁니다.

사진 14 변압기의 B종 접지선에 설치

주입한 신호는 사고지점에서 누전되며, 변압기의 B종 접지선으로 돌아갑니다. 탐사는 수신기에서 누전되고 있는 케이블을 찾아가는데, 사고지점 이후에는 수신기가 반응을 하지 않으므로 장소를 특정할 수 있습니다.

탐사가 가능한 지락저항은 3kΩ 이하입니다. 이 값은 100V 회로로 말하면 약 30mA 이상 누전한 것에 해당합니다.

사진 16은 케이블 피트에서 누전지점을 탐사하고 있는 모습입니다. 케이블이 높은 곳이나 멀리 있어서 수신기가 닿지 않는 경우에는 사진 17과 같은 탐사봉(길이는

사진 15 케이블에 설치

사진 16 케이블 피트에서의 탐사상황

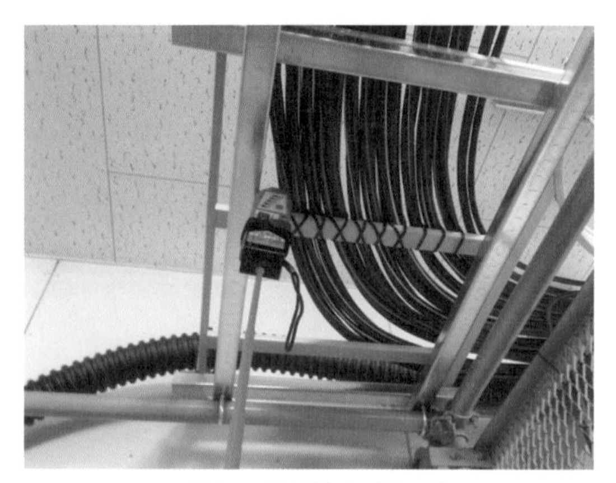

사진 17 탐사봉의 사용 예

최대 1.1m)에 수신기를 부착하여 사용합니다.

송신기의 사용전압범위는 AC600V 이하이므로 이 이하의 회로에서 사용하며, 사용 전에는 반드시 내장전지(소형 실 납 축전지)를 충전합니다.

탐사신호보다 큰 노이즈나 전파 등이 있는 경우, 대전류에 의한 강자계가 발생하고 있는 장소 등에서는 탐사를 할 수 없는 경우도 있습니다. 이러한 장소는 수신기에 판정램프가 불규칙하게 점등합니다. 한편, 탐사신호의 경우에는 판정램프와 부저가 규칙적으로 점멸(약 3회/초)합니다.

또한 원리 상 대지정전용량이 큰 전로나 노이즈 필터가 설치된 회로에서는 오반응하는 경우도 있습니다.

탐사방향은 수신기 끝부분의 요철이 전선과 평행하게 되도록 향합니다. 전선과 직각이 되면 반응하지 않습니다.

사고지점 탐사

사고지점의 탐사방법 중에서도 펄스레이더법(TDR)은 대부분의 사고에 대응할 수 있고 측정도 용이하지만, 측정 정밀도를 향상시키기 위해서는 정확한 전파속도를 입력해야 합니다. 이것은 케이블의 종류에 따라 재질이 달라지므로 펄스의 전파속도가 달라지기 때문입니다.

전파속도란 신호가 케이블을 송전하는 속도를 말하며, 통상은 진공 중에서의 빛의 속도와의 비율로 나타냅니다. 예를 들어, 전파속도율이 0.75인 케이블에서는 광속의 75%의 속도로, 전파속도가 0.5일 때는 광속의 50%의 속도로 신호가 전송됩니다. 전파속도는 케이블 피복의 재질에 따라 달라지는데, 도체 재료에는 거의 영향을 받지 않습니다.

사고지점 탐사에서 오판정을 피하기 위해서는 측정에 앞서 각 선 간, 대지 간의 절연저항을 측정하고 테스터로 도통시험을 하여 사고의 상황을 잘 파악해 두는 것이 중요합니다. 또한, 측정원리가 서로 다른 복수의 측정방법을 조합해서 탐사하는 것도 효과적입니다.

환경·에너지 절약 측정

조도, 소음, 진동 등은 각각 시각, 청각, 촉각 등 사람의 감각에 의존합니다. 그러나 사람의 감각은 물리량과 동일하지 않으며, 주파수에 의해 감도가 달라집니다. 이 때문에 주파수에 따라 보정이 필요합니다. 또한 공해 때문에 실시하는 측정일 경우 법적인 규제도 있습니다.

한편, 에너지 절약을 위한 측정일 경우 유체나 기체 또는 기계류에 관한 지식도 필요합니다.

이렇게 환경·에너지 절약 측정에서는 전기 이외의 기술이 관련됩니다. 또한 측정 대상도 다양합니다.

최근에는 환경에 관한 측정과 에너지 절약을 위한 측정 기회가 증가하고 있습니다. 측정기에 관한 지식과 함께 측정 대상에 관한 폭넓은 지식을 습득하는 것이 정확하고 정밀도 높은 측정으로 이어집니다.

1 환경 · 에너지 절약 측정

사진 1 디젤 발전기

사진 2 빌딩의 실내환경

사진 3 고압수전설비

(1) 측정의 필요성

최근에는 순환형 사회라는 말을 자주 사용하게 되었습니다. 이것은 지속 가능성을 유지하면서 자원이나 에너지 등을 이용하는 사회를 가리키는 말로, 자원 절약, 에너지 절약, 무배출, 3R 등 다양한 형태가 있습니다.

또한 공기의 오염이나 소음·진동 등의 환경문제도 발생하고 있습니다. 이 때문에 환경이나 에너지 절약에 관한 측정의 필요성이 높아지고 있습니다.

예를 들어 사진 1은 비상용의 디젤 발전기로, 운전 시에는 환경에 영향을 미치기 때문에 소음이나 진동의 측정 또는 배기가스의 측정이 필요해 집니다.

또한 사진 2는 일반적인 사무실로, 건축물에 있어 위생적 환경의 확보에 관한 법률(이하, 빌딩관리법이라고 함)에서 정해진 실내환경을 유지하고 있는지 아닌지 정기적으로 측정해야 합니다. 일산화탄소나 이산화탄소, 또는 온도나 습도 등의 측정입니다.

사진 3은 고압수전설비로, 전력의 에너지 절약을 위해서는 전압이나 전류, 전력 등의 측정이 필요해집니다. 또한 연료 등의 절약 면에서 유량의 측정도 필요합니다.

(2) 특정 계량기

특정 계량기란 계량법이 정한 측정기입니다. 계량법에서는 거래 또는 증명에 사용되는 계량기 중 특히 적정한 계량이 필요한 것을 특정 계량기로 지정하고 있습니다. 또한 이 경우의 거래·증명은 유상인지 무상인지는 관계 없습니다.

현재 특정 계량기는 표 1과 같이 18품목이 있습니다. 특정 계량기(사진 4)는 검정에 합격한 것으로, 검정증인이 있는 것이 아니면 사용할 수 없습니다.

또한 특정 유효기한이 있는 것도 있습니다. 이렇게 통상의 측정기와 취급방법이 다르므로 주의가 필요합니다.

환경·에너지 절약에서 사용하는 측정기 중 특정 계량기에 해당하는 것은 진동계, 소음계, 조도계 등이 있습니다. 이 측정기들을 사용하여 업무를 하는 경우에는 검정품을 사용해야 합니다.

사진 5는 소금계의 검정증인의 예입니다. 소음계의 경우 유효기한이 5년까지 이므로 5년마다 검정을 받아야 합니다.

또한 진동계의 유효기한은 6년, 조도계의 유효기한은 2년입니다.

다만, 거래 증명과는 관계없이 사내의 실험이나 연구, 참고로서 측정하는 것에서는 무검정이라도 사용할 수 있습니다.

표 1 특정 검정계

1	택시 미터
2	질량계
3	온도계
4	피혁 면적계
5	체적계
6	유속계
7	밀도 부표
8	아네로이드형 압력계
9	유량계
10	적산열량계
11	최대수요 전력계
12	전력량계
13	무효 전력량계
14	조도계
15	소음계
16	진동레벨계
17	농도계
18	부표형 비중계

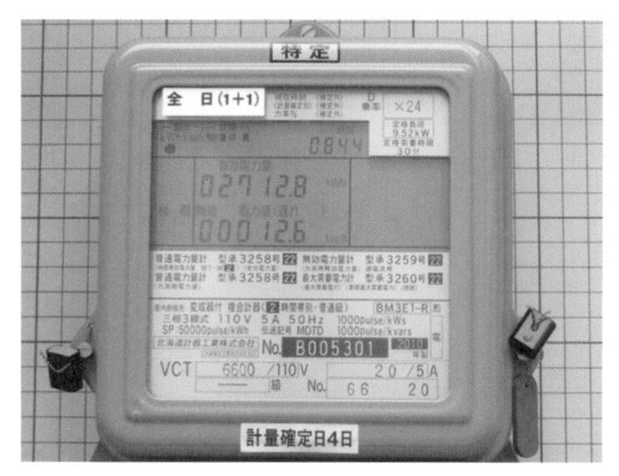

사진 4 전력량계(특정 계량기)

사진 5 검정증인

2 조도계

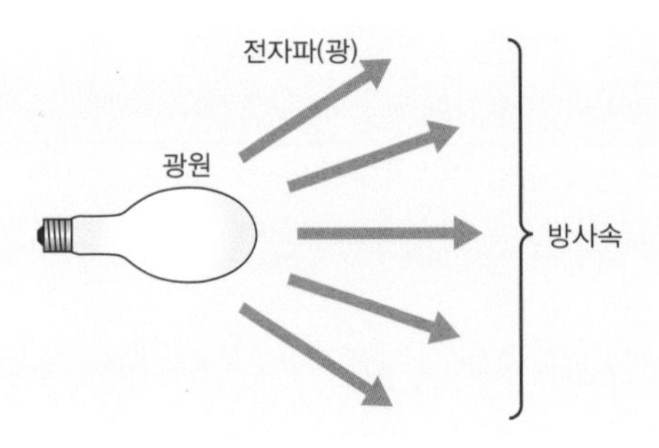

그림 1 방사속

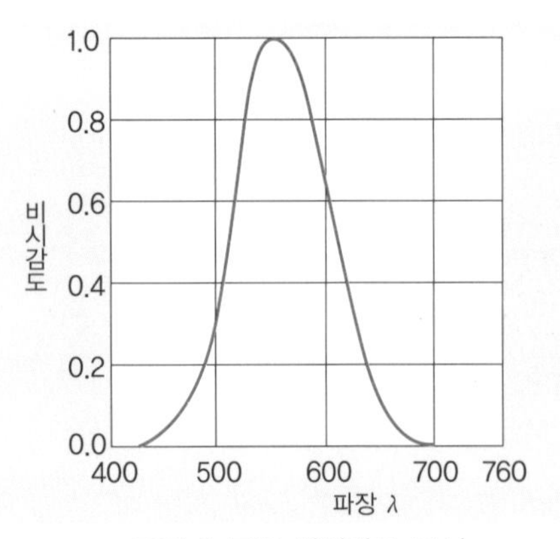

그림 2 표준 비시감도 곡선

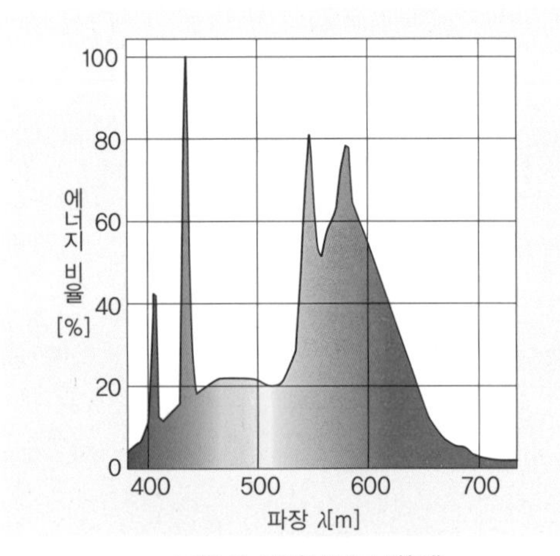

그림 3 분광분포곡선(예)

(1) 조도란

① 방사속

광원으로부터 전자파(광)로서 방출되는 에너지를 방사라고 합니다.

그림 1과 같이 단위시간에 임의의 면을 통과하는 방사에너지를 방사속이라고 합니다. 방사속은 전자파를 에너지(물리량)로서 취급하므로, 사람의 눈에는 어떻게 보이는지는 고려하고 있지 않습니다. 사람의 눈이 느끼는 광에 대한 감도는 파장에 따라 달라지기 때문입니다.

그림 2는 CIE(국제조명위원회)에서 합의된 표준 비시감도 곡선입니다. 명소시에서는 파장 555nm가 최대 시감도이므로 이것을 기준으로 각 파장의 상대값을 나타낸 것입니다.

따라서 같은 크기의 방사속이라 하더라도 비시감도가 큰 파장이 더 밝게 느껴지게 됩니다. 반대로 적외선이나 자외선은 아무리 큰 에너지를 갖고 있어도 사람의 눈에는 보이지 않습니다. 그림 3에 래피드 스타트형 형광등의 분광분포곡선을 나타냈습니다. 이것은 파장마다 방사에너지(방사속)의 크기를 나타낸 것으로, 광원의 종류에 따라 모양이 달라집니다.

② 광속

광속은 방사속을 CIE의 표준 비시감도

로 평가한 값입니다. 즉, 사람의 눈의 감도를 고려한 값이며, 실제의 밝기 감각에 가까운 것입니다. 조명계산에는 광속을 사용합니다. 단위는 lm(루멘)으로 표시합니다.

표 1에 각종 광원의 광속의 예를 나타냈습니다.

③ 조도

조도는 단위면적당 입사광속으로 구할 수 있습니다.

즉, 조도 E는

$$E=\frac{\phi}{S}\text{〔lx〕}$$

이 됩니다.

단, ϕ : 광속〔lm〕, S : 면적〔m^2〕입니다.

조도는 비춰지는 면의 밝기를 표현한 것입니다. 단위는 lx(룩스)로 표시합니다.

그림 4에 조도의 이미지를 나타냈는데, 광원으로부터 멀어짐에 따라 단위면적당 입사하는 광속의 양이 작아진다는 것을 알 수 있습니다.

거리가 2배가 되면 면적이 4배가 되므로 조도는 1/4이 됩니다. 이것을 '조도의 역제곱의 법칙'이라고 합니다.

일반적으로 조도는 수평면 조도를 가리키는데, 그림 5와 같이 수평면 조도 이외에도 수직면 조도나 법선 조도가 있습니다.

표 2에 각종 조도의 예를 나타냈습니다. 태양의 조도가 매우 큼을 알 수 있습니다.

표 1 각종 광원의 광속(예)

광원	광속〔lm〕
태양	3.6×10^{28}
백열등 100W	1,520
전구형 LED 램프 14.3W(100W 형)	1,520
형광램프 40W(래피드 스타트형)	2,700
형광램프 32W(Hf 형)	4,950
수은램프 400W	20,200
메탈할라이드 램프 400W	38,000

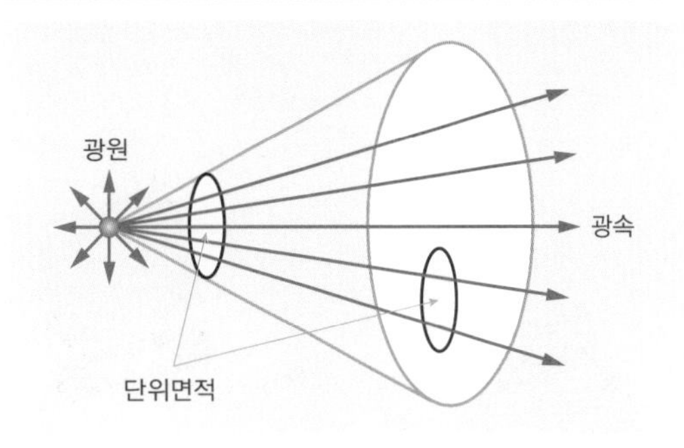

그림 4 조도

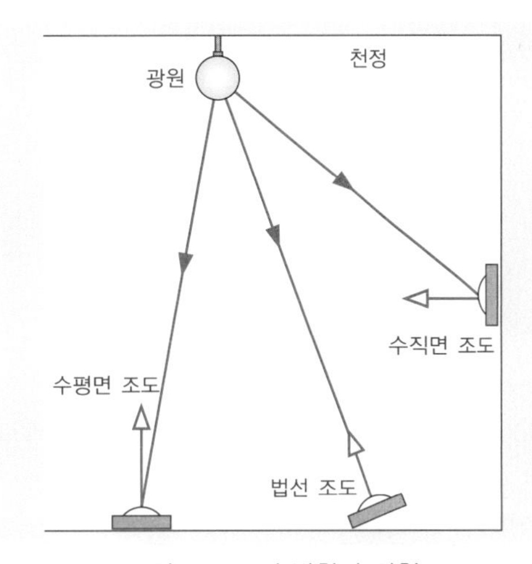

그림 5 조도의 방향과 명칭

표 2 조도의 예

광원 또는 장소	조도〔lx〕
태양	약 10만
약간 흐림	3~7만
잔뜩 흐림	1~3만
그늘	1~2만
보름달이 뜬 밤	약 0.2
별빛	약 0.0003
사무실	500~1000

표 3 조도계의 종류와 용도

종류	주요 용도
일반형 정밀급 조도계	정밀측광, 광학실험 등의 연구실 레벨에서 요구되는 고정밀도 조도 측정에 사용
일반형 AA급 조도계	표준·규격의 적합성 평가 등에 있어서 조도값의 신뢰성이 요구되는 조명에서의 조도측정에 사용
일반형 A급 조도계	실용적인 조도값이 요구되는 조도측정에 사용
특수형 조도 측정기	측정 시스템의 일부인 것과 같은 조도 측정기(측광기), LED 등의 특수 관원을 측정하는 조도 측정기 등 측정의 성능항목에 특화되어 일반형 조도계와는 구별되는 조도 측정기

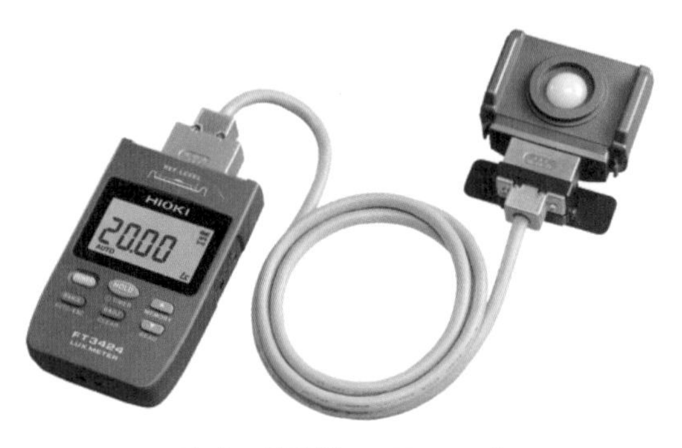

사진 1 일반형 AA급 조도계

(2) 조도계

① 규격

조도계의 규격으로 JIS C 1609-1-2006이 있습니다. 이에 따르면 조도계에는 그 성능과 용도에 따라 4종류로 분류할 수 있습니다(표 3).

② 종류

조도계에는 아날로그식과 디지털식이 있습니다. 현재는 대부분이 디지털식입니다. 수광소자에는 실리콘 포토다이오드가 사용되고 있습니다.

③ 사양

사진 1은 일반형 AA급 조도계입니다. 이 조도계는 수광부와 본체를 분리하여 측정할 수 있는 타입입니다.

이 조도계의 주요 사양을 표 4에 나타냈습니다.

표 4 일반형 AA급 조도계의 사양

<table>
<tr><td>등급</td><td colspan="3">JIS C 1609-1-2006 일반형 AA급</td></tr>
<tr><td>수광소자</td><td colspan="3">실리콘 포토다이오드</td></tr>
<tr><td>표시</td><td colspan="3">표시기 : 액정표시 4자릿수
유효 표시자릿수 : 2000 카운트
표시단위 : lx(룩스)
표시갱신율 : 500ms±20ms</td></tr>
<tr><td rowspan="6">측정범위 구성</td><td>범위</td><td>측정범위</td><td>표시 스텝</td></tr>
<tr><td>20lx</td><td>0.00lx~ 20.00lx</td><td rowspan="3">1카운트 스텝</td></tr>
<tr><td>200lx</td><td>0.0lx~ 200.0lx</td></tr>
<tr><td>2000lx</td><td>0lx~ 2,000lx</td></tr>
<tr><td>20000lx</td><td>00lx~ $2{,}000_{0}$lx</td><td>10카운트 스텝</td></tr>
<tr><td>200000lx</td><td>000lx~ $2{,}000_{00}$lx</td><td>100카운트 스텝</td></tr>
<tr><td>측정범위 변환</td><td colspan="3">자동/수동</td></tr>
<tr><td>직선성</td><td colspan="3">±2% rdg.(3000lx를 넘는 표시값에 대해서는 1.5배)
(범위의 1/3 미만의 표시값에 대해서는 ±1dgt. 가산)</td></tr>
<tr><td>응답시간</td><td colspan="3">자동범위: 5초 이내 수동범위: 2초 이내</td></tr>
<tr><td>전원</td><td colspan="3">AA형 알칼리 건전지(LR6)×2개</td></tr>
<tr><td>연속 사용시간</td><td colspan="3">약 40시간(AA형 알칼리 건전지 사용 시)</td></tr>
<tr><td>오토 파워오프</td><td colspan="3">최종 키조작 후로부터 10분±1분 후에 전원 OFF(해제 가능)</td></tr>
<tr><td>크기·무게</td><td colspan="3">약 78W×170H×39D〔mm〕 약 300g(전지 포함)</td></tr>
</table>

(3) 측정방법

① 측정목적

- 조도가 정해진 규격 또는 기준에 적합한지를 확인하기 위해서.
- 조도가 설계조건에 적합한지를 확인하기 위해서.
- 시간의 경과에 따른 조도 변화를 구하여 조명의 보수·개선에 필요한 데이터를 얻기 위해서.
- 각 시설의 조도를 비교하기 위해서.

② 측정 시 주의사항

- 원칙적으로 측정 시작 전에 전구는 5분 간, 방전등은 40분 간 점등해 둡니다.
- 측정자의 그림자나 옷에 의한 반사가 측정에 영향을 주지 않도록 주의합니다.
- 측정대상 이외의 외광의 영향(주광 등)이 있는 경우에는 필요에 따라서 그 영향을 제외합니다.

③ 측정점을 정하는 방법

- 특별한 이유가 없으면 수평면 조도를 측정합니다.
- 측정면의 높이는 특별히 지정하지 않는 경우에는 바닥 위 80±5cm 이내, 화실(일본식 다다미방)의 경우는 다다미 위 40±5cm 이내, 복도·실외인 경우에는 바닥면 또는 지면 위 15cm 이하로 합니다. 다만, 실내에 책상·작업대 등의 작업대상면이 있는 경우에는 그 윗면 또는 윗면에서 5cm 이내의 가상면으로 합니다(그림 6).

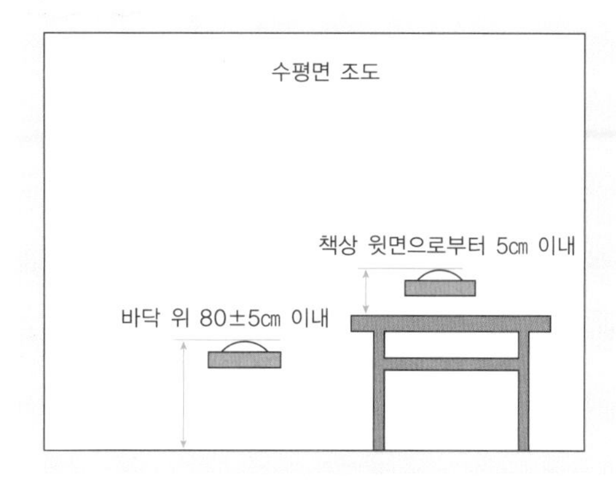

그림 6 측정위치

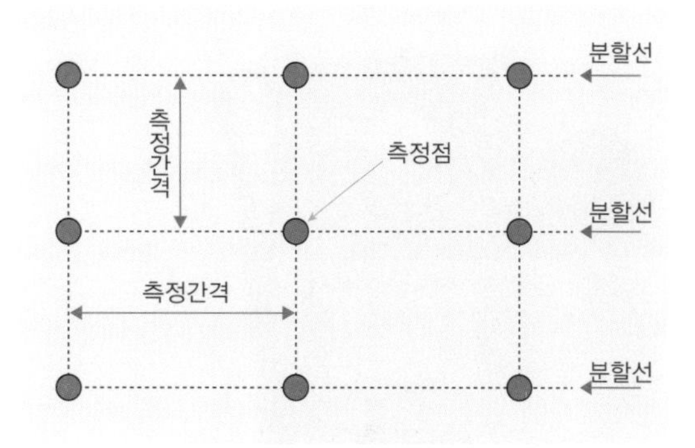

그림 7 측정점

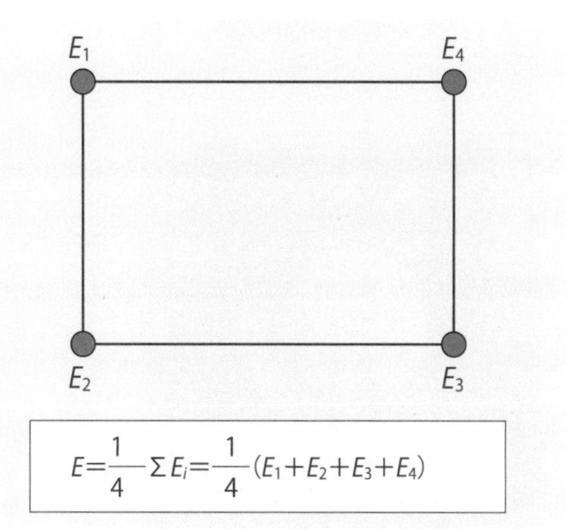

$$E=\frac{1}{4}\Sigma E_i=\frac{1}{4}(E_1+E_2+E_3+E_4)$$

그림 8 4점법에 의한 평균조도의 산출법

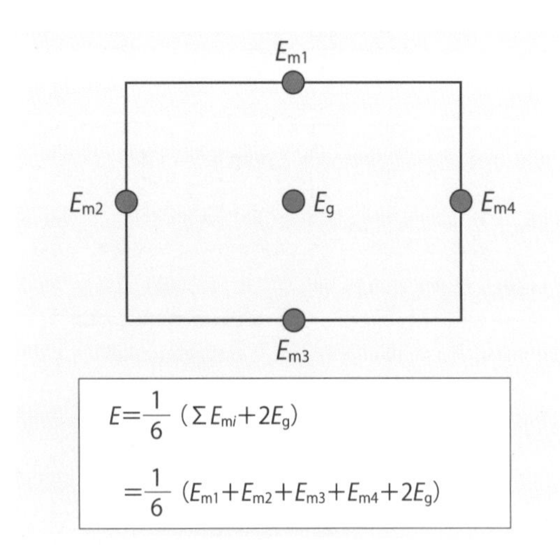

$$E=\frac{1}{6}\,(\Sigma E_{mi}+2E_g)$$

$$=\frac{1}{6}\,(E_{m1}+E_{m2}+E_{m3}+E_{m4}+2E_g)$$

그림 9 5점법에 의한 평균조도 산출법

사진 2 일반형 AA급 조도계

사진 3 수광부

- 지정이 있는 경우에는 그것에 따라 측정점의 위치를 정합니다. 지정이 없는 경우는 조명시설의 사용목적에 따라 당사자끼리 측정영역을 정하여 정해진 영역에 빠짐없이 측정점을 배치하도록 결정합니다.

  측정점의 배치는 원칙적으로 측정영역을 동등한 크기의 면적으로 분할하여, 그림 7과 같이 분할선의 교점에 1점씩, 전체 10~50점이 되도록 결정합니다.

④ 평균 조도의 산출

- 측정범위의 평균조도는 단위구역마다 평균조도를 구하여 그 상가 평균값을 전측정 범위의 평균조도로 합니다.
- 단위구역별 평균조도 산출은 그림 8과 같이 4점법에 의해 구합니다. 다만, 실내 중앙에 조명기구가 한 개 설치되어 있는 등의 경우의 평균조도 산출은 그림 9와 같이 5점법을 사용합니다.

(4) 조도 측정

사진 2에 일반형 AA급 조도계에 의한 조도측정 방법을 나타냈습니다.

① 영점 조정

- 처음에 영점 조정을 합니다. 영점 조정은 수광부(사진 3)에 캡을 씌워 입사광을 완전하게 차당한 상태에서 전원 버튼을 누릅니다.
- 표시부에 CAL이라고 표시되고, 자동 영점 조정이 이루어집니다. 그 후,

CAL 표시가 사라지고 0.00이라고 표시되면 영점 조정은 완료입니다.

② 측정

- 영점 조정 완료 후 캡을 벗겨내면 측정이 개시됩니다.
- 측정값은 그림 10과 같이 표시됩니다. 측정값이 안정되면 읽습니다.

③ 부가기능

디지털식 조도계에는 각종 부가기능이 탑재되어 있습니다. 필요에 따라 이용하면 조도측정이 쉬워집니다. 주요 부가기능을 조작부(사진 4)의 버튼으로 설명합니다.

0763

그림 10 측정 시의 표시 예

사진 4 조작 버튼

〔cd 버튼〕

광원이 단일하고 점광원이라고 간주할 수 있는 경우에는 광원으로부터 측정점까지의 거리를 설정하면 측정광원의 광도를 연산하여 표시할 수 있습니다.

〔AVG 버튼〕

4점법, 5점법에 의한 평균조도의 연산이 가능합니다. 각 측정점의 측정값을 메모리할 수 있으므로 측정이 완료한 시점에 평균조도를 연산하여 표시할 수 있습니다.

〔S-F 버튼〕

주간 측정에서는 태양광(외란광)의 영향을 받습니다. 이것을 방지하여 실내등(형광등)의 조도를 측정하는 기능입니다.

그림 11과 같이 상용 주파수로 점등하고 있는 형광등의 방사를 포함하는 교류성분이 직류성분(평균값)에 대하여 임의의 일정비율(리플비)을 갖는 것을 이용합니다.

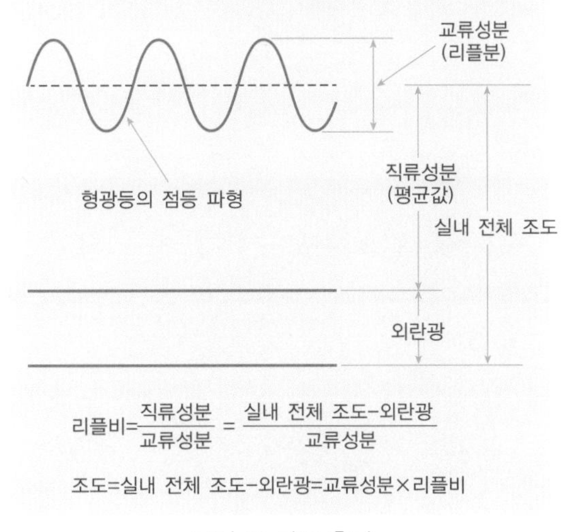

그림 11 리플 측정

3 소음계

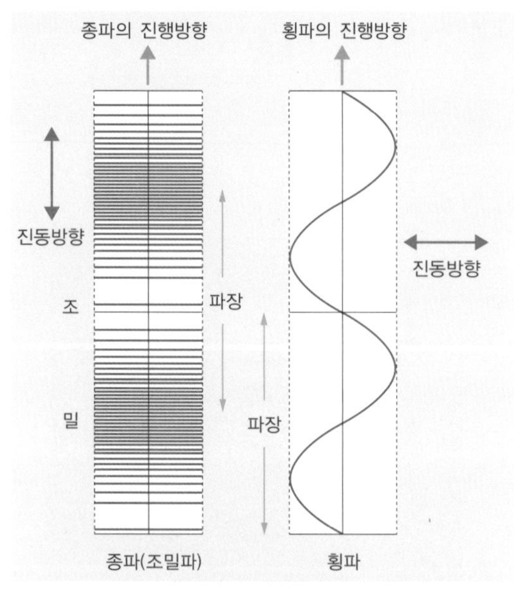

그림 1 종파와 횡파

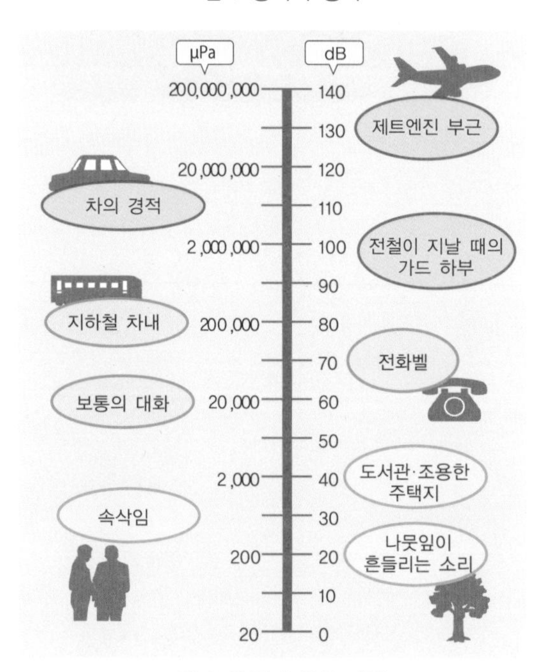

그림 2 음압과 음압 레벨

(1) 소음이란

① 음파

음은 매초 약 340m의 속도로 전해지는 공기의 진동입니다. 음원이 진동하면 이것이 공기의 압력변동으로서 전해져, 그 진동을 귀가 수신했을 때 음으로서 들을 수 있습니다. 진동은 공기 밀도의 변동으로서 전파되므로 음파는 조밀파가 됩니다. 또한 공기의 진동방향이 파의 진행방향과 평행하므로 종파라고도 합니다.

그림 1에 종파와 횡파의 차이를 나타냈습니다. 횡파에는 바다의 파도나 빛 등이 있습니다.

음은 대기압의 미세한 압력변화이므로 그 물리량을 음압(音壓)이라고 하며, 단위는 Pa(파스칼)입니다. 그러나 사람이 들을 수 있는 음압은 20μPa~20Pa로 최소와 최대의 비는 [10^6]이나 됩니다. 이와 같이 음압의 범위가 매우 넓다는 점, 청각은 자극량의 대수에 비례한다는 점으로부터 음압은 대수척도인 dB(데시벨)로 나타내는 것이 일반적입니다.

어떤 음의 순간음압의 실효값을 〔Pa〕, 기준이 되는 음압을 p_0〔Pa〕라고 하면 음압 레벨 L_p〔dB〕은,

$$L_p = 10\log_{10}\frac{p_1}{p_0^{\ 2}}〔dB〕$$

이 됩니다. 기준음압 p_0는 20μPa이며, 사

람의 최소 가청값입니다.

그림 2는 일상 음의 예를 음압 p〔μPa〕와 음압 레벨 L_p〔dB〕로 표시한 것입니다.

② 소음

소음은 다양한 소리 중에서 듣고 싶지 않는 불쾌한 소리로, JIS Z 8106-2000(음향용어)에 따르면, '불쾌하거나 바람직하지 않은 소리, 기타 방해, noise' 라고 정의되어 있습니다.

따라서 소음을 평가하기 위해서는 사람의 감각에 맞출 필요가 있습니다. 사람 귀의 감각은 주파수에 따라 달라지며, 같은 음악 레벨의 소리라도 그 주파수가 다르면 크기가 다르게 들립니다.

사람이 느끼는 소리 크기의 주파수 의존성을 나타낸 것을 등음곡선(그림 3)이라고 합니다. 등음곡선은 세로축을 음압레벨, 가로축을 주파수로 하여, 같은 크기로 들리는 음을 선으로 연결한 것입니다. 그림 3으로부터 음의 물리량(음압 레벨)은 감각량과는 일치하지 않고 복잡한 관계를 갖고 있다는 것을 알 수 있습니다.

(2) 소음계

소음을 측정하는 측정기가 사진 1과 같은 소음계입니다.

① 종류

측정법에서는 측정 정밀도의 차이에 따라 소음계를 보통 소음계와 정밀 소음계로 나누고 있습니다(표 1).

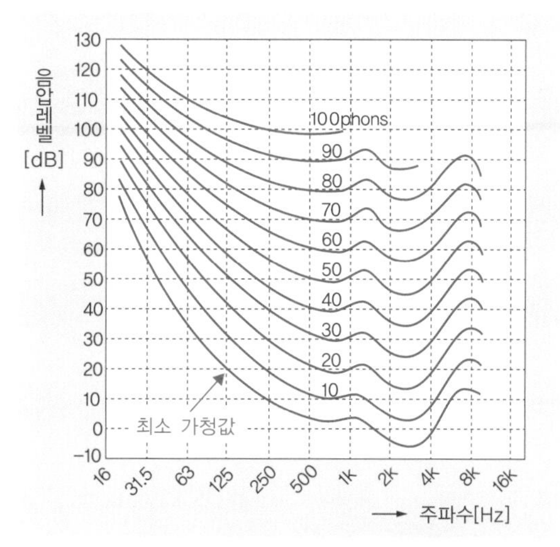

그림 3 등음곡선(ISO 226-2003)

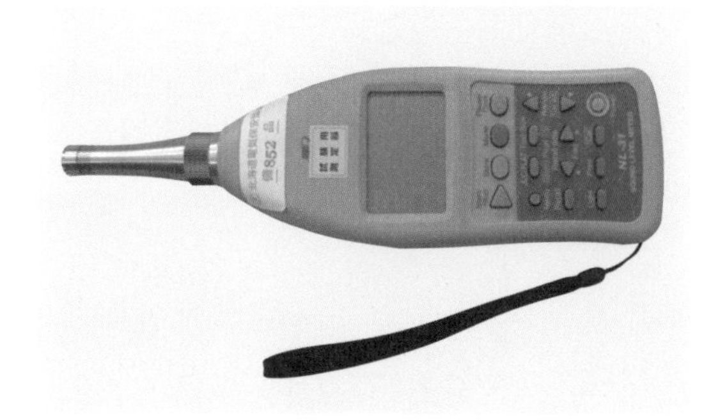

사진 1 소음계

표 1 소음계의 종류

	보통 소음계 (JIS C 1509-1 Class 2 상당)	정밀 소음계 (JIS C 1509-1 Class 2 상당)
오차〔dB〕	±1.5	±0.7
눈금 오차〔dB〕 (기준레벨에 대하여 ±10dB의 범위	±0.3	±0.2
눈금오차〔dB〕 (상기 이외)	±0.6	±0.4
범위변환 오차	0.7	0.5
주차수 범위〔Hz〕	20~8,000	20~12,500

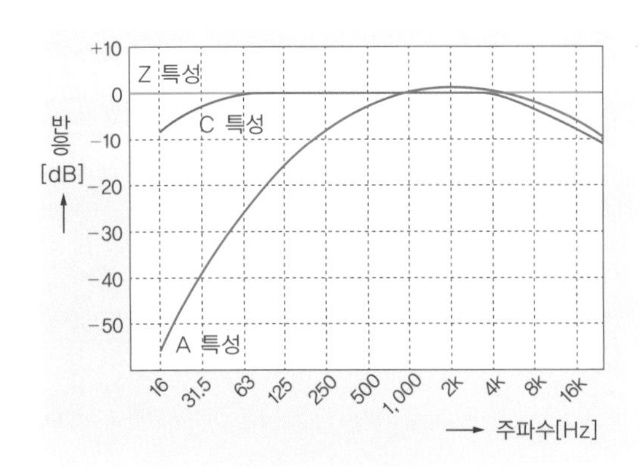

그림 4 주파수 특성

사진 2 콘덴서형 마이크로폰

사진 3 방풍 스크린

② 주파수에 의한 가중

소음계는 그림 4와 같이 A 특성, C 특성, Z 특성(평탄)의 세 가지 주파수 특성이 구비되어 있습니다.

A 특성은 등음곡선으로 보정한 것으로, 사람의 청감에 근접한 특성입니다. 따라서 소음의 측정에는 통상적으로 A 특성을 이용합니다.

③ 시간 가중 특성

소음레벨은 신호를 제곱평균하여 구합니다. 그 평균의 시정수에 의하여 F(Fast : 시정수 125ms), S(Slow : 시정수 1s) 두 종류의 시간 가중 특성이 있습니다.

일반적인 소음 측정에는 귀의 시간 응답에 근접시킨 F 특성을 사용합니다. 그러나 고속열차의 소음이나 항공기의 소음 등은 S 특성을 측정한 소음레벨로 환경기준이 정해져 있습니다.

④ 마이크로폰

소리를 검지하여 전기신호로 변환하는 것이 마이크로폰입니다. 마이크로폰의 종류에는 콘덴서형, 다이나믹형, 세라믹형 세 가지가 있습니다.

소음계에는 형상을 작게 할 수 있다는 점, 넓은 주파수대역에 걸쳐 플랫한 주파수 특성을 가지며, 다른 형식과 비교해서 안정성이 높다는 점 때문에 사진 2와 같은 콘덴서형이 사용되고 있습니다.

⑤ 풍잡음의 영향

마이크로폰에 강한 바람이 닿으면 그 부분에서 풍잡음이 발생합니다. 특히 측정대상의 소리가 풍잡음에 비해 작을 때는 측정이 불가한 경우가 있습니다.

따라서 실외나 바람을 발생시키는 기기류의 가까운 곳에서 측정할 때는 풍잡음을 저감하기 위하여 사진 3과 같은 방풍 스크린(우레탄폼)을 사용합니다.

사진 4는 마이크로폰에 방풍 스크린을 장착한 모습입니다. 다만, 풍속이 커지게 되면 방풍 스크린의 효과에 한계가 있으므로 강풍 시의 측정은 피해야 합니다.

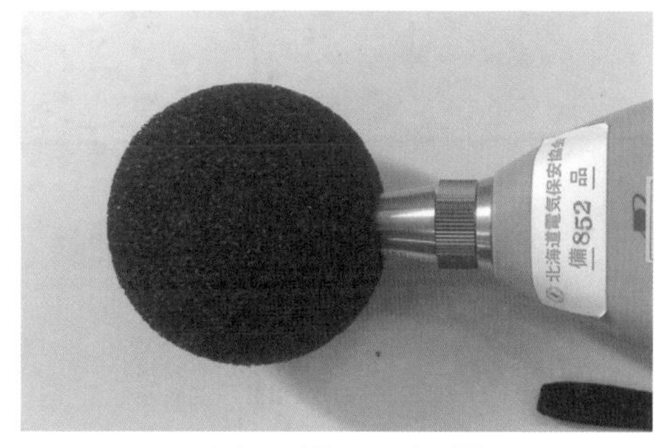

사진 4 방풍 스크린 장착

(3) 측정방법

소음 측정은 원칙적으로 JIS Z 8731 - 1999(환경 소음의 표시·측정 방법)에 의해 이루어집니다.

① 전원

휴대용 소음계는 전지로 구동하기 때문에 측정 전에는 반드시 전지전압을 확인하고, 소모되어 있는 경우에는 **사진 5**와 같이 교환합니다.

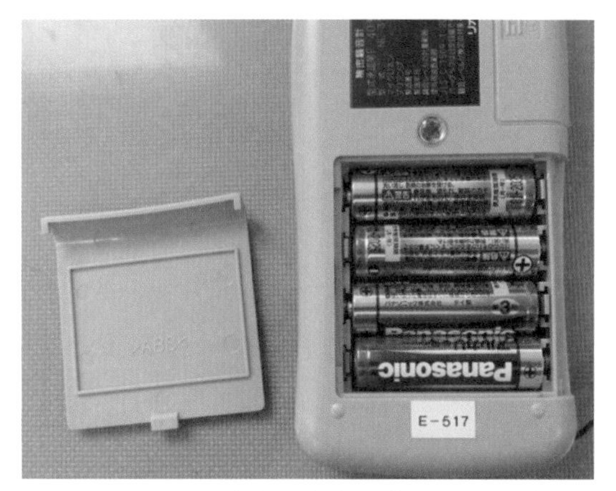

사진 5 전지 교환

② 측정

사진 6에 조작 버튼을 표시하였습니다. 통상의 측정에서는 주파수 특성 [A/C/FLAT] 버튼은 A 특성, 시정수 [Fast/Slow] 버튼은 Fast를 선택합니다.

사진 7의 액정화면에서는 [LA], [Fast]로 표시되는 것으로 확인할 수 있습니다.

또한 메모리카드를 삽입하여 측정 데이터를 기록할 수 있습니다. 시계를 내장하고 있기 때문에 시각을 맞추어 두면 측정 시간도 기록할 수 있습니다.

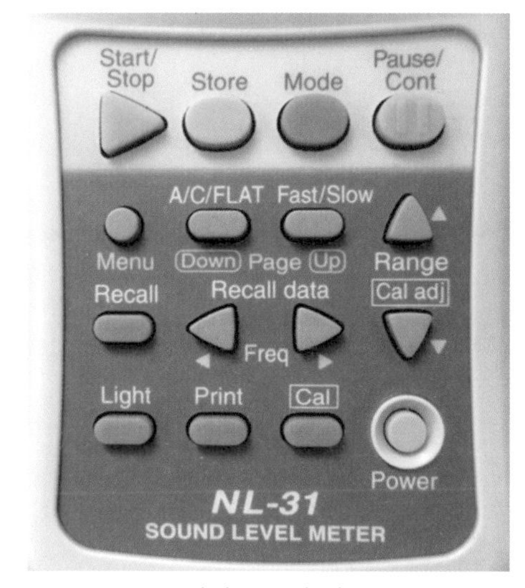

사진 6 조작 버튼

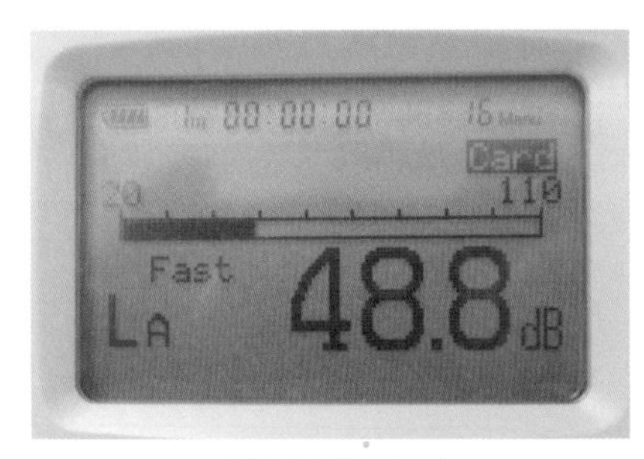

사진 7 액정화면

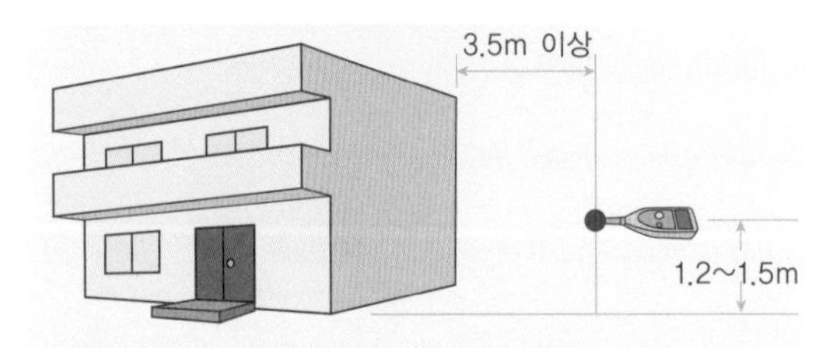

그림 5 환경 소음의 측정

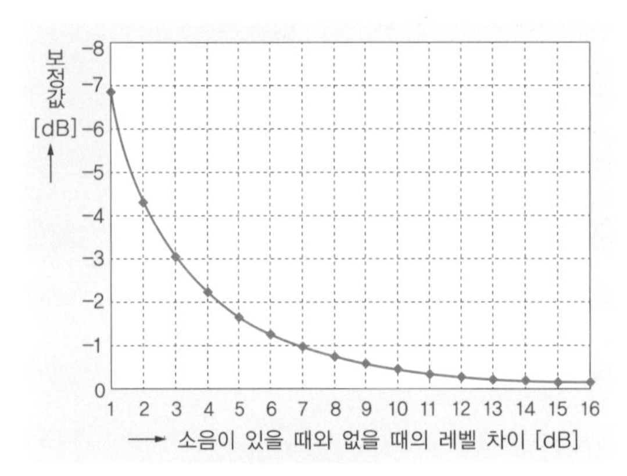

그림 6 암소음의 보정

③ 측정 위치

- 일반적인 환경 소음을 측정하는 경우에는 그림 5와 같이 건물 등의 반사물로부터 가능하면 3.5m 이상 떨어져 지상 1.2~1.5m의 높이에서 측정합니다.
- 건물 내부에서 소음레벨을 측정하는 경우에는 벽 등의 반사면으로부터 1m 이상 떨어진 장소에서 바닥 위 1.2~1.5m의 높이에서 측정합니다.

④ 암소음

- 측정된 소음은 다양한 소음원에서 오는 소음이 겹쳐져 있어 종합 소음이라고 합니다.
- 종합 소음을 구성하는 소음 중 어떤 특정한 소음에 주목한 경우, 그 이외의 모든 소음을 암소음이라고 합니다.
- 특정 소음 레벨을 측정할 때, 그 소음이 있을 때와 없을 때의 차이가 10dB 이상이라면 암소음의 영향은 거의 무시할 수 있습니다.

  소음 레벨이 10dB 미만일 때는 무시할 수 없게 되므로 그림 6으로 보정합니다.

사진 8 부지 경계에서의 측정상황

사진 9 발전기에서의 측정상황

⑤ 측정

사진 8은 실외(부지 경계)에서 소음을 측정하고 있는 모습입니다.

또한 사진 9는 발전기의 소음을 측정하고 있는 모습입니다.

4 진동계

(1) 진동이란

① 진동측정의 필요성

사진 1과 같은 송풍기나 펌프 등의 회전기나 사진 2와 같은 압축기 등은 운전 시에 진동이 발생합니다. 이 진동을 측정하여 설비의 성능을 진단할 수 있습니다. 이렇게 하여 기기의 이상을 조기에 발견할 수 있습니다.

사진 1 송풍기

또한 진동 규제법에서는 공장이나 건설현장의 진동으로부터 생활환경을 지키기 위해서 진동규제를 하고 있습니다. 이 때문에 진동레벨을 측정할 필요가 있습니다.

사진 2 압축기

② 진동의 측정량

진동의 측정량에는 변위, 속도, 가속도 3종류가 있습니다.

그림 1과 같이 스프링과 추로 이루어진 이상적인 시스템에서 변위 만큼 추를 아래로 당긴 상태에서 개방하면 상한치(+)와 하한치(−)를 일정시간마다 반복해서 진동합니다. 이 때, 추 위치의 시간변화를 그래프로 표현하면 그림 1과 같은 정현파가 됩니다. 이것이 변위이며, 그림 1의 식 ①으로 나타낼 수 있습니다.

변위를 미분하면 속도로, 속도를 미분하면 가속도를 구할 수 있으므로 속도와 가속도는 그림 2의 식 ②와 식 ③으로 나타낼 수 있습니다. 식 ②의 V는 속도 크기의 편진폭을 나타냅니다. 또한 식 ③의 A는

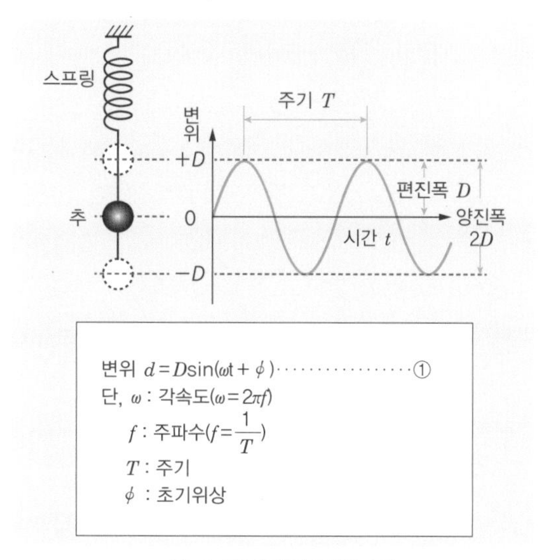

그림 1 단진동의 변위파형

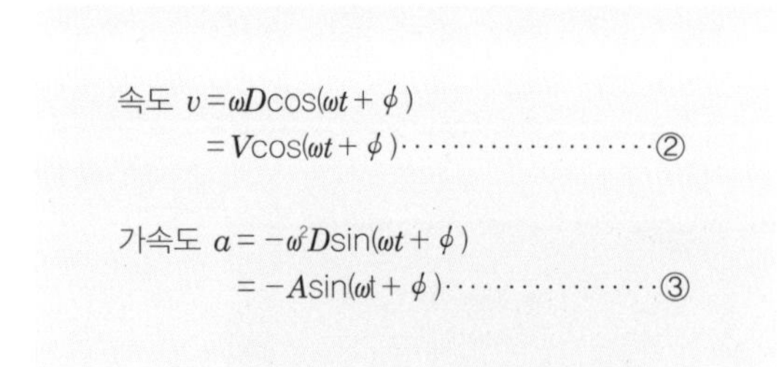

그림 2 속도와 가속도의 식

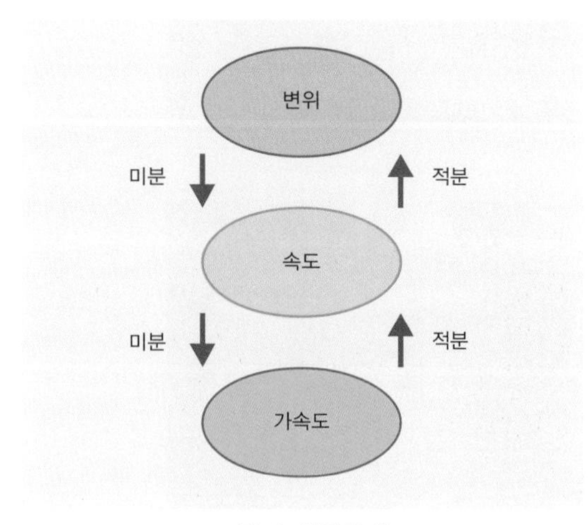

그림 3 상관관계

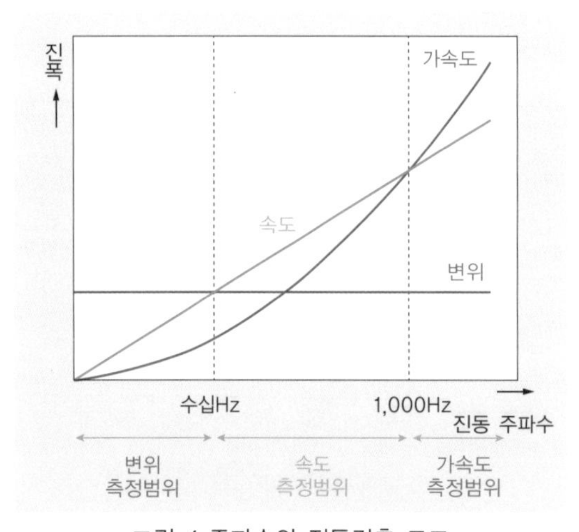

그림 4 주파수와 진동검출 모드

진동가속도의 편진폭을 나타냅니다.

반대로, 가속도를 적분하면 속도가 되고 속도를 적분하면 변위가 됩니다. 이와 같이 각각의 측정량은 상호 변환하는 것이 가능합니다. 이 관계를 그림 3에 나타냈습니다.

- 변위(DISP : Displacement)는 진동이 왕복하고 있는 폭(거리)을 말합니다. 단위는 〔μm〕나 〔mm〕 등으로 표시합니다.
- 속도(VEL : Velocity)는 시간에 대한 변위의 변화율을 말합니다. 단위는 〔mm/s〕나 〔cm/s〕 등으로 표시합니다.
- 가속도(ACC : Acceleration)는 시간에 대한 속도의 변화율을 말합니다. 단위는 〔mm/s^2〕나 〔cm/s^2〕 등으로 표시합니다.

③ 진동과 주파수

진동을 나타내는 식을 보면 변위의 크기는 주파수와는 관계없지만, 속도의 크기는 주파수에 비례하고, 가속도의 크기는 주파수의 제곱에 비례합니다.

이것은 진동의 주파수가 커짐에 따라 변위, 속도, 가속도 순으로 측정량을 고르는 편이 좋은 감도로 측정할 수 있음을 나타내고 있습니다.

일반적으로 수 10Hz 이하에서는 변위, 1000Hz 정도까지는 속도, 그 이상에서는 가속도로 측정하는 것이 좋다고 여겨지고 있습니다. 이 관계를 그림 4에 나타냈습니다.

④ 진동 센서

주요 진동 센서와 측정량을 그림 5에 나타냈습니다. 각 센서의 측정량은 전기회로에서 미분 또는 적분하여 다른 모드로 변환할 수 있습니다(변위형의 경우 통상적으로 변환은 하지 않습니다).

일반적인 진동 측정에는 동전형이나 압전형 센서가 자주 사용되고 있습니다.

[동전형 진동 센서]

그림 6과 같이 자석은 케이스에 고정되고 코일과 추는 스프링에 매달린 구조로 되어 있습니다. 이 경우, 케이스가 진동하면 자석도 함께 진동합니다. 그러나 코일은 정지하고 있으므로 코일을 관통하는 자속이 변화하여 유도기전력이 발생합니다. 이 기전력은 진동속도에 비례하므로 속도를 측정할 수 있습니다.

사진 3에 동전형 진동 센서의 예를 나타냈습니다.

[압전형 진동 센서]

그림 7과 같이 압전소자(티탄산 바륨 등)에 추를 달아 스프링으로 누르고 있는 구조로 되어 있습니다.

케이스가 진동하면 추에 의하여 압전소자에 힘이 가해지기 때문에 기전력이 발생합니다. 이 기전력은 진동가속도에 비례하므로 가속도를 측정할 수 있습니다.

사진 4에 압전형 진동 센서의 예를 나타냈습니다.

또한 진동계로 사용하는 센서는 일반적으로 픽업이라고 부르므로 이하 픽업이라고 표기합니다.

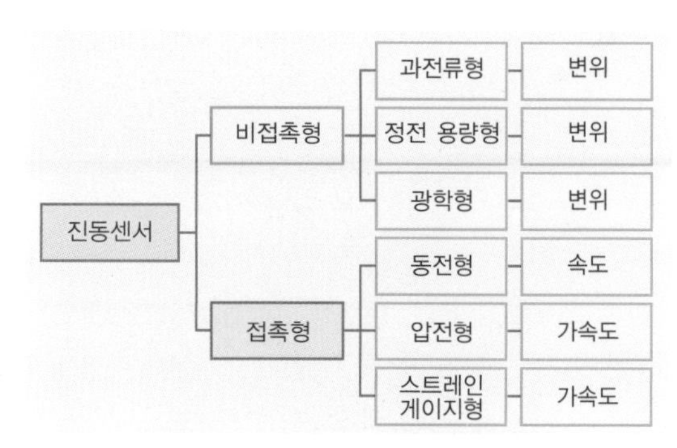

그림 5 주요 진동 센서와 측정량

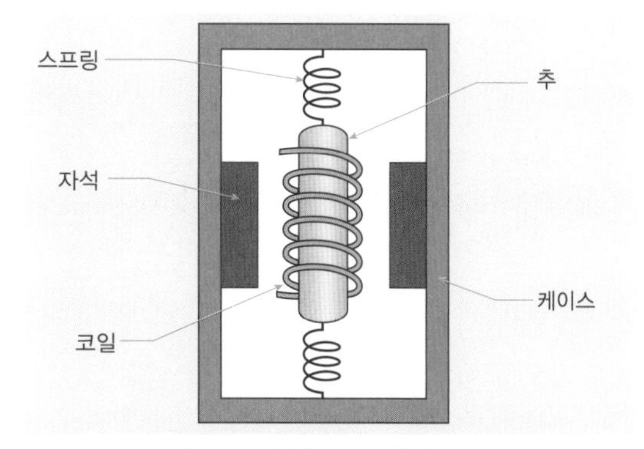

그림 6 동전형 진동 센서의 구조

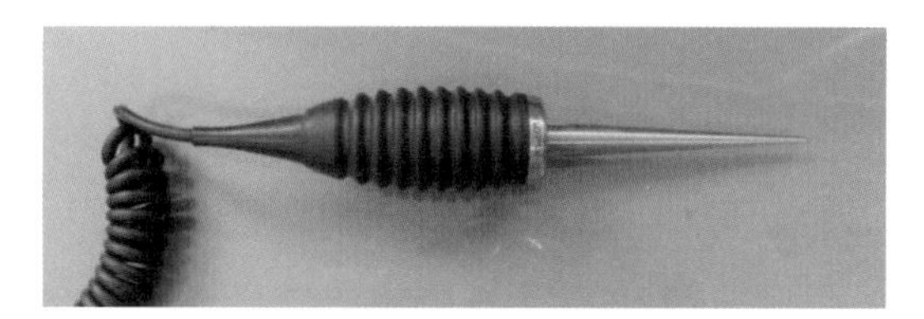

사진 3 동전형 진동 센서의 예

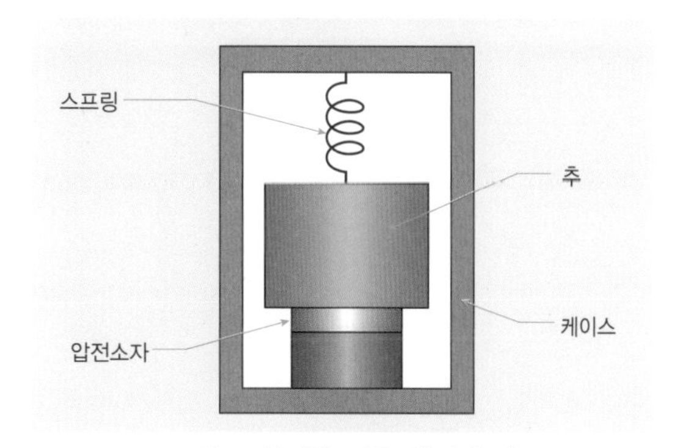

그림 7 압전형 진동 센서의 예

(2) 진동계의 종류

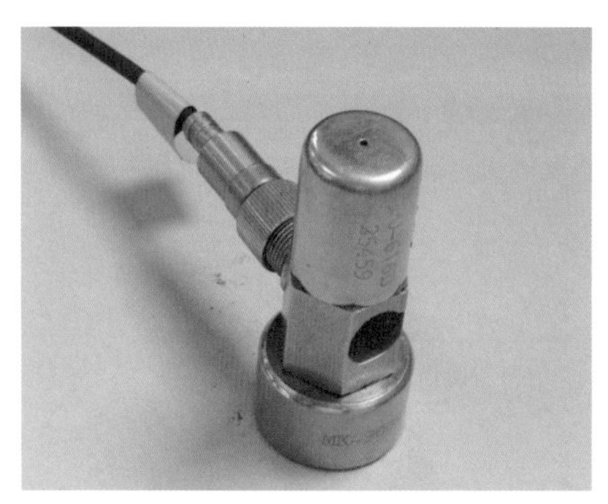

사진 4 압전형 진동 센서의 예

① 간이식 진동계

사진 5는 간이식 진동계입니다. 이 진동계는 연필타입이므로 주머니에 넣고 다니며 일상적으로 기계설비의 축베어링이나 톱니바퀴 등의 진동을 측정하기 위하여 사용합니다. 픽업은 압전형입니다.

사진 5의 위쪽이 속도 측정용, 아래쪽이 가속도 측정용입니다.

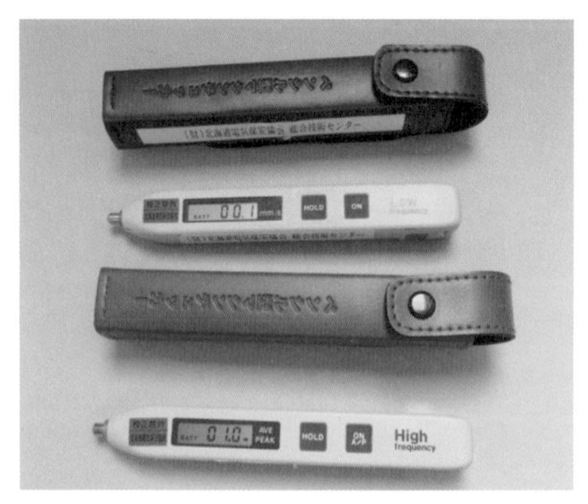

사진 5 간이식 진동계

② 아날로그식 진동계

사진 6은 아날로그식 진동계입니다. 이 진동계는 전지로 동작하는 소형 · 경량 타입입니다. 휴대하기에 편리하고 측정도 간단합니다.

픽업은 동전형(사진 7)을 사용합니다.

③ 디지털식 진동계

사진 8은 디지털식 진동계입니다. 전지로 동작하며 고기능 타입입니다. 픽업은 사진 9와 같은 압전형을 사용합니다.

이 압전형 픽업은 3방향 타입이므로 XYZ 3축 방향의 진동을 동시에 측정할 수 있습니다. 표시부는 메인(사진 10)과 서브(사진 11)가 있으며, 각종 측정값을 표시할 수 있습니다.

이 진동계는 계량법의 형식인정을 받았으며, JIS C 1510-1995에서 규정되어 있는 진동 레벨(인체의 진동 감각특성으로 보정한 진동량)과 진동가속도 레벨을 측정합니다. 이 때문에 설비진단을 위한 측정뿐 아니라, 진동규제법 등의 공해 측정용으로도 사

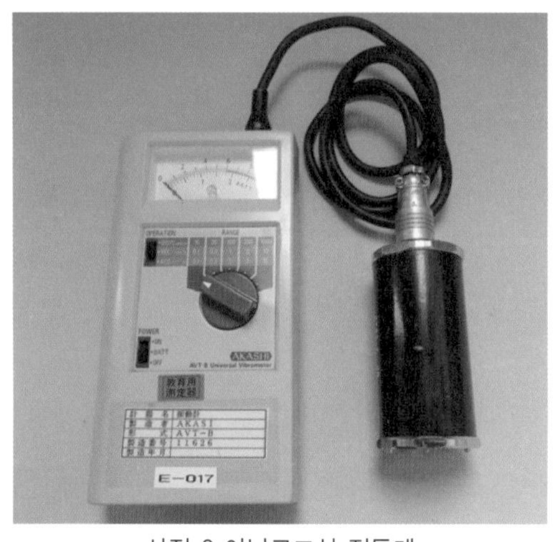

사진 6 아날로그식 진동계

용할 수 있습니다.

또한 진동 레벨이 크게 진동하는 경우에는 평균값(파워 평균 레벨)은 물론 최대값, 최소값도 측정할 수 있습니다.

측정 데이터는 메모리카드에 저장할 수 있으므로, 측정 후에 컴퓨터의 관리 소프트웨어로 편집, 가공할 수 있습니다.

(3) 측정방법

① 측정기준

측정기에 픽업의 코드를 접속합니다. 다음으로 변환 스위치를 [BATT]로 하여 전지를 체크합니다. 전지의 잔량이 부족하면 교환합니다.

② 픽업의 설치

픽업 설치에는 다음과 같은 방법이 있습니다. 측정면의 상황이나 측정목적에 따라 최적의 방법을 선택합니다.

[손에 들기]

나사 고정을 할 수 없는 좁은 장소나 충분한 접촉 면적을 얻을 수 없는 파이프류 등의 경우에는 손에 들고 측정합니다. **사진 3**과 같이 부속품(탐촉봉)과 조합해서 사용합니다.

[자석]

픽업에 자석을 설치하여 전자력으로 고정합니다. 자석에 흡착하는 금속을 사용할 수 있습니다.

[접착제]

양면테이프 등의 접착재로 고정합니다.

사진 7 동전형 픽업

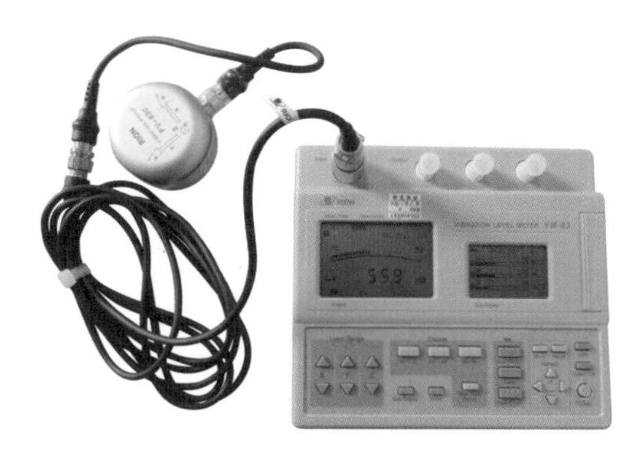

사진 8 디지털식 진동계

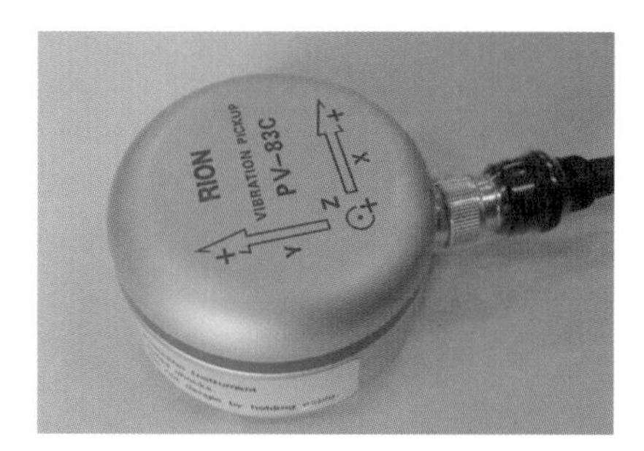

사진 9 압전형 픽업

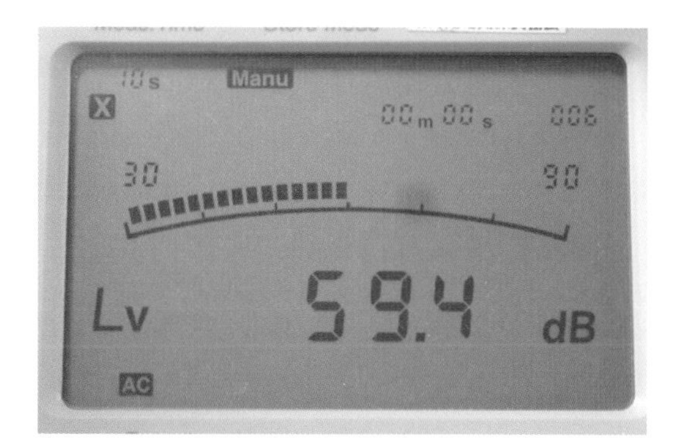

사진 10 표시부(메인)

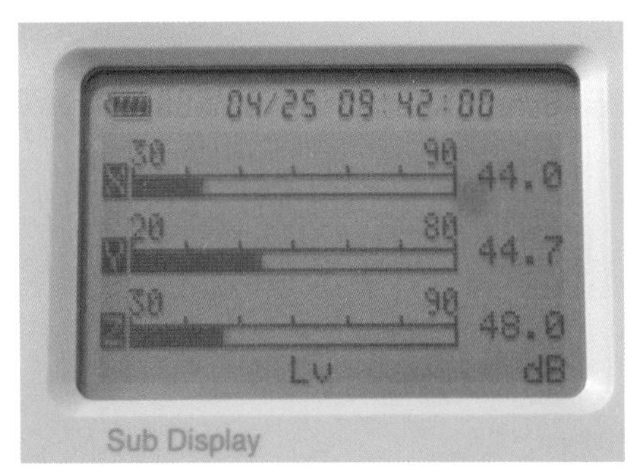

사진 11 표시부(서브)

[나사]

설치 비스로 진동면에 나사로 조입니다.

③ 측정

사진 12의 변환 스위치로 측정모드와 감도를 선택합니다. 사진 13와 같이 지시 값을 읽어냅니다.

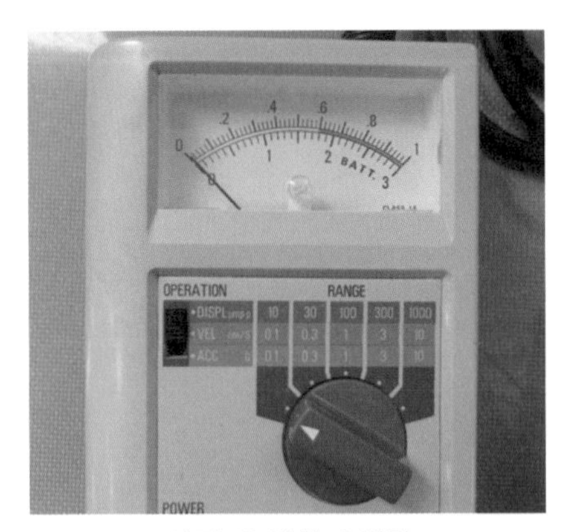

사진 12 변환 스위치

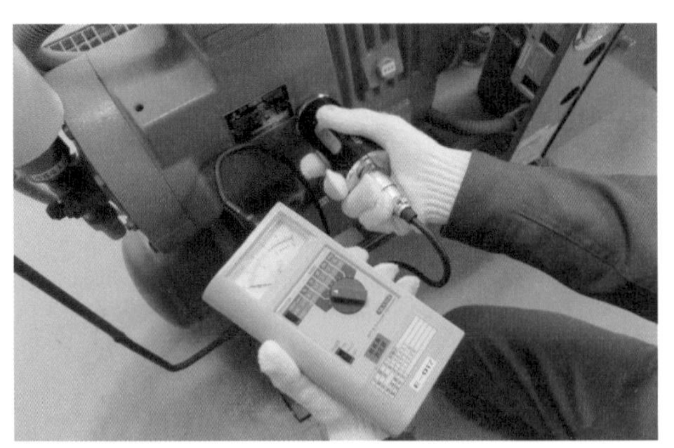
사진 13 진동 측정

column

위험진동

세탁기로 탈수를 하면 회전수에 따라서는 덜컹덜컹하는 소리가 발생하고, 진동이 커지는 경우도 있습니다. 이것은 세탁기의 고유 진동수와 회전수가 일치했을 때 발생합니다. 이것을 공진이라고 하며, 이 회전수를 위험속도라고 합니다. 공진하면 진폭이 매우 커져 회전체가 파괴되는 경우도 있습니다.

이 현상은 위험하므로 원칙적으로 회전기계의 회전수는 위험속도 이하로 합니다. 위험속도를 넘는 경우에는 위험속도에서의 회전을 단시간으로 하여 재빨리 회전수를 높여, 공진점에서의 진폭의 성장을 피합니다. 위험속도를 넘어서면 진동은 작아집니다.

1972년에는 위험속도에 의하여 큰 사고가 발생했습니다. 화력발전소의 60만kW 증기 터빈 시운전 중에 공진이 발생하여 터빈, 발전기, 여자기가 파손되어 튀어 흩어진 사고입니다. 부품이 날아간 가장 먼 거리는 380m나 되었습니다. 상해를 입은 사람은 없었던 것이 불행 중 다행이었지만, 고속으로 회전하는 장치 사고의 두려움을 알려준 것이었습니다.

5 유량계

(1) 유량 측정의 필요성

전기는 보는 것만으로는 어느 정도 사용되고 있는지 알 수 없습니다. 따라서 전력관리를 위해서는 전력측정이 필요합니다. 다만, 전력 데이터만으로는 기기류나 설비가 효율적으로 운용되고 있는지를 판단할 수 없습니다. 사용한 전력으로 어느 정도의 일을 했는지가 중요합니다.

이 경우의 일량이란 펌프로 양수한 물이나 송풍기로 공급한 공기 등의 유체의 유량입니다. 이 때문에 유량 측정이 필요합니다.

설비 준공 시부터 사진 1과 같이 유량계가 설치되어 있으면 문제없지만, 실제로는 유량계가 없는 경우가 대부분입니다. 유량계를 설치하기 위해서 배관(사진 2)이나 덕트(사진 3) 등을 개조하는 것은 매우 어렵습니다. 이럴 때에 사용하는 것이 휴대형 유향계로, 배관이나 덕트의 외측에서 간단하게 유량을 측정할 수 있습니다.

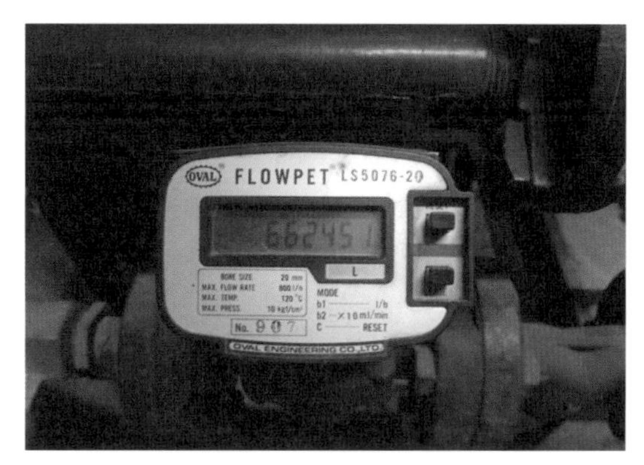

사진 1 고정식 유량계

사진 2 배관

사진 3 덕트

(2) 초음파 유량계

① 원리

초음파 유량계는 전파시간차 방식과 도플러 방식 등이 있습니다. 전파시간차 방식은 초음파가 흐름을 따라 전파하는 경우와 흐름을 마주하여 전파하는 경우에서 속도가 변화하는 것을 이용한 것입니다.

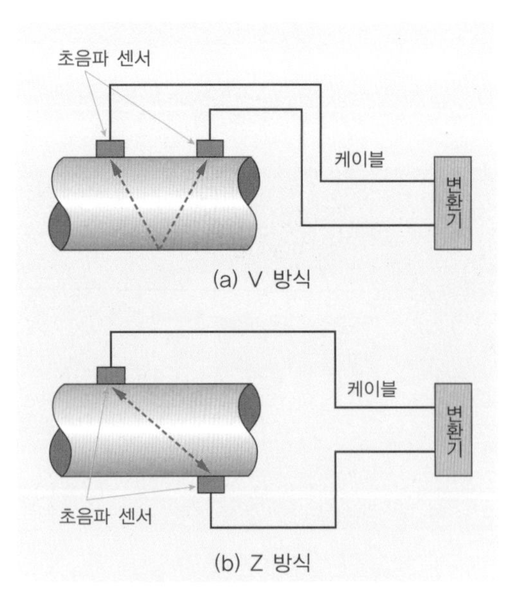

그림 1 초음파 유량계의 원리

사진 4 초음파 유량계

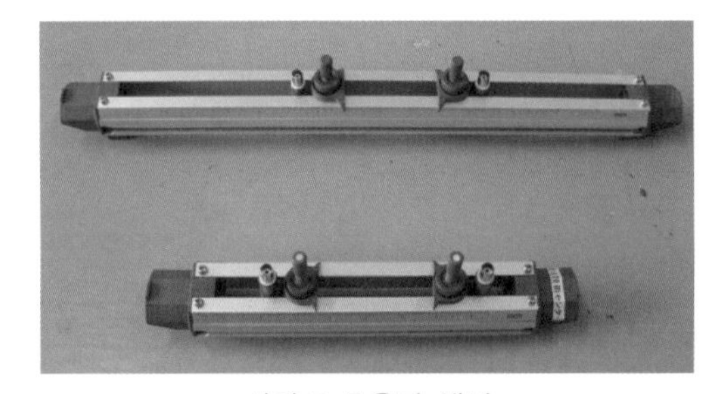

사진 5 초음파 센서

한편, 도플러 방식은 초음파가 유체 중에 기포나 입자 등에 부딪혀 반사되는 경우, 그 주파수가 유속에 의해 바뀌는 것을 이용한 것입니다.

전파시간차 방식은 정밀도가 우수하지만, 부유물이나 기포가 있으면 측정할 수 없습니다. 반면, 도플러 방식은 정밀도는 조금 떨어지지만, 부유물이나 기포가 있어도 측정할 수 있습니다.

그림 1은 전파시간차 방식의 측정원리입니다. 그림 1(a)와 그림 1(b)와 같이 흐름의 상류측과 하류측에 초음파 센서를 설치합니다. 상류측에서 발신한 초음파를 하류측에서 수신했을 때의 전파시간은 유속만큼 빨라지고, 하류측에서 상류측으로의 전파시간은 유속만큼 느려지게 됩니다. 이 시간차로부터 유속을 계산하여 그것을 유량으로 환산합니다.

② 측정기

사진 4는 초음파 유량계, 사진 5는 초음파 센서입니다. 위의 센서는 중구경용으로 50~400mm, 아래의 센서는 소구경용으로 13~100mm 굵기의 배관에 사용할 수 있습니다. 유량 측정 전에는 필요한 입력항목을 입력할 필요가 있습니다.

[배관의 사양]

배관의 외경 크기, 재질, 두께, 라이닝의 재질과 두께

[유체의 조건]

유체의 종류와 운동점성계수

[기타]

초음파 센서의 종류와 설치방법(V 방식,

Z 방식), 송신전압

③ 측정방법

초음파 유량계와 초음파 센서는 사진 6과 같이 전용 케이블로 접속합니다.

또한 난류는 측정 정밀도에 큰 영향을 줍니다. 이 때문에 상류측에 10D, 하류측에 5D의 직관부가 있으며, 상류측 30D 이내에 펌프나 밸브 등 흐름을 어지럽게 하는 기기 등이 없는 장소에 설치합니다.

사진 7은 초음파의 발신면으로, 배관과의 사이에 공기 등이 있으면 초음파가 크게 감쇄하여 측정할 수 없는 경우가 있습니다. 이 때문에 발신면에는 실리콘 그리스(사진 8)을 도포합니다.

초음파 센서를 규정 간격으로 조절한 후, 설치 벨트로 배관에 고정하여 측정합니다. 사진 9의 표시부에는 유속, 유량, 적산값이 표시됩니다.

(3) 풍속계 · 풍량계

① 원리

풍속을 측정하는 방법에는 열선식, 초음파식, 풍차식, 피토관식 등이 있는데, 가장 널리 사용되고 있는 것이 열선식입니다.

열선식 풍속계의 측정원리를 그림 2에 나타냈습니다. 전류에 의하여 가열된 백금권선(발열체)에 바람이 닿으면 열을 빼앗겨 온도가 내려갑니다. 온도를 일정하게 유지하기 위해서는 전류를 증가시켜 빼앗긴 열을 보충할 필요가 있습니다. 이 전류와 풍속은 상관관계가 있으므로 이 전류값으로부터 풍속을 구할 수 있습니다.

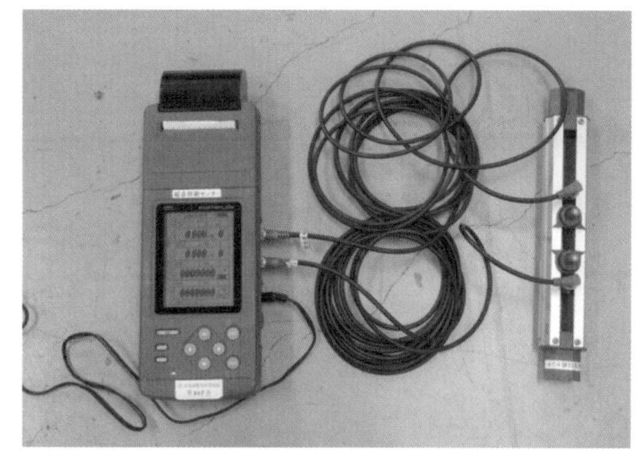
사진 6 전용 케이블로 접속

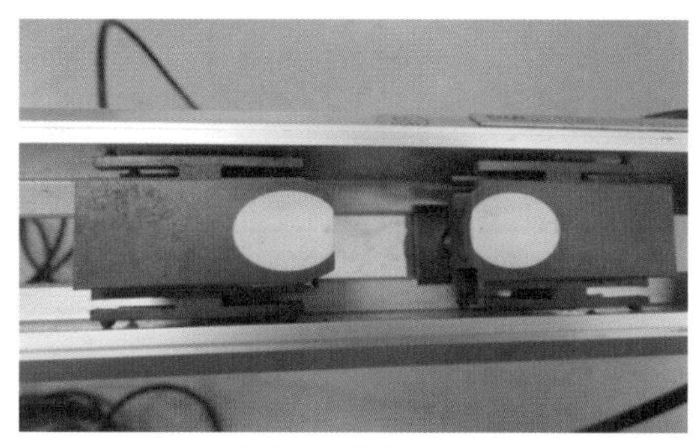
사진 7 초음파 발신면

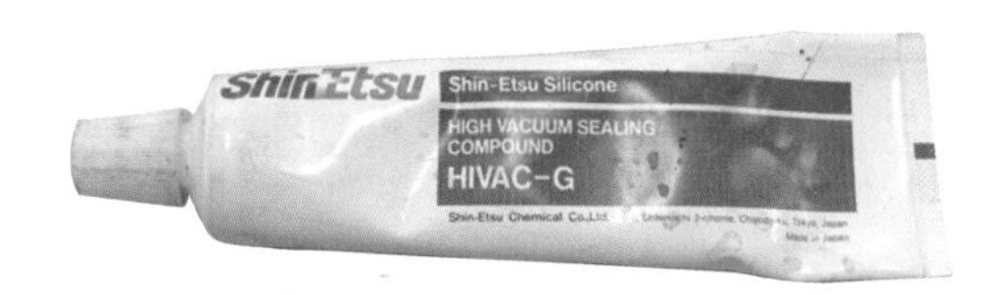

사진 8 실리콘 그리스

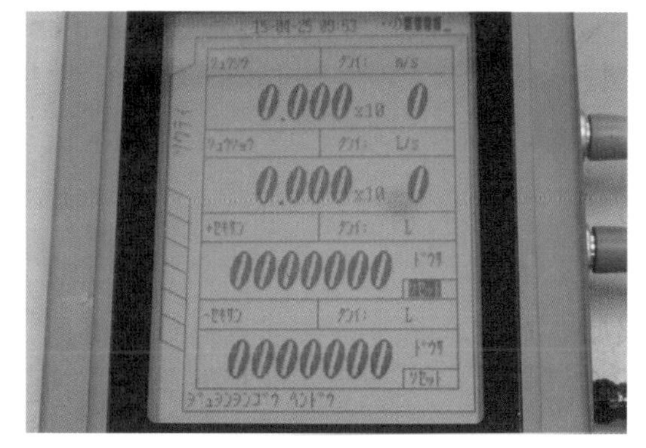

사진 9 표시부

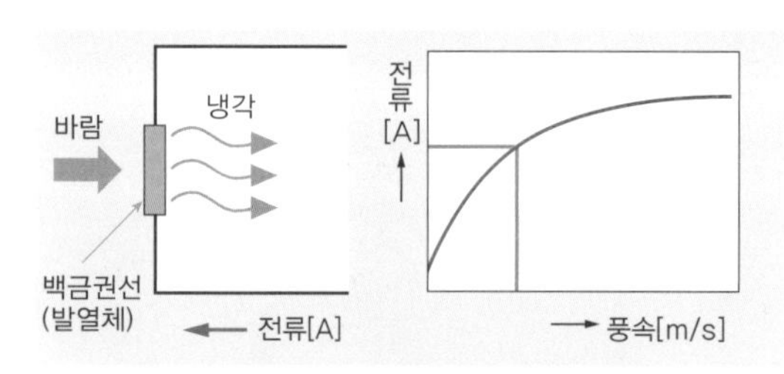

그림 2 열선식 풍속계의 원리

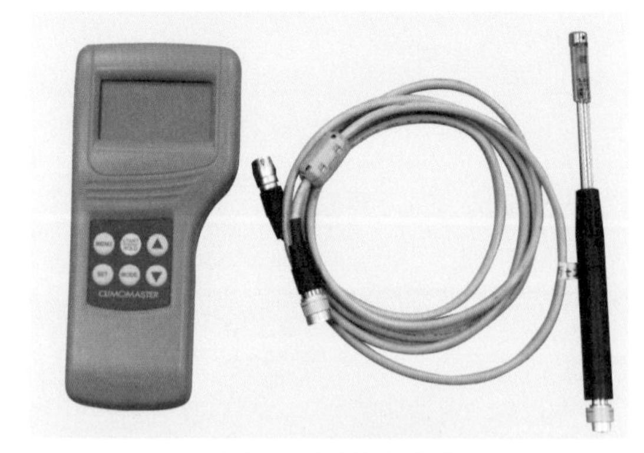

사진 10 열선식 풍속계

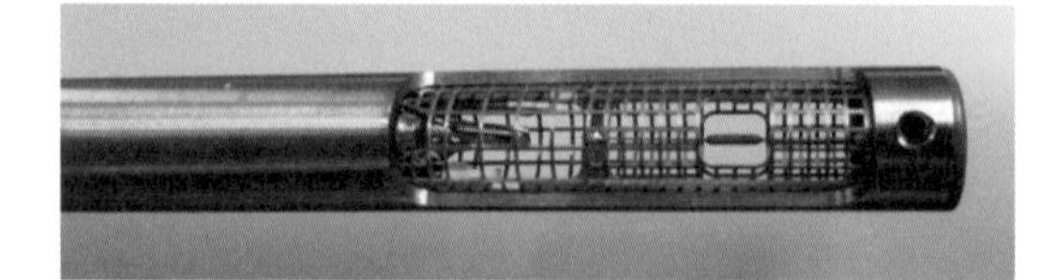

사진 11 프로브 끝부분

사진 12 풍속 측정용 펀넬

② 측정기

사진 10은 열선식 풍속계입니다. 이 측정기로는 0.1~30m/s의 풍속을 측정할 수 있습니다. 덕트의 형상이나 면적을 입력하면 풍량이 자동으로 계산됩니다. 사진 11은 프로브의 끝부분입니다. 내부에 풍속센서, 온도 보상센서, 습도센서가 들어있습니다.

③ 측정방법

프로브에는 지향성이 있으므로 풍향 마크를 바람 위를 향하여 측정합니다. 또한 기류가 불규칙한 장소에서는 사진 12와 같은 측정용 어댑터(풍량 측정용 펀넬)을 사용합니다.

사진 13은 풍량 측정용 펀넬을 사용하여 천정 송풍구의 풍량을 측정하고 있는 모습입니다.

또한 풍속을 정확하게 측정하기 위해서는 복수의 측정 포인트에서 측정하여 평균 풍속을 구할 필요가 있습니다. 평균풍속을 구하는 방법은 JIS B 8330에 규정되어 있습니다.

사진 13 천정 송풍구의 풍량 측정

(4) 유량 측정

초음파 유량계와 풍속계·풍량계를 소개했는데, 이 이외에도 다양한 유량계가 있습니다. 유량계의 종류가 많은 것은 유체의 상태나 유량 범위, 필요한 정밀도 등에 따라 가능한 한 경제적으로 측정하고자 하기 때문입니다. 현재 실용화된 주요 관로용 유량계를 표 1에 나타냈습니다. 유량계를 잘 사용하기 위해서는 측정 대상의 성질이나 흐름의 상태를 정확하게 이해하는 것이 대단히 중요합니다.

표 1 주요 관로용 유량계

측정량	명칭	원리	적용유체			특징
			액체	기체	증기	
체적유량	차압식	조임 전후에 발생하는 차압이 유량의 제곱에 비례	○	○	○	• 압력에 의한 손실이 큼 • 비교적 저렴 • 실류 검정 불필요
	면적식	테이퍼 관내의 플로트의 위치가 유량에 거의 비례	○	○	○	• 현장 지시계용으로서는 저렴
	전자식	전도성 유체가 자계를 가로지르면 유속에 비례하여 기전력이 발생	○	×	×	• 압력에 의한 손실 없음 • 고형분 포함 액체 가능 • 전도성 액체 ONLY
	초음파식	흐름을 비스듬하게 통과하는 초음파의 속도가 유속에 의해 변화	○	○	○	• 압력에 의한 손상 없음 • 배관의 외부에서 유량검출 가능
적산 체적유량	용적식	액체를 일정 용량의 [용기]로 측정하여 그 회전수를 검출	○	○	×	• 적산 유량계로서 정밀도 양호 • 고형분 포함 액체 불가
	소용돌이식	기둥형상의 물체 뒤에 발생하는 카르만 소용돌이의 주파수가 유속에 비례	○	○	○	• 압력에 의한 손상 적음 • 비교적 저렴
	터빈식	흐름 속에 놓인 회전날개 또는 터빈의 회전수가 유속에 비례	○	○	△	• 고정밀도형 있음 • 베어링부 수명있음
질량유량	코리올리식	진동하는 U자관 등에 발생하는 비틀림힘(코리올리 힘)이 그 내부를 통과하는 질량유량에 비례	○	△	×	• 액체용 질량 유량계로서 정밀도 양호 • 고가
	열식	열량을 액체에 가했을 때 온도상승 정도가 유량에 따라 변화	△	○	×	• 소구경용이 주류 • 비교적 저렴

○ : 적용 가능, △ : 제약 있음, × : 적용 불가

6 기체성분계

사진 1 중유 보일러

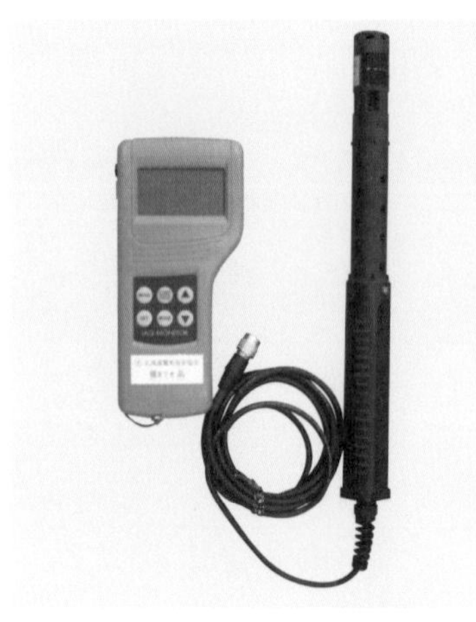

사진 2 CO · CO_2 농도계

(1) 기체성분의 측정

효율적으로 작업하기 위해서는 쾌적한 작업공간이 필요합니다. 이를 위해 지켜야 하는 실내환경기준이 [빌딩관리법]으로 정해져 있습니다. 동법 시행령에서는 건축물의 환경위생관리 기준으로서 표 1과 같이 규정하고 있습니다. 이 때문에 정기적으로 측정을 합니다.

또한 사진 1과 같은 보일러에서는 중유나 경유 등의 연료를 사용하는데, 연료효율이 적정한지를 판단하기 위하여 연료가스 성분을 측정합니다.

(2) CO · CO_2 농도계

① 관리 기준

환기의 목적은 실내 공기환경의 유지로, 필요 이상의 외부 공기의 도입은 에너지의 손실로 이어집니다.

환기량은 설계시점에서 상정한 최대 재실

표 1 건축물환경위생관리기준

1	부유분진의 양	공기 1m³당 0.15mg 이하
2	일산화탄소 함유율	100만분의 10(=10〔ppm〕) 이하(후생노동성령으로 정해진 특별 사정이 있는 건축물에서는 후생노동성령으로 정해진 수치 이하)
3	이산화탄소 함유율	100만분의 1000(=1000〔ppm〕) 이하
4	온도	(1) 17℃ 이상 28℃ 이하 (2) 실내 온도를 외부 공기의 온도보다 낮게 하는 경우는 그 차를 현저하게 할 것
5	상대온도	40% 이상 70% 이하
6	기류	0.5m/s 이하
7	포름알데히드의 양	공기 1m³당 0.1mg 이하

인수로 정해져 있으므로 실제로는 과도한 경우가 있습니다. 공기환경에는 다양한 지표가 있는데, 간이적으로는 CO_2(이산화탄소) 농도를 기준으로 하는 것이 많습니다. 표 1의 건축물환경위생관리기준에서는 CO_2 농도는 1000ppm 이하로 되어 있으므로, 이것을 관리 기준으로 하는 것이 일반적입니다. 또한 외부 공기의 CO_2 농도는 400ppm 정도입니다.

또한 CO(일산화탄소)는 가스보일러나 스토브 등의 불완전 연소에 의해 발생하는데, 그 양이 증가하면 중독증상을 일으키므로 주의가 필요합니다.

관리 기준은 CO_2와 마찬가지로 표 1의 건축물환경위생관리기준의 규정값인 10ppm 이하입니다.

② 측정기

사진 2는 핸디타입의 CO·CO_2 농도계입니다. CO는 0~500ppm, CO_2는 0~5000ppm까지 측정할 수 있습니다.

CO의 측정원리는 일정 압력에서 CO를 전기분해했을 때 발생하는 전류가 CO 농도에 비례하는 것을 이용하고 있습니다.

또한 CO_2의 측정원리는 CO_2가 특정의 파장(4.3μm)의 적외선을 흡수하는 성질을 이용하고 있습니다.

사진 3의 프로브 내에는 CO 센서, CO_2 센서, 온도 센서, 습도 센서가 들어 있습니다.

③ 측정방법

전원을 켠 후 검출회로가 안정할 때까지 (5분 정도)는 정확하게 측정되지 않습니

사진 3 프로브

사진 4 측정상황

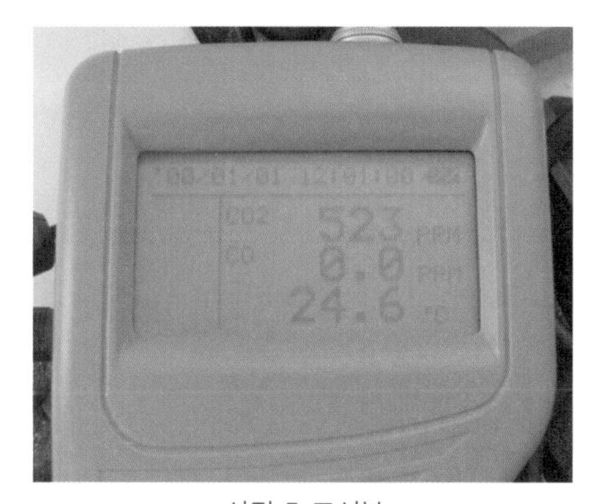

사진 5 표시부

사진 6 소형 관류보일러

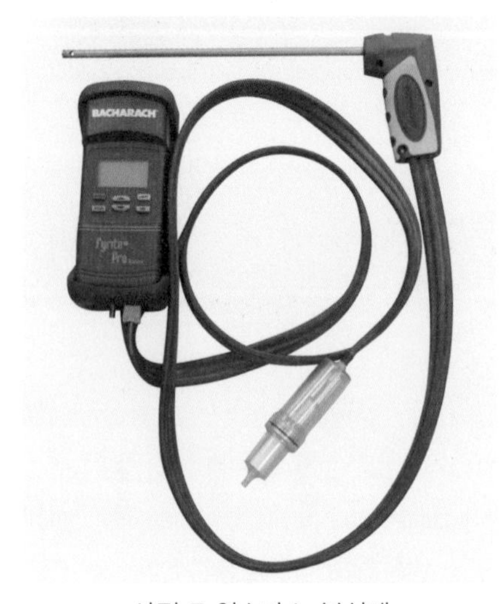

사진 7 연소가스 분석계

표 2 연소가스 분석계의 사양

	항목		내용
1	측정대상		배기가스
2	측정항목	직접 측정	O_2, CO 공기온도, 배기온도
		연산에 의한 것	연소효율, 과잉공기, CO_2
3	측정범위	O_2	0~20.9%
		CO	0~2000ppm
		공기온도	0~100℃
		배기온도	−18~537℃
4	대응하는 연료		천연가스, 프로판가스, 등유, 중유
5	전원		AA 건전지 4개

다. 또한 공기의 흐름에 의해 응답시간이 변화합니다. 가능한 한 흐름이 있는 장소에서 측정합니다.

사람의 호흡 공기 중에는 10000ppm 정도의 CO_2가, 흡연자가 되면 수 ppm의 CO가 포함되기 때문에 센서에 숨이 닿지 않도록 하여 측정합니다.

사진 4에 측정상황, 사진 5에 표시부를 나타냈습니다.

(3) 연소가스 분석계

① 연소효율

사진 6은 일반적으로 사용되고 있는 소형 관류보일러입니다. 고효율이며 운전이 용이하지만, 보일러의 성능을 발휘할 수 있는 운전을 하지 않으면 실제 효율은 낮아집니다.

보일러를 고효율로 운전하기 위해서는 현재의 운전상태를 알아야 합니다. 이를 위해서는 연소가스(배기가스)를 분석할 필요가 있습니다.

② 측정기

사진 7은 연소가스 분석계입니다. 측정기의 주요 사양을 표 2에 나타냈습니다.

사진 8은 연소가스 분석기인데, 사진 9의 프로브와는 고무호스로 접속합니다. 프로브의 끝부분에는 사진 10과 같은 배기가스의 흡인구가 있습니다. 사진 11은 필터입니다.

측정 시에는 사진 9의 프로브를 연도의 검출구로부터 연도로 삽입합니다. 프로브의 끝부분이 배기가스 흐름의 중앙부(배기가스 온도가 가장 높은 부분)에 위치하도록 조정합니다.

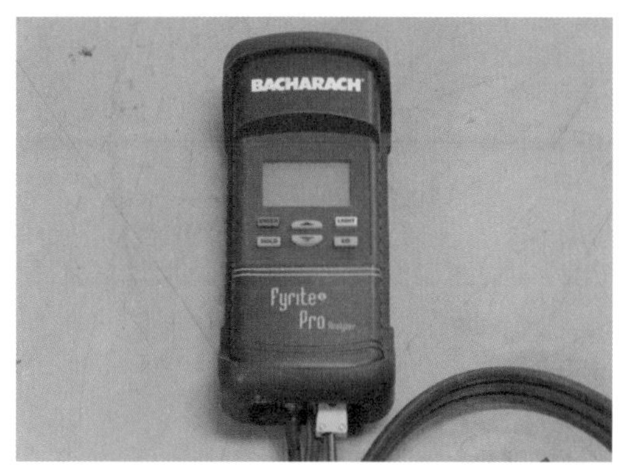

사진 8 연소가스 분석계

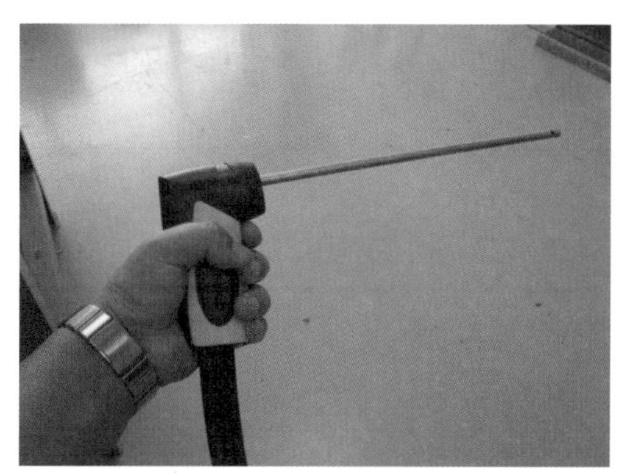
사진 9 프로브

사진 10 프로브의 끝부분

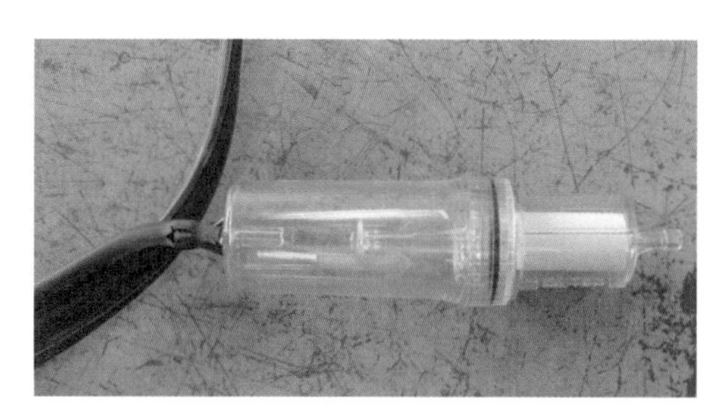
사진 11 필터

③ 공기비

공기비란 물체가 연소할 때 실제로 사용되는 공기량과 이론 공기량의 비를 말합니다. 보일러 등의 연소설비의 경우, 공기비를 낮게 제어하는 것이 에너지 절약에 효과가 있지만, 공기비를 너무 낮게 하면 불관전 연소를 일으켜 그을음 등이 발생하는 경우가 있습니다. 반대로 공기비를 너무 올리면 연소용 공기에 의한 배기가스 손실이 증대하여 에너지 효율이 저하됩니다. 이 때문에 공기비의 관리는 중요하며, 에너지절약법에서는 기준 공기비가 정해져 있습니다.

사용한 공기량을 구하는 것은 곤란하므로 공기비는 연소가스 분석기로 측정한 산소(배기가스 중에 잔존하고 있는 산소) 농도로부터 계산에 의해 구합니다.

통상 공기비는 다음의 간이식으로 구할 수 있습니다.

$$\text{공기비 } m = \frac{21}{21 - \text{산소농도}[\%]}$$

예를 들면, 배기가스의 산소농도가 5.7%인 경우에 공기비는 1.37이 됩니다.

또한 최근의 연소가스 분석계 중에는 공기비나 배기가스의 손실, 연소효율 등을 자동계산할 수 있는 것도 있습니다.

7 태양전지 측정

사진 1 메가솔라

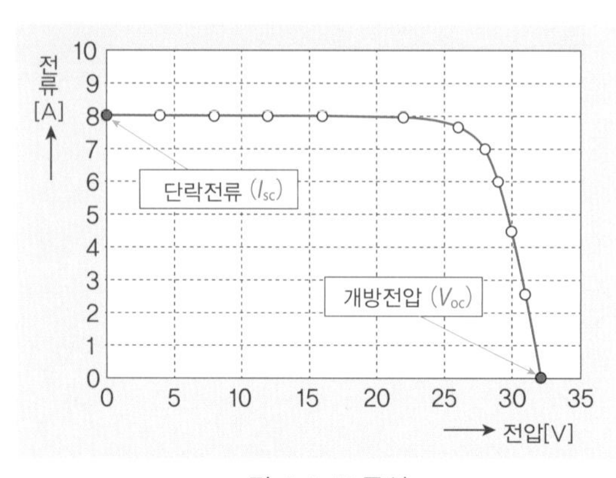

그림 1 *I–V* 특성

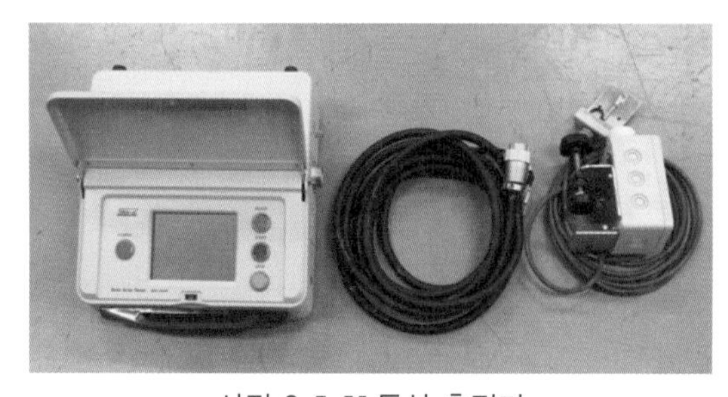

사진 2 *I–V* 특성 측정기

(1) 필요한 측정기

태양광 발전설비와 일반적인 전기설비 모두 보수 · 점검에서 사용하는 측정기는 공통으로 사용하는 경우가 많습니다.

그러나 태양광 발전설비는 발전전압이 직류인 점, 사진 1과 같이 패널이 광범위에 걸쳐 설치되어 있다는 점 등으로 인해 태양광 발전설비 특유의 측정기도 있습니다.

(2) 전류–전압 특성 측정기

① *I–V* 특성

태양전지의 전류–전압 특성(*I–V* 특성)은 그림 1과 같이 단락전류와 개방전압을 기점으로 하여 오른쪽 방향으로 줄어드는 곡선입니다. 이 특성곡선은 일사량이나 기온, 그늘이나 열화상황 또는 고장 등 다양한 요인에 의하여 변화합니다. 이 때문에 태양전지의 성능을 평가하기 위해서는 *I–V* 특성 측정을 빼놓을 수 없습니다.

I–V 특성은 태양전지에 저항을 접속해서도 측정할 수 있지만, 저항을 0(단락)~무한대(개방)까지 변화시키는 것은 실용적이지 않습니다. 이 때문에 통상의 측정기는 전자적인 부하를 사용하거나 콘덴서를 부하로 하는 방식을 사용합니다.

② 측정기

사진 2는 전자부하 방식의 *I–V* 특성

측정기입니다. 왼쪽부터 측정기 본체, 접속 케이블, 센서 유닛(일사량계와 온도계)입니다. 직류 610V, 12A까지 측정할 수 있으며 측정시간은 약 5초입니다.

사진 3은 스트링(태양전지 모듈)을 직렬로 접속한 것)의 I–V 특성을 측정하고 있는 모습입니다. 또한 사진 4는 센서 유닛을 설치한 모습입니다. 센서 유닛은 일사량과 온도에 의하여 I–V 특성을 보정하기 위한 것이므로 측정기 본체와는 무선(ZigBee)에 의해 통신합니다.

측정 데이터는 컴퓨터로 관리할 수 있으므로, 보고서(그림 2) 작성도 용이합니다.

(3) 고장지점 탐사기

태양전지 모듈이나 셀이 열화하면, 발전량이 저하됩니다. 또한 고장이나 상태불량에 의하여 발전이 정지하는 경우도 있습니다.

이 때 불량 장소를 탐사하는 측정기가 사진 5의 고장지점 탐사기입니다. 왼쪽부터 송신기, 접속 케이블, 수신기입니다. 송신기로 스트링에 5kHz의 신호를 주입하고, 그 신호를 수신기로 탐사하는 방식입니다. 직류 1000V까지의 태양전지에서 사용할 수 있습니다.

탐사에는 자계탐사와 전계탐사로 두 가지 종류가 있으므로 측정내용에 따라서 나눠서 사용합니다. 자계 탐사 시는 선간에, 전계탐사 기는 대지 간에 신호를 주입합니다. 접속함에서 탐사 대상의 스트링 차단기를 개방하여 송신기를 사진 6과 같이

사진 3 I–V 특성의 측정상황

사진 4 센서 유닛

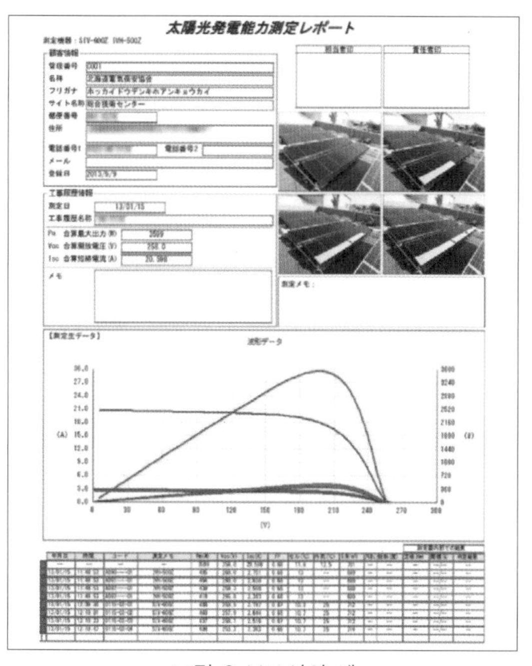

太陽光発電能力測定レポート

測定機器：SIV-600Z (SN-500Z)

担当者印 | 責任者印

顧客情報
管理番号 0001
名称 北海道電気保安協会
フリガナ ホッカイドウデンキホアンキョウカイ
サイト名称 総合技術センター
郵便番号
住所
電話番号1 電話番号2
メール
登録日 2013/9/9

工事履歴情報
測定日 13/01/15
工事履歴名称
Pm 合算最大出力(W) 2509
Voc 合算開放電圧(V) 258.0
Isc 合算短絡電流(A) 20.386
メモ
測定メモ：

【測定生データ】
波形データ

그림 2 보고서의 예

클립으로 접속합니다.

① 자계탐사

태양전지 모듈의 버스바, 인터커넥터, 바이패스 다이오드 등의 단선을 탐사하는 모드입니다. 수신기를 버스바, 인터커넥터를 따라 이동시키면 탐사신호가 끊긴 곳이 단선 장소입니다.

사진 7은 인터커넥터의 단선을 탐사하고 있는 모습입니다. 바이패스 다이오드의 단선에는 부속된 차폐판으로 모의적인 그림자를 만들어 바이패스 다이오드에 전류를 흘려 탐사합니다. 사진 8은 로드 센서를 사용하여 탐사하고 있는 모습입니다. 로드 센서는 길이 2m의 로드 끝에 센서가 달려 있으며, 수신기가 닿지 않는 장소의 탐사에 사용합니다.

② 전계탐사

모듈 간 배선의 단선 장소를 탐사하는 모드입니다. 주입신호는 도통이 정상적인 모듈까지 도달하므로 발신기의 접속 장소로부터 모듈을 탐사할 수 있습니다. 신호가 도달할 마지막 모듈과 그 다음의 모듈 사이가 단선 장소가 됩니다.

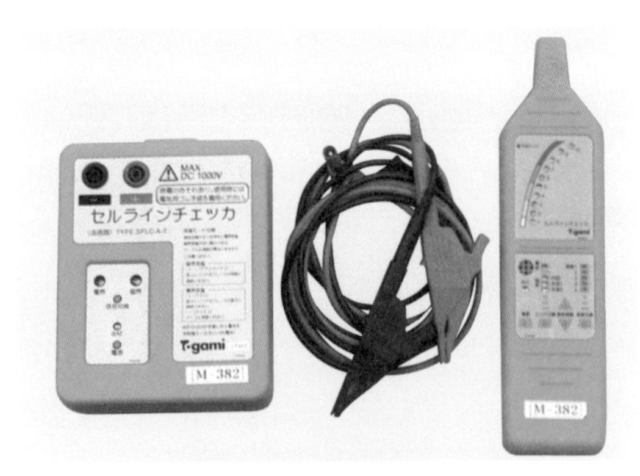

사진 5 고장지점 탐사기

사진 6 송신기의 접속

사진 7 단선 탐사

사진 8 로드 센서

전기안전·기타

감전사고는 다양합니다. 전기의 위험성을 숙지하고 있는 전기 기술자 자신이 피해를 입는 사고가 매년 발생하고 있습니다. 특히 정전작업 시에 '깜빡해서', '아집', '익숙함'에서 기인하는 사고가 많은 것 같습니다.

작업계획의 적정화, 작업순서의 준수는 당연하지만 안전기구를 적절하게 사용하는 것도 중요합니다.

또한 전기설비의 보수·점검에 사용하는 편리한 측정기가 있습니다. 이 측정기를 적절하게 사용하면 재해방지와 사고방지에 도움이 되지만, 잘못 사용하면 역효과를 냅니다.

안전하게 작업하기 위해서는 측정기의 올바른 사용 방법을 이해해야 합니다.

1 측정의 필요성

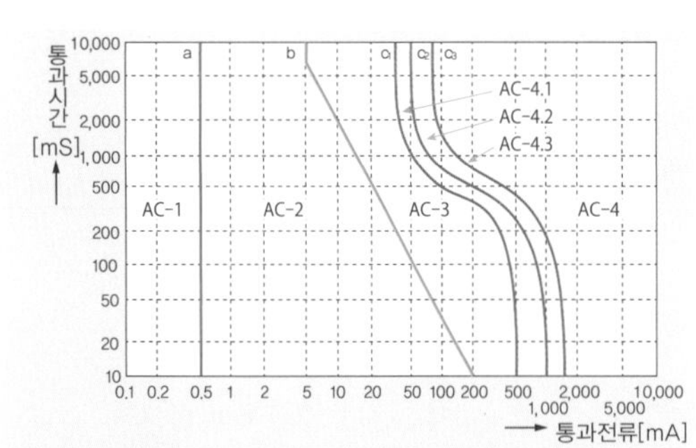

(주) 전격 위험성을 a, b, c(c는 c1, c2 및 c3로 세분) 세 개의 특성곡선에 의하여 도에 표시한 것과 같이 네 개의 영역으로 분류하고 있음

AC-1 : 감지하지만 통상 놀라는 반응은 없음

AC-2 : 무의식적인 근수축이 있지만 통상 유해한 생물학적 영향은 없음

AC-3 : 무의식적이고 격한 근수축, 호흡곤란, 회복성이 있는 심기능의 흥분 등이 있지만, 통상 기관에 손상은 없음

AC-4 : 심박정지·호흡정지·화상 등의 병생리학적 영향이 있으며, 전류와 시간의 증가에 따라 심실세동의 확률이 증가함

그림 1 전격과 인체반응

사진 1 전기실에서의 점검

사진 2 불에 타서 손상된 케이블

전기는 편리한 에너지이지만 잠재적인 위험성이 존재합니다. 특히 감전은 전격이라고도 부르며, 인체에 전류가 흘러 발생합니다. 전격은 단순히 전류를 감지하는 정도의 가벼운 것부터 고통을 동반하는 쇼크, 나아가서는 근육의 경직, 심실세동에 의한 사망 등 다양한 증상이 있습니다.

IEC(국제전기표준회의)에서는 그림 1과 같은 한계곡선을 공표하고 있는데, 심실세동 전류는 통전시간이 0.5초 동안 100mA, 1초 동안 50mA, 3초 동안 40mA 정도입니다. 미세한 전류라도 인체에는 중대한 영향을 미칩니다.

또한 전기는 눈에 보이지 않기 때문에 위험성을 의식하기 어려운 특징이 있습니다.

사진 1은 전기실에서 점검을 하고 있는 모습입니다. 전기 기술자는 일상적으로 위험성이 잠재된 전기를 다루고 있습니다. 이 보이지 않는 전기를 확인하기 위하여 다양한 측정기나 안전기구가 사용됩니다. 이 측정기들은 생명이나 기기를 보호하는 중요한 것입니다. 사진 2는 케이블이 불에 타서 손상된 것입니다. 이와 같이 되기 전에 대응해야 합니다. 전기설비의 이상이나 열화상태를 파악하기 위해서는 육안 점검이 중요하지만, 각종 점검용 측정기를 적절하게 사용할 필요가 있습니다.

이 측정기들을 올바르게 사용하면 재해방지와 사고방지에 도움이 됩니다.

2 검전기

(1) 목적

정전조작이나 복전조작 시에는 사진 1과 같은 전주 위에 설치된 개폐기를 켜거나 끕니다. 이때, 해당 개폐기와는 다른 개폐기를 조작하거나 조작불량을 일으킬 가능성이 있습니다. 또는 착오 때문에 충전 장소를 정전했다고 착각하는 경우도 있을 수 있습니다.

이 때문에 작업 전에는 반드시 작업 장소가 충전되어 있는지 아닌지를 확인할 필요가 있습니다.

검전기는 이러한 때에 사용하는 것으로, 전로나 기기가 충전상태인지, 또는 정전상태인지를 확인하는 기구입니다. 검전기는 작업자의 안전을 지키기 위해서 빼 놓을 수 없는 중요한 것입니다.

사진 1 개폐기의 조작

사진 2 네온관식 검전기

(2) 종류

검전기는 검전할 회로의 전압 크기에 따라서 저압용, 고저압 양용, 고압용, 특별고압용이 있습니다. 또한 전압의 종류에 따라서 교류용, 직류용, 교직류용이 있습니다.

① 교류검전기

[네온관식]

사진 2는 저압 네온관식 검전기로, 80~600V의 검전이 가능합니다.

구조가 간단하고 전원도 필요하지 않으

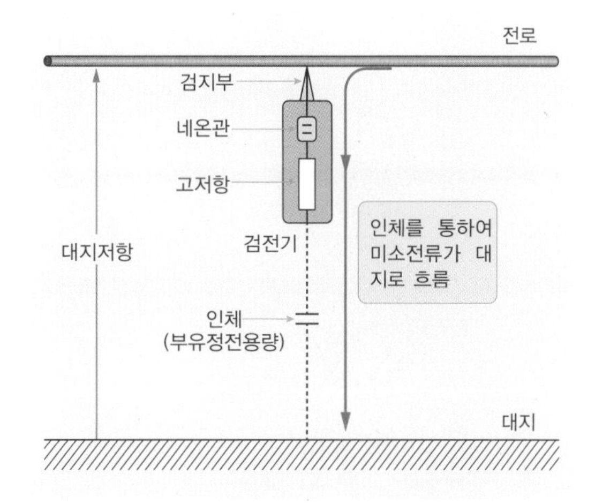

그림 1 네온관식 검전기의 원리

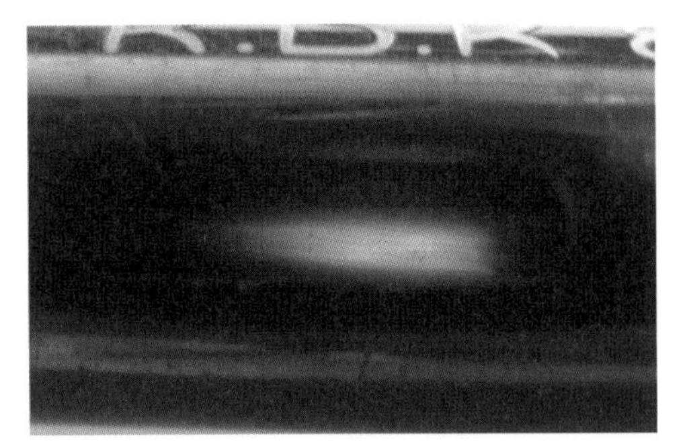

사진 3 네온관의 방전

사진 4 전자식 검전기

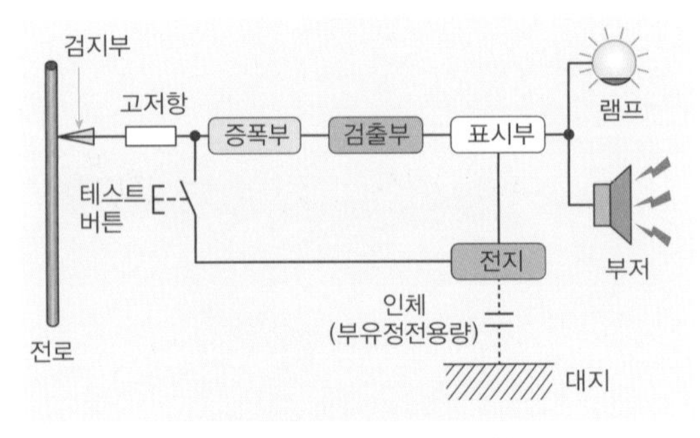

그림 2 전자식 검전기의 원리

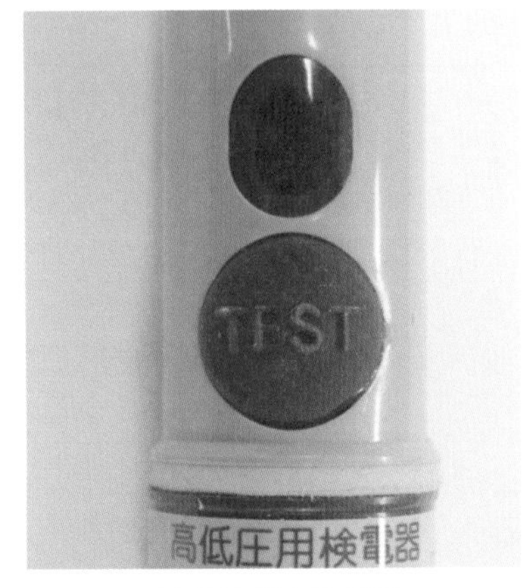

사진 5 테스트 버튼

므로 예전부터 사용되고 있습니다. 절연물의 케이스에 네온관을 넣은 구조로, 그림 1과 같이 검지부를 전로에 접촉시키면 인체를 통하여 미소한 전류가 흐릅니다. 이 때 사진 3과 같이 네온관이 오렌지색으로 글로우 방전하므로 충전되어 있음을 알 수 있습니다. 다만 네온관의 휘도가 약하기 때문에 밝은 장소에서는 확인이 어렵고, 피복 위에서는 검전이 되지 않는 등의 결점이 있습니다. 이 때문에 최근에는 많이 사용되고 있지 않습니다.

[전자식]

사진 4는 고저압 양용 전자식 검전기로 80~7000V의 검전이 가능합니다.

검출원리는 네온관식과 동일한데, 그림 2와 같이 검전기 내부에 전지와 증폭회로가 내장되어 있습니다. 이 증폭회로로 미소한 검출전류를 증폭하여 표시등을 점등시키거나 음향을 발생시키므로 확인하기 쉽도록 되어 있습니다. 또한 사진 5와 같이 테스트 버튼이 있으므로 검전기 내부 회로의 체크도 가능합니다.

증폭회로의 설계에 따라 다양한 특성을 갖는 검전기를 제조할 수 있는 점, 고저압 모두에서 사용 가능한 점, 절연피복 위에서 검전할 수 있는 점 등의 특장점이 있어 널리 사용되고 있습니다.

사진 6은 특고용 검전기로 20~80.5 kV의 검전이 가능합니다. 사진 7과 같이 고저압 양용과 마찬가지로 음광식이며 테스트 버튼도 있습니다.

[풍차식]

이 검전기는 코로나 방전에 의해 발생되는 이온풍을 이용하여 검전기의 풍차를 회전시키는 방식이므로 전원은 필요하지 않습니다. 또한 풍차는 선명한 오렌지색이므로 멀리서도 확인할 수 있습니다. 풍차식 검전기는 특별고압회로의 검전에 사용됩니다.

사진 8은 11~154kV 회로에서 사용하는 풍차식 검전기입니다. 절연봉은 신축식이므로 사용전압에 따라 늘려서 사용합니다(최장 5.6m). 사진 9는 풍차 부분으로 끝부분의 스프링(검지부)을 충전부에 접촉시키면 통전되어 있을 경우에 풍차가 회전합니다. 사진 10은 검전기의 명판입니다.

② 직류검전기

태양광 발전의 접속함이나 수전설비의 직류제어회로 또는 직류에서의 절연내력 시험 등에서는 직류검전기를 사용합니다. 직류회로는 평소 별로 볼 수 없기 때문에 잘못해서 교류용 검전기를 사용하지 않도록 주의해야 합니다. 교류검전기로는 직류회로를 검전할 수 없습니다. 이 때문에 정전되어 있다고 생각하여 감전사고가 난 사례도 있습니다. 사진 11은 1~30kV 회로에서 사용하는 직류검전기입니다. 사진 12에 명판을 나타냈습니다.

직류의 경우는 정전용량(인체의 부유정전용량)에 의한 전류는 흐르지 않으므로 검전기를 접지선으로 대지에 접속하여 사용합니다. 이 때문에 접지선이 포함되어 있습니다. 또한 피복 위에서는 정상적으로

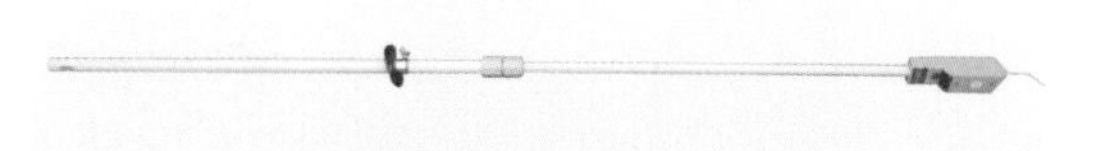

사진 6 특고압용 검전기

사진 7 테스트 버튼

사진 8 풍차식 검전기

사진 9 풍차 부분

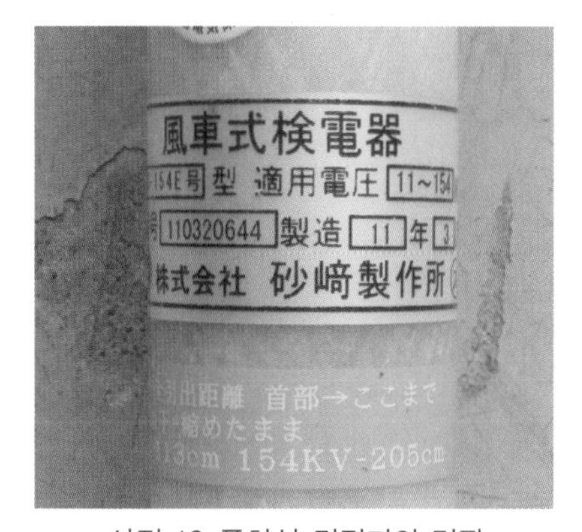

사진 10 풍차식 검전기의 명판

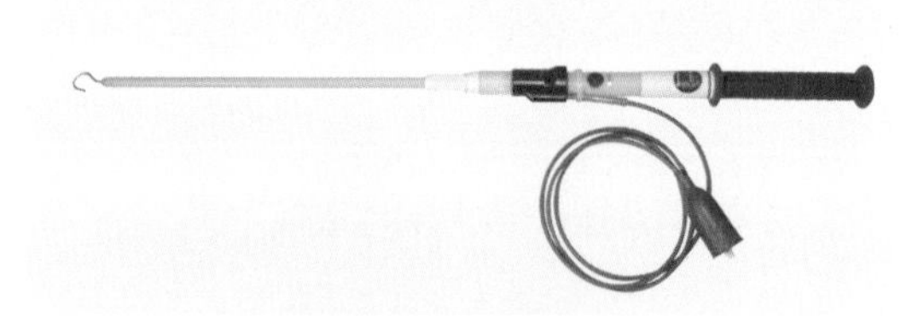

사진 11 직류검전기

사진 12 직류검전기의 명판

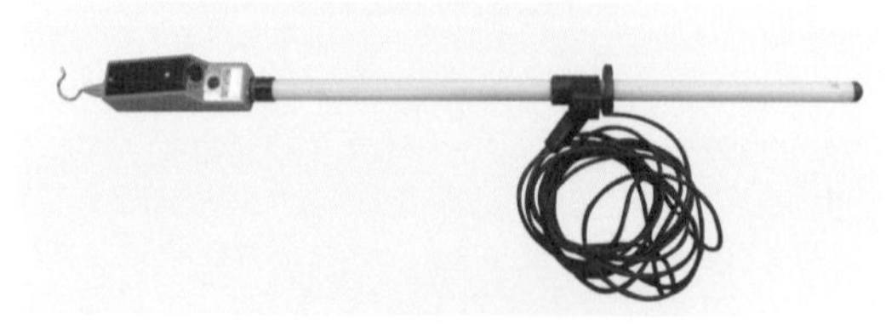

사진 13 교직류 양용 검전기

사진 14 교직류용 검전기의 명판

검전할 수 없으므로 검지부는 반드시 피복이 없는 부분에 접촉합니다.

③ 교직류용 검전기

교류와 직류 양쪽에 사용할 수 있는 검전기가 교직류 양용 검전기입니다. 직류검전기와 마찬가지로 접지선이 포함되어 있습니다. 접지선을 사용한 경우에는 교류와 직류 모두 검전을 할 수 있지만, 접지선을 사용하지 않으면 교류만 점검하게 됩니다.

사진 13은 교류 및 직류 3~25kV 회로에서 사용하는 검전기입니다. 사진 14에 명판을 나타냈습니다.

(3) 사용방법

① 검전기의 사용전압 범위가 대상 전로에 적합한지를 확인합니다.

② 테스트 버튼이나 검전기 체커로 동작이 정상적인지를 확인합니다. 테스트 버튼은 전지의 용량, 발음·발광 동작 등 내부회로의 체크이지 검전 성능의 테스트는 아닙니다. 따라서 사용 전에는 반드시 검전기 체커(전압발생기)나 크기를 알고 있는 전원으로 동작을 확인하는 것이 바람직합니다.
사진 15는 검전기 체커로 동작을 확인하고 있는 모습입니다.

③ 검전 중에는 검전기의 손잡이 부분 이외는 위험하므로 만지면 안 됩니다. 또한 손에 쥐는 방법에 따라 정전용량이 크게 변화합니다. 손잡이의 끝부분을 잡으면 임피던스가 커져서 흐르는 전류가 적어집니다. 이 때문에 검전기

의 감도가 떨어져 오검전의 우려가 있으므로 반드시 정해진 위치(사진 16의 붉은선의 바로 앞)를 단단하게 잡고 검전하여 주십시오.

④ 고압을 검전하는 경우, 충전부로부터 60cm 이내로 접근할 때는 고압절연 고무장갑을 착용하는 것이 노동안전위생규칙에서 의무로 규정되어 있습니다. 고압절연 고무장갑을 사용하지 않는 경우에는 절연봉을 사용합니다. 사진 17은 전기실에서 고압회로를 검전하고 있는 모습입니다.

⑤ 1상마다 각 상에서 검전합니다. 개폐기의 동작불량에 의해 검전 결과 1상만 충전된 경우도 있습니다.

⑥ 고압 케이블은 차폐 테이프가 접지되어 있으므로 검전할 수 없습니다. 사진 18과 같이 단말부에서 검전을 합니다.

⑦ 피복전선 위에서 검전하는 경우에는 사진 19의 검지부를 전선에 충분히 접촉시킵니다.

사진 15 검전기 체크

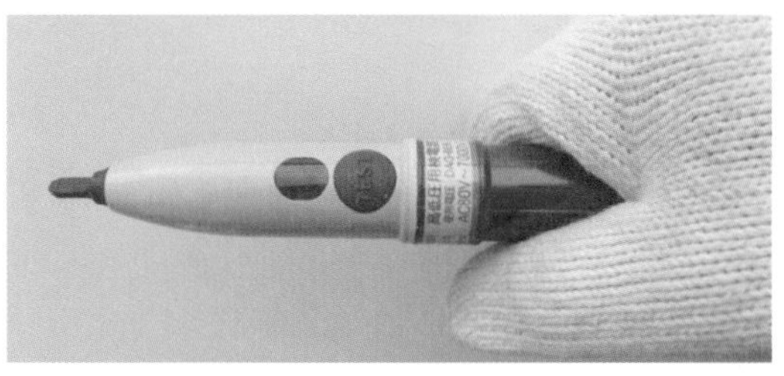
사진 16 검전기를 쥐는 위치

사진 17 고압회로의 검전

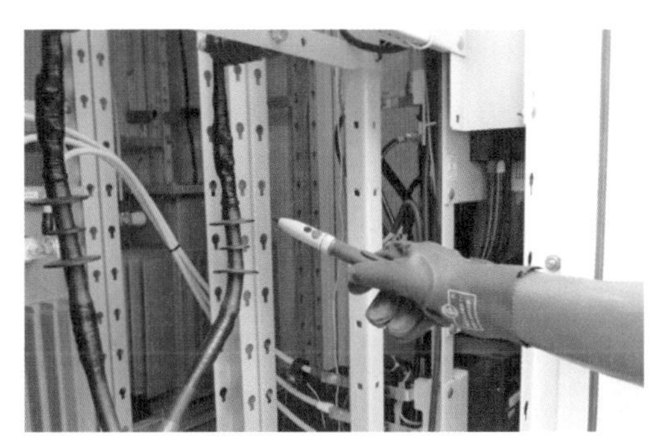
사진 18 고압 케이블의 검전

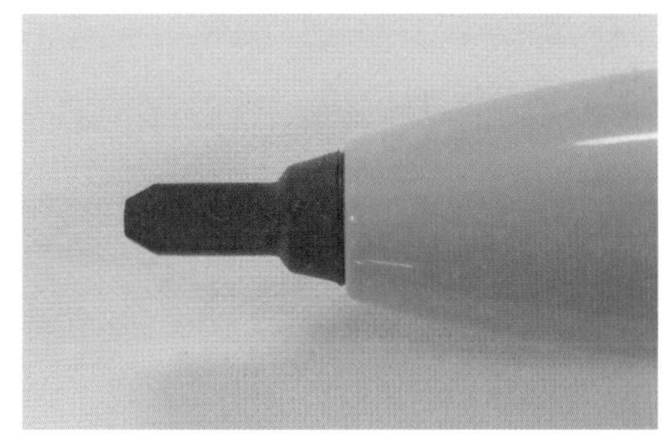
사진 19 검전기의 검지부

3 검상기

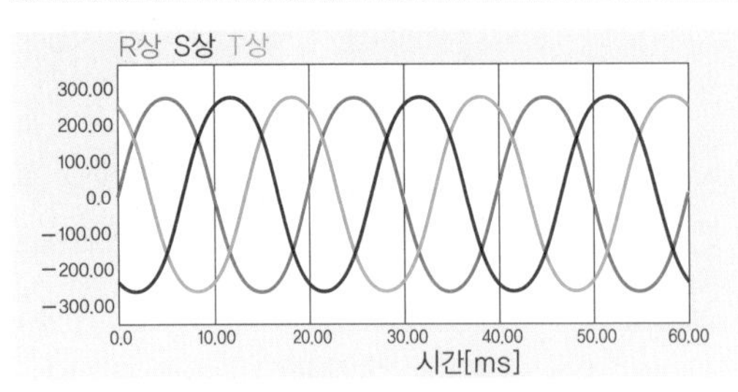

그림 1 3상전원

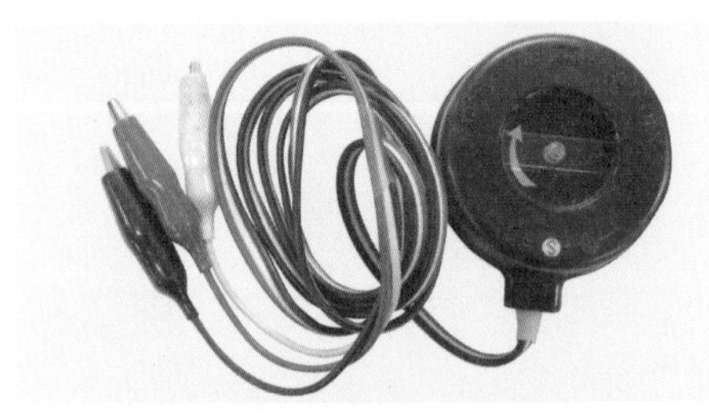

사진 1 접촉식 검상기

사진 2 동력제어반에서의 검상

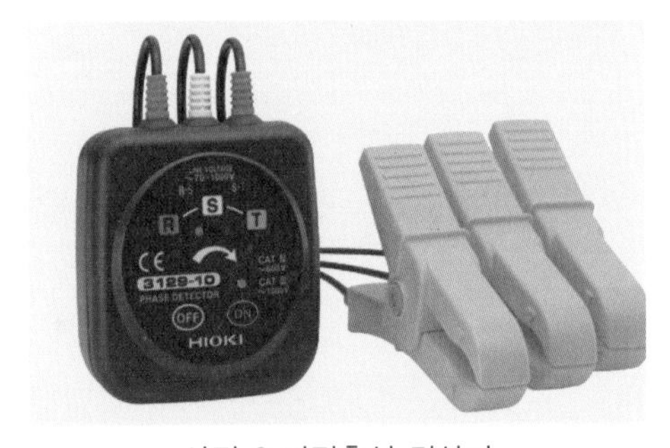

사진 3 비접촉식 검상기

(1) 목적

3상전원은 그림 1과 같이 3개의 단상전원이 120°씩 시프트되어 있는 것입니다. 이에 의하여 회전전계를 발생시켜 유도전동기를 회전시킵니다.

3상전원의 상순(상회전)이 R상→S상→T상이라면, 3상전원의 회전 방향은 정상(정회전)이 됩니다. 그러나 3상 중 2상이 역(예를 들면, R상→T상→S상)이 된 경우에는 역상(역회전)이 되어, 회전 자계도 역방향으로 발생하므로 유도전동기는 역회전합니다.

이 때문에 공사를 할 때에는 반드시 3상전원의 상회전을 확인합니다. 이 때에 사용하는 것이 검상기(상회전계)입니다.

(2) 종류

① 접촉식 검상기

사진 1은 접촉식 검상기입니다.

3상회로의 충전부에 직접 전압클립을 접속시켜 사용합니다. 충전부에서의 작업이므로 감전이나 단락사고에 주의할 필요가 있습니다.

사진 2는 동력제어반에서 검상하고 있는 모습입니다.

② 비접촉식 검상기

사진 3은 비접촉식 검상기입니다.

정전유도를 이용하여 전압을 검출하기

때문에 피복 위에서 측정할 수 있습니다. 충전부에 직접 접촉하지 않으므로 안전성이 높은 검상기입니다.

③ 고압용 검상기

사진 4는 고압용 검상기입니다.

고압용 검상기는 피복이 없는 전선과 피복전선 위에서 모두 사용할 수 있습니다.

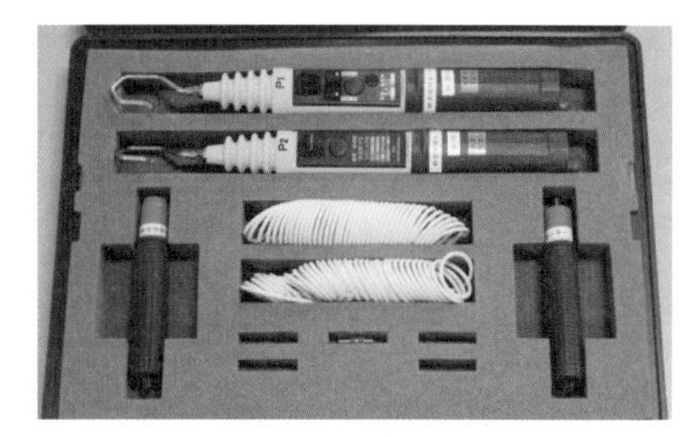
사진 4 고압용 검상기

(3) 사용방법

사진 5의 비접촉식 검상기를 사용하여 검상하는 경우에 대해서 설명합니다. 이 검상기의 사용전압은 70~1000V입니다.

① 전원 스위치를 눌러 전원을 켭니다. 본체에는 표면에 자석이 달려있으므로 사진 6과 같이 배전반에 고정합니다.

② 사진 7과 같이 측정 클립에 있는 ▼ 표시가 피복전선의 중심을 가리키도록 클립합니다.

측정 클립과 3상 전로와의 관계는 빨간색은 R상(또는 L1상, U상), 흰색은 S상(또는 L2상, V상), 파란색은 T상(또는 L3상, W상)으로 되어 있으므로 이것에 대응하는 전선에 접속합니다.

③ 접속과 동시에 상회전이 표시됩니다. 녹색 LED 회전화살표가 시계방향으로 순차점멸하는 경우는 정상입니다. 동시에 불연속적으로 부저가 울립니다.

역상인 경우에는 빨간색 LED 회전 화살표가 시계반대방향으로 순차적으로 점멸하며 부저가 연속적으로 울립니다.

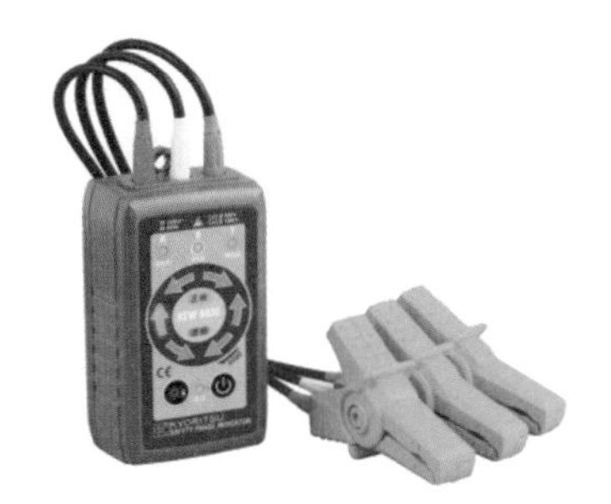
사진 5 비접촉식 검상기

사진 6 자석으로 고정

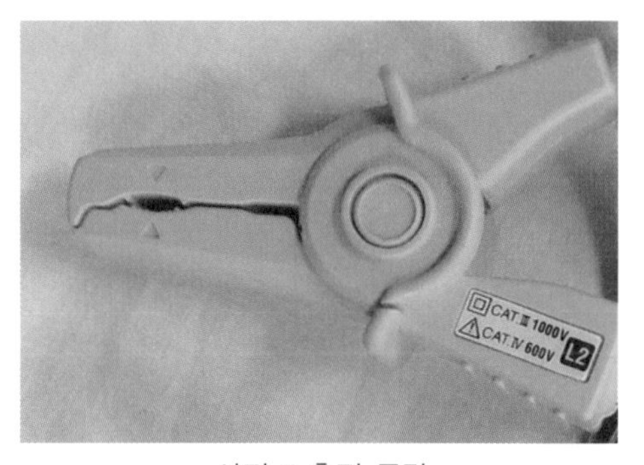

사진 7 측정 클립

4 전선 높이 측정기

사진 1 가공전선

(1) 목적

사진 1과 같은 가공전선의 지상으로부터의 높이는 해석 제68조에 정해져 있습니다. 높이가 낮은 경우에는 차량에 의한 단선사고나 인체 접촉에 의한 감전사고의 우려가 있으므로 가공전선의 높이가 규정을 만족하고 있는지 확인할 필요가 있습니다.

사진 2가 전선 높이 측정기입니다. 측정원리는 측정기에서 발사되는 초음파가 전선에 반사되어 돌아오는 시간으로부터 높이를 측정하는 것입니다. 측정 가능 높이는 3~15m로, 최대 6가닥의 전선을 동시에 측정할 수 있으며, 전선의 외경은 2.5mm 이상이어야 합니다.

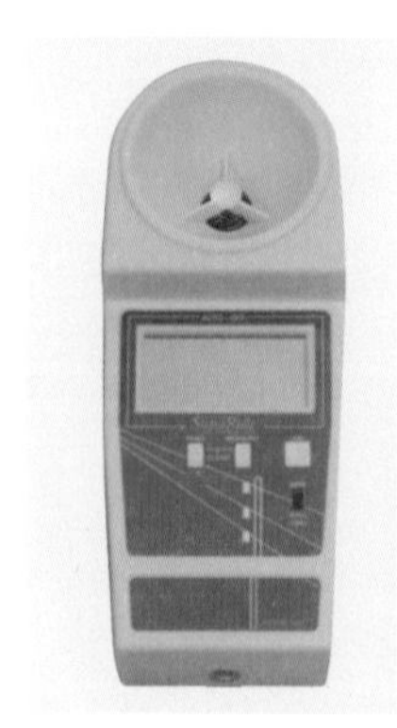

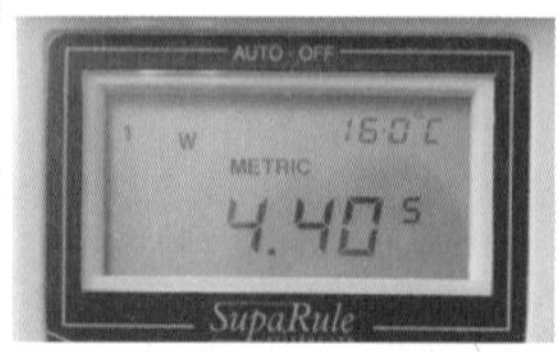

사진 2 전선높이 측정기와 표시부

(2) 사용방법

① 가공전선은 늘어지는 경우가 있으므로 사진 3과 같이 전선이 가장 낮은 곳의 바로 아래에 측정기를 놓습니다.

② 측정기 주위 2m 이내에 건물이나 벽이 없는지를 확인합니다.

③ 측정 버튼을 누르면 사진 2와 같이 전선 높이가 표시됩니다. 복수의 전선을 동시에 측정하는 경우, 첫 번째 표시는 전선 높이, 두 번째부터는 앞 전선과의 차가 표시됩니다.

④ 측정기를 지면에 놓지 않을 때는 측정값이 지면과 측정기 사이의 높이를 플러스합니다.

사진 3 전선 아래에서의 측정

5 정전 전위계

(1) 목적

전자부품을 취급하는 제조현장 등에서는 정전기 방전에 의해 제품의 불량을 일으킬 우려가 있습니다.

또한 위험물을 취급하는 제조현장에서는 정전기 방전에 의한 불꽃이 원인이 된 화재사고가 다수 발생하고 있습니다.

이와 같은 사업소에서는 정전기 대책을 빼 놓을 수 없습니다.

정전 전위계는 물체의 대전량(전위)을 비접촉으로 측정하는 측정기입니다.

측정원리는 대전된 물체로부터는 전계가 발생해 있으므로 이 전계를 검지하여 정전기의 전압으로 환산하여 표시합니다.

사진 1에 정전 전위계를 나타냈습니다. 이 측정기는 직류 0~±19.99kV까지의 전위를 측정할 수 있습니다. 또한 모드 전환에 의해 교류도 측정할 수 있습니다.

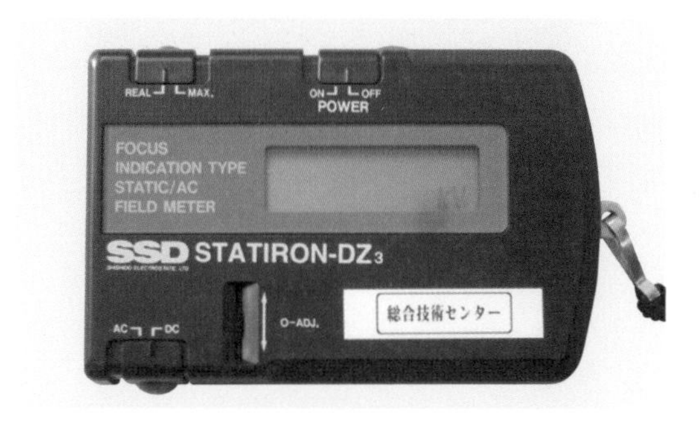

사진 1 정전 전위계

사진 2 영점 조정

(2) 사용방법

① 처음에 영점을 체크합니다. 측정기의 검출부가 접지체를 향하게 하여 측정하여 체크합니다. 이 때, 손을 접지체에 접촉하여 인체에 대전되어 있는 정전기를 방전시킵니다. 만약 영점에서 벗어나 있으면 사진 2와 같이 영점 조정에 의해 표시가 0이 되도록 조정합니다.

사진 3 측정상황

사진 4 적색 LED

② 사진 3과 같이 측정하고자 하는 대전물체에 측정기의 검출부를 향하게 하여, 소정의 거리(50mm)까지 접근합니다. 이 때 표시되는 수치가 대전물체의 표면전위입니다.

③ 검출부의 옆에서 방사되는 적색 LED(사진 4)의 원형 마크가 선명하게 보이는 위치가 소정의 거리(50mm)가 됩니다.

column

정전기(static electricity)

① 정전기 장애

정전기는 역학적 작용(흡인력이나 반발력), 정전유도, 방전 등의 현상을 일으키므로 예전부터 다양한 장애의 원인이 되어 왔습니다. 특히 최근에는 반도체나 전자기기 등의 장애가 많아지고 있습니다. 또한 정전기에 의한 폭발이나 화재 사례도 있습니다. 이와 같은 장애를 방지하기 위하여 정전기 대책이 필요합니다.

② 정전기 측정

정전기 장애를 방지하기 위해서는 대전 상태를 파악하기 위한 측정이 기본이 됩니다. 그러나 정전기의 측정은 통상의 전기측정과는 다릅니다. 그 이유는 다음과 같습니다.

- 정전기는 전압이 높고 전류가 미소하기 때문에 통상의 측정기로는 측정할 수 없음
- 측정에 의하여 원래의 측정물 상태가 변화하는 경우가 있음
- 전하가 공간적으로 분포하고 있는 경우가 많음

실제 정전기 측정에는 대전 상태를 알기 위한 정전전하량의 측정, 전하에 의해 발생하는 표면전위의 측정, 또한 부하의 누설 특성을 구하기 위한 부하감쇄특성이나 그로 인한 저항측정 등이 있습니다.

③ 정전기 대책

일반적으로 정전기의 발생을 억제하는 것은 어려운 경우가 많으므로 발생한 정전기를 흘려보내거나 중화시키는 방법을 중심으로 하고 있습니다. 이러한 방법으로서 다음과 같은 것이 있습니다.

- 물체가 금속 등과 같은 도체인 경우는 접지가 효과적입니다. 인체도 도체에 포함되므로 리스트 스트랩이나 도전신발 등을 사용합니다.
- 절연물의 경우에는 접지의 효과가 적으므로 재료를 도전화하여 접지합니다. 대전방지제를 도포하여 재료의 표면만을 도전화하는 방법이나 카본섬유 등의 도전성 재료를 혼입하여 재료 자체를 도전화하는 방법이 있습니다.
- 이오나이저(제전기)를 사용하는 방법도 효과적입니다. 이것은 물체에 역극성의 이온을 공급하는 것으로, 강제적으로 대전전하를 중화시켜 결과적으로 정전기를 제거하는 방법입니다.

6 초음파 두께 측정기

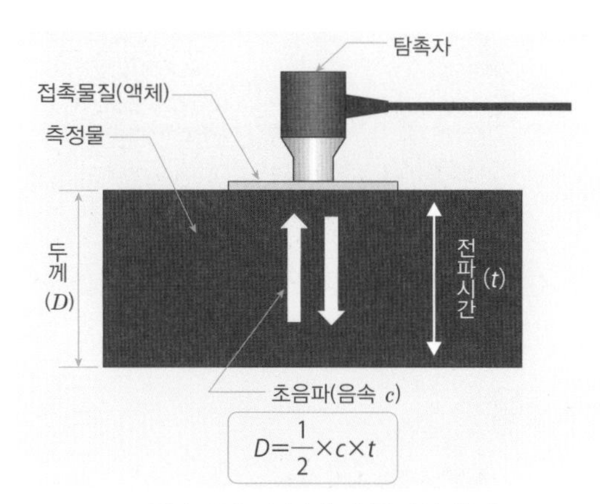

그림 1 초음파 두께 측정기의 원리

(1) 목적

사용 중인 배관의 두께나 면적이 넓은 판의 중앙부 두께 등은 마이크로미터나 버니어 캘리퍼를 끼울 수 없기 때문에 측정할 수 없습니다.

또한 배관이나 탱크, 각종구조물의 부식검사 등에도 초음파 두께 측정기가 사용됩니다.

철, 알루미늄, 티탄 등의 금속부터 유리, 세라믹스, 경질 플라스틱 등 초음파가 전달되는 물질이라면 모두 측정할 수 있습니다.

초음파 두께 측정기는 그림 1과 같이 탐촉자라고 불리는 센서에서 발신된 초음파가 측정물의 반대면에서 반사되어 돌아오는 시간(전파시간)을 기준으로 두께를 측정하고 있습니다.

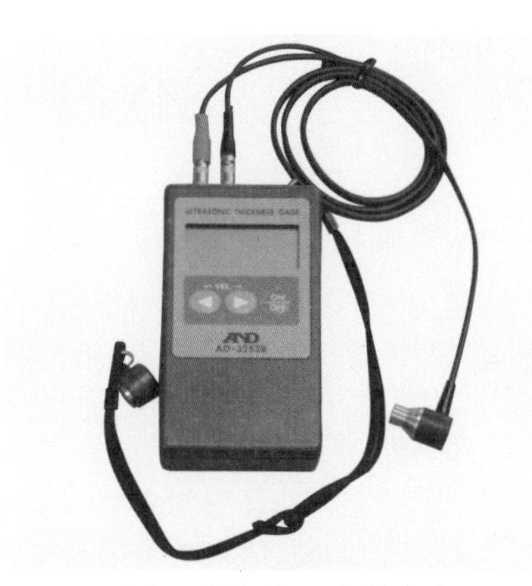
사진 1 초음파 두께 측정기

사진 1에 초음파 두께 측정기를 나타냈습니다. 이 측정기는 0.8~100mm까지의 두께를 측정할 수 있습니다. 사용하는 초음파의 주파수는 5MHz입니다.

(2) 사용방법

① 측정기 본체와 탐촉자를 접속시켜 전원을 켭니다.

② 탐촉자와 피측정면에 공기가 들어가지 않도록 접촉물질을 도포하여, 탐촉자를 사진 2와 같이 접촉시켜 초

사진 2 탐촉자

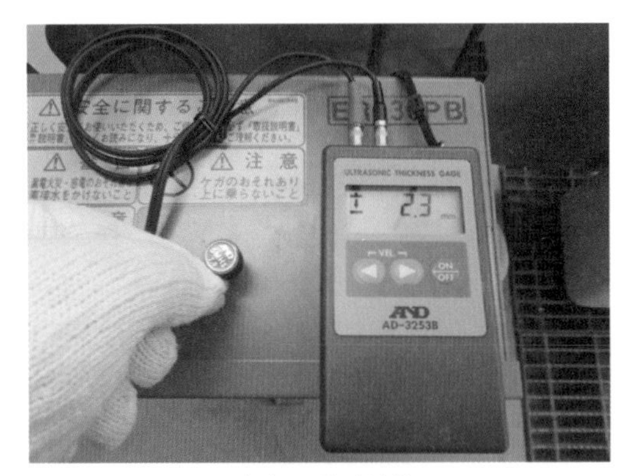

사진 3 측정상황

사진 4 시험편

음파를 발신시킵니다.

사진 3과 같이 표시부에 두께가 표시되므로 읽어냅니다(사진 3에서는 2.3mm).

도포하는 접촉물질로는 기계유, 글리세린, 물 등과 같은 액체를 사용합니다.

③ 음속이 불명확한 목질로 되어 있는 물체를 측정할 때에는 두께를 알고 있는 같은 재질의 재료로 음속조정을 한 후에 측정합니다.

④ 사진 4와 같은 시험편(두께 5mm)이 부속되어 있으므로, 초음파 두께 측정기 교정이나 성능의 체크에 사용합니다.

column

초음파 탐상기

초음파는 균일한 물질 내부에서는 반사하지 않지만 서로 다른 물질의 경계에서는 반사합니다. 이 성질을 이용하여 재료의 두께를 측정하는 것이 초음파 두께 측정기입니다. 마찬가지로 초음파의 반사를 이용한 장치로 초음파 탐상기가 있습니다.

초음파 탐상기의 탐촉자에서 발사된 초음파는 재료 속을 직진하여 내부에 결함이 없는 균일한 재료라면 바닥면에서 반사되어 돌아옵니다. 그러나 내부에 흠집이나 이물질 등의 결함이 있는 경우에는 그 경계면에서 일부 또는 전부가 반사됩니다. 초음파 탐상기는 이러한 반사파들에 의한 수신(초음파기) 파형을 관측하여 재료 내부의 결함 정보를 얻을 수 있습니다.

수신 파형에 포함되어 있는 정보에는 표면 초음파(T), 바닥면 초음파(B), 내부결함으로부터의 반사 초음파(F)가 있는데, 이것들은 초음파의 전파 거리의 차이 때문에 도달시간이 달라집니다. (T)와 (B)의 도달시간차는 재료의 두께에 해당하고, (T)와 (F)의 도달시간차는 표면에서 내부결함까지의 거리에 해당합니다. 또한 (F)의 반사강도의 정보로부터 결함의 종류나 크기를 판단합니다.

또한 탐촉자를 이동시키면서 반사파형(F)의 변화를 관찰하여 내부결함의 전체 상을 알 수 있습니다.

탐상기는 반도체, 세라믹스, 수지, 금속, 주조부품 등의 내부결함을 비파괴적으로 검사할 수 있습니다.

7 방전 검출

(1) 방전 현상

절연파괴의 전구현상인 방전에는 코로나 방전과 연면방전, 부분방전 등이 있는데, 이것들이 불꽃방전이나 아크방전으로 발전하여 나중에는 절연파괴에 이르게 됩니다.

방전은 최초에는 미소한 현상이어서 발견하기 어려운 것이지만, 이것을 방치하면 중대한 사고가 될 우려가 있습니다. 따라서 방전현상을 확실하게 검출하여 필요한 대응을 하는 것은 전기설비 보호에 있어 중요한 것입니다.

방전이 발생하면 이로부터 초음파가 방출되므로 이것을 탐지하여 방전을 발견하는 측정기가 있습니다. 이 측정기는 소형·경량으로 취급이 간단하기 때문에 널리 사용되고 있습니다.

사진 1 울트라폰

사진 2 PAS의 점검

(2) 울트라폰

울트라폰(상품명)은 사진 1과 같이 파라볼라 타입의 집음기 끝에 부착된 센서에 의하여 초음파(수신 주파수는 40kHz)를 검출합니다. 집음기가 포함되어 있으므로 감도가 좋고, 20m 정도까지의 방전을 탐지할 수 있습니다. 또한 지향성이 좋고, 반치각(음압반감각)은 3° 이내입니다. 이 때문에 방전 장소를 매우 좁은 범위로 한정할 수 있습니다. 탐지 가능한 방전전류

사진 3 초음파 발생기

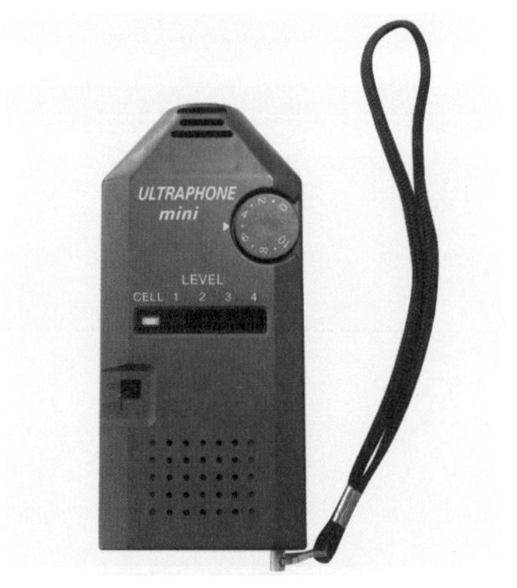

사진 4 울트라폰 미니

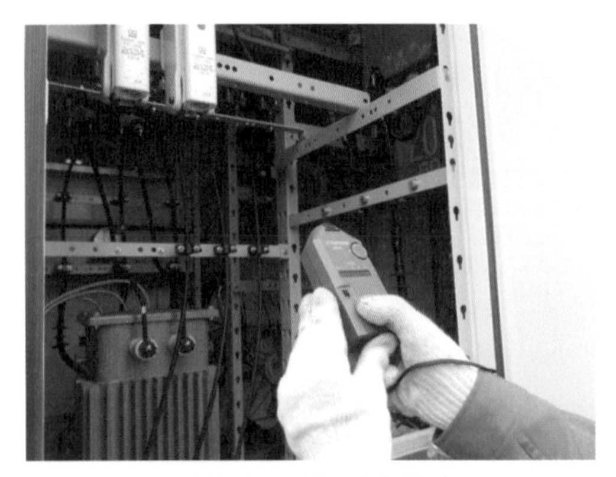
사진 5 큐비클 내의 점검

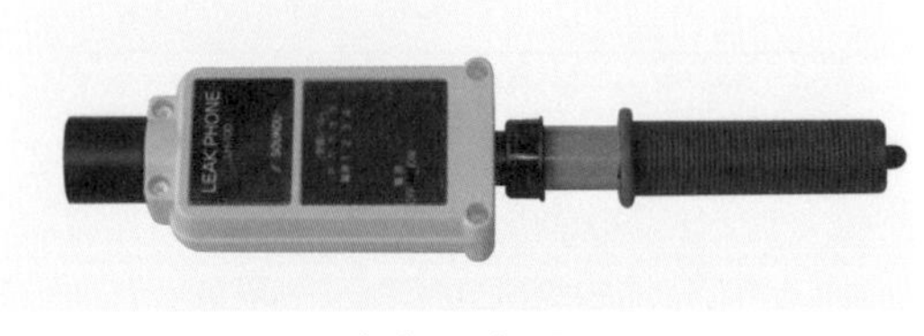

사진 6 리크폰

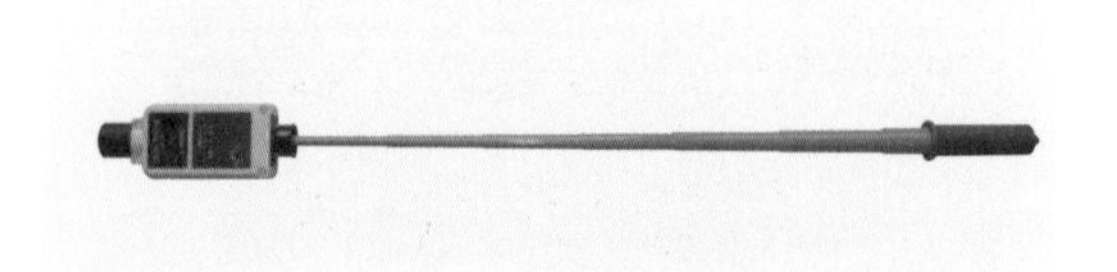
사진 7 늘린 상태

는 1~100μA 정도입니다.

사진 2는 구내 인입주의 PAS를 점검하고 있는 모습입니다. 파인더를 통하며 목표물을 직시하면서 측정합니다. 방전의 강도는 파인더 내의 미터에 표시됨과 동시에 이어폰 또는 내장 스피커의 음량으로도 확인할 수 있습니다.

사진 3은 울트라폰의 동작확인용 초음파 발생기입니다. 전원을 켜면 전면 좌측에서 40kHz의 초음파가 발신됩니다.

(3) 울트라폰 미니

울트라폰 미니(상품명)는 사진 4와 같이 소형의 핸디타입 초음파 측정기입니다. 지향성은 반치각(음압반감각)이 20° 이내, 측정거리는 1~2m 정도입니다. 수신주파수는 40kHz로 탐지 가능한 방전전류는 1~100μA 정도입니다.

사진 5는 큐비클 내를 점검하고 있는 모습입니다. 방전의 강도는 LED로 표시됨과 동시에 내장 스피커의 음량으로도 확인할 수 있습니다.

(4) 리크폰

사진 6은 리크폰(상품명)입니다. 울트라폰 미니와 거의 동일한 성능입니다. 지향성은 반치각(음압반감각)이 20° 이내, 수신주파수는 40kHz, 측정거리는 1~2m 정도입니다. 방전의 강도는 LED와 내장 스피커의 음량으로 확인할 수 있습니다.

리크폰과 피측정물과의 거리가 있어 방전음을 수신하기 힘든 경우에는 사진 7과 같이 신축봉을 늘려서 사용합니다.

(5) 코로나 방전 검출기

사진 8은 콜로나 방전 검출기(상품명)입니다. 지향성은 반치각(음압반감각)이 8° 이내, 수신주파수는 40kHz, 측정거리는 1~2m 정도입니다.

전술한 울트라폰, 울트라폰 미니, 리크폰은 초음파의 강도를 검출하는 타입이므로 방전음과 주위의 잡음을 구별하기 어려운 경우가 있습니다.

그러나 이 콜로나 방전 검출기는 초음파의 강도와 함께 **그림 1**과 같은 주파수 분석기능이 있으므로, 방전 이외의 음의 영향을 받지 않고 방전을 검출할 수 있습니다.

주파수 분석기능이란 초음파는 **그림 2**와 같이 발생하므로 검출음을 주파수 분석하면 그림 1과 같이 전원 주파수의 2배 성분이 강하게 나타납니다.(50Hz 영역에서는 100Hz, 60Hz 영역에서는 120Hz). 이 때문에 방전음만을 검출할 수 있습니다.

사진 9는 전기실에서 점검하는 모습입니다. 집음기의 레이저 포인터를 피측정물에 닿게 하면서 측정합니다. 방전의 강도는 액정부에 표시되면서 이어폰으로도 확인할 수 있습니다. 또한 측정 데이터는 내장 메모리에 기록할 수 있습니다.

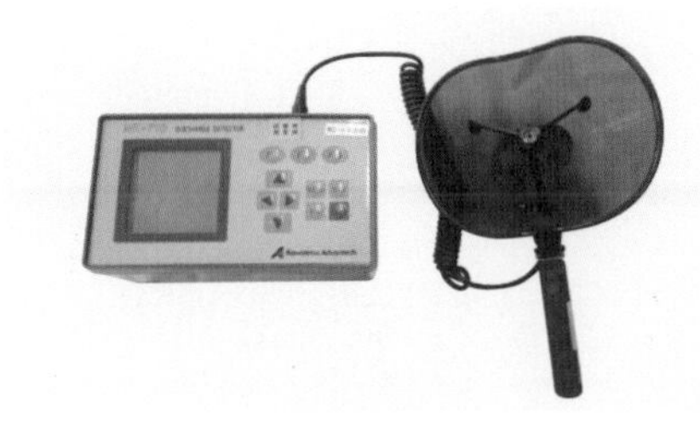

사진 8 코로나 방전 검출기

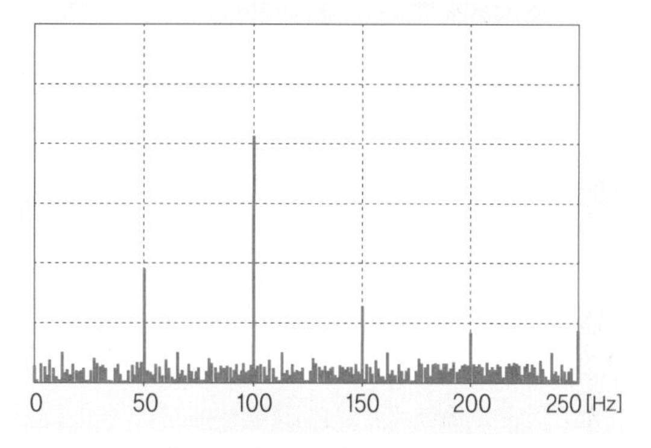

그림 1 주파수 분석(50Hz의 경우)

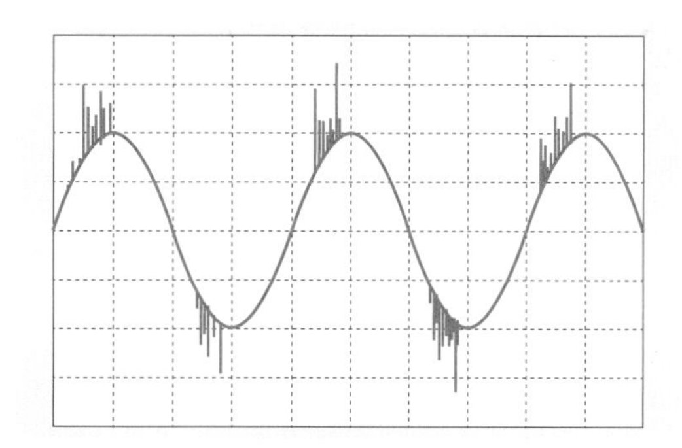

그림 2 방전 펄스

사진 9 전기실의 점검

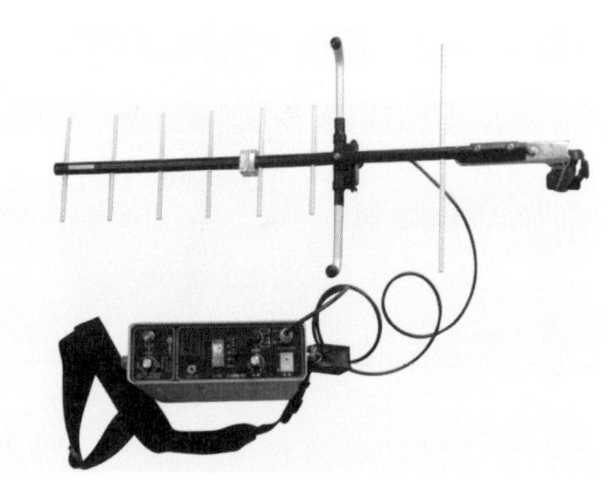
사진 10 울트라 H폰

사진 11 PAS의 점검

(6) 울트라 H폰

초음파는 장애물이 있으면 차폐되므로 방전 장소에 커버 등이 있으면 검출이 불가능합니다. 그러나 방전 시에는 초음파와 함께 잡음전파도 방출되므로 이 전파를 검출하는 것이 울트라 H폰(상품명)입니다.

울트라 H폰은 사진 10과 같이 야기 안테나를 사용하여 전파를 검출하는 측정기입니다. 지향성은 반치각(전력반감각)이 35° 이내입니다.

사진 11은 구내 인입주의 PAS를 점검하고 있는 모습입니다. 방전 장소를 찾기 위해서는 안테나가 향하는 방향을 여러 방향으로 바꾸어 가면서 레벨계의 바늘과 이어폰 또는 스피커의 음량에 따라 갑니다.

방전현상

방전은 다음과 같은 현상을 동반합니다. 이것들을 검출하면 방전이 발생되어 있습니다.

① 소리 : 방전음은 굉장히 작으므로 주위의 소리가 크면 구별할 수 없는 경우가 있습니다. 사람의 귀에는 들리는 음파(일반적으로 20Hz~20kHz)로 부터 사람이 들을 수 없는 초음파(20kHz 이상)까지 넓은 범위의 주파수를 포함하고 있습니다.

② 전파 : AM 라디오나 TV의 VHF, UHF 대역 등 광범위한 주파수를 포함합니다. 또한 소리와 다르게 멀리까지 전해집니다.

③ 빛 : 굉장히 약한 빛이지만 주위가 어두울 때에는 볼 수 있습니다. 육안으로 발생 장소를 특정할 수 있는 것이 장점이지만, 기기 내부에서 발생한 경우는 보이지 않습니다.

④ 진동 : AE 진동이 발생합니다. 고체가 변형되거나 파괴될 때에 발생하는 탄성파로, 방전 시에도 발생합니다. 이 탄성파는 AE 센서로 검출할 수 있습니다.

⑤ 오존(O3) : 오존 특유의 냄새가 있으므로 주의해 보면 방전의 발생을 알 수 있습니다. 측정기가 없는 시대에는 오존은 방전검출의 유효한 수단이었습니다.

측정기 관리

정확한 측정을 하기 위해서는 측정기 자체가 정확해야 하며, 측정하고자 하는 단위까지 측정할 수 있는 정밀도를 가져야 합니다. 또한 측정기의 올바른 취급이나 조작을 하는 것도 중요합니다. 더 나아가서 이 측정기들을 관리하는 시스템이 있어야 합니다.

측정값에 신뢰성이 없으면, 품질관리는 사상누각입니다. 그리고 측정값의 신뢰성은 측정기의 취급이나 교정방법, 관리방법 등에 의하여 큰 영향을 받습니다.

이 때문에, 측정기를 사용하는 사람은 측정에 관한 지식 뿐 아니라, 측정기 관리의 지식과 실무능력이 요구됩니다.

1 측정기 취급

사진 1 고기능 측정기의 예

사진 2 정밀전자기기

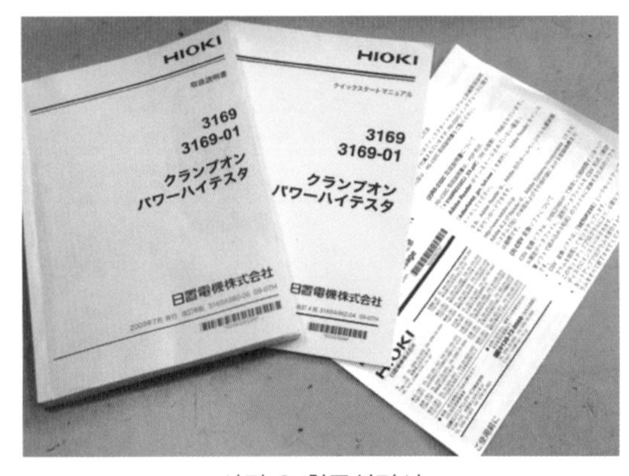

사진 3 취급설명서

(1) 취급방법

최근의 측정기는 사진 1과 같은 성능이나 조작성, 기능을 향상한 것이 많으며, 사용자가 측정기의 시스템을 숙지하거나 능숙하게 취급하지 않아도 복잡한 측정을 높은 재현성으로 실시할 수 있게 되었습니다.

이 때문에 사용자는 자칫하면 '측정기는 매우 정밀한 전자기기'라는 사실을 잊어버리기 십상입니다. 그러나 현실에서 측정기는 사진 2와 같은 정밀기기인 것에는 변함이 없습니다.

따라서 취급에 주의하지 않으면 올바른 측정결과를 얻을 수 없거나 고장의 위험성도 있습니다.

취급이나 조작방법에 관해서는 기본적으로 측정기를 구입했을 때 첨부된 취급설명서(사진 3)에 따라서 취급 또는 조작을 합니다.

다만, 취급설명서의 페이지 수가 많고 조작 시에 일일이 설명서를 볼 수 없는 경우 등에는 사진이나 일러스트 등을 사용한 독자적인 조작 매뉴얼을 작성하는 것도 효과적입니다.

(2) 보관

측정기의 보관상황이 나쁘면 측정기의 정밀도가 나빠지거나 열화가 빨라지게 됩니다.

이 때문에 사진 4와 같이 직사광선이 닿는 장소를 피해서 보관합니다. 또한 온도, 습도, 먼지, 진동, 충격 등도 피해서 보관해야 합니다.

특히 결로는 측정기의 적입니다. 측정기에 결로가 발생하면 정밀도가 악화되고 부식, 녹이 발생하며, 최악의 경우 고장의 원인이 됩니다.

사진 4 측정기의 보관

공기 중에 포함될 수 있는 수증기의 양은 그림 1과 같이 온도에 따라서 한계가 있습니다. 이 때문에 차가운 것을 온도나 습도가 높은 장소로 이동시키면 그 주위의 공기가 차가워져 공기 중에 포함될 수 있는 수증기의 양의 한계를 넘어 사진 5와 같이 결로가 발생합니다.

따라서 온도가 낮은 장소에서 온도와 습도가 높은 장소로 이동시킬 때에는 주의가 필요합니다. 습도에 따라서 달라지지만, 10℃ 이상 온도가 높은 장소로 이동하는 것은 가능하면 피합니다.

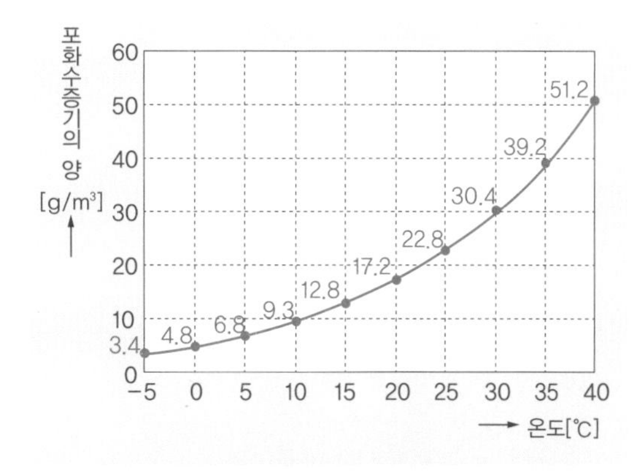

그림 1 포화수증기의 양

(3) 점검

측정기의 성능을 유지하기 위해서는 측정기를 사용하기 전에 점검하거나 정기적인 점검을 할 필요가 있습니다. 이것은 측정결과의 신뢰성을 확보하기 위해서, 또한 측정기의 이상을 조기에 발견하여 그 영향을 최소한으로 하는 데에도 중요합니다.

① 일상점검

이른바 사용 전 점검입니다. 사진 6과 같이 측정기를 사용하기 전에 하는 점검입

사진 5 결로의 예

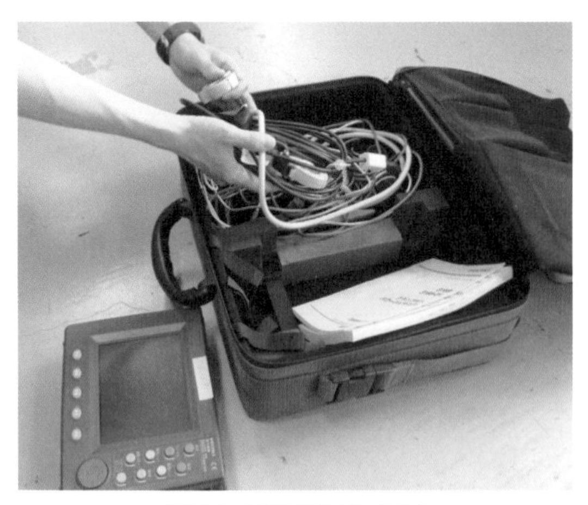

사진 6 측정기의 일상점검

니다.

② 정기점검

1주일, 1개월, 반년 등과 같이 일정기간마다 하는 점검입니다. 정기점검은 사용 전 점검(일상점검) 시에 시간적으로 실시할 수 없었던 장소를 점검합니다. 일상점검과 정기점검을 잘 조합하면 효과적이며 효율적인 점검을 할 수 있습니다.

테스터의 역사

테스터는 각종 측정을 손쉽게 할 수 있는 범용측정기이며, 전기설비의 보수·관리의 현장에서도 자주 사용되고 있습니다.

테스터라는 명칭은 Circuit Tester(회로시험기)에서 유래된 것으로, 해외에서는 일반적으로 멀티미터(Multi Meter) 또는 아보미터(AVO Meter)라고 합니다. 또한 Multi는 다수라는 의미, AVO는 Ampere, Volt, Ohm의 머리글자입니다. 모두 다 복수의 측정이 가능한 측정기를 의미합니다.

최초의 테스터는 영국의 우체국 기사 도널드 마카디(Donald Macadie, 1871~1955)에 의해 고안되었습니다. 당시에 전신회로의 보수요원으로 근무하던 마카디는 작업현장에서 몇 대나 되는 측정기를 가지고 다녀야 하는 불편함을 느꼈습니다. 그래서 가장 사용빈도가 높은 전류계, 전압계, 저항계를 1대로 합쳐 테스터의 시작품을 완성했습니다.

마카디의 테스터는 오토매틱 코일와인더사(Automatic Coil Winder and Electrical Equipment Co.)에 의하여 제품화되어, 1923년에 세계 최초의 테스터로서 발매되었습니다.

일본에서는 1940년 즈음부터 유럽과 미국의 제품을 흉내 낸 것이 국산화되었지만 매우 고가였으며, 본격적으로 일본산 테스터가 제조되기 시작한 것은 2차 세계대전 이후부터였습니다.

1946년에 히오키전기의 [H갑호 회로시험기], 1950년에 산와전기계기의 [핀잭식 P2] 등 잇달아서 일본산 테스터가 발매되었습니다.

한편, 디지털 테스터는 1960년대가 되어 미국의 플루크사에 의해 처음으로 상용화되었습니다. 당시의 제품은 크고 무거워 주로 데스크탑용으로 사용되었습니다. 일본에서는 1963년에 최초의 디지털 테스터가 발매되었습니다.

2 계기 교정

(1) 계기의 교정이란

교정(calibration)이란 JIS Z8103-2000(계측용어)에서 '계기 또는 측정계를 나타내는 값, 또는 실량기 또는 표준물질이 나타내는 값과 표준에 의하여 실현되는 값 사이의 관계를 확정하는 일련의 작업. 비고 : 교정에는 계기를 조정하여 오차를 수정하는 것은 포함하지 않는다' 라고 정의되어 있습니다.

즉 교정은 측정기의 현상(정밀도, 기능, 동작)을 확인하는 것입니다.

정기적으로 교정함으로써 그 기간 동안의 측정기의 상태를 유추할 수 있습니다. 일정기간의 과거를 거슬러 올라가 기기의 상태를 추정하는 것이 교정의 첫 번째 목적입니다. 사진 1은 계기를 교정하고 있는 모습입니다.

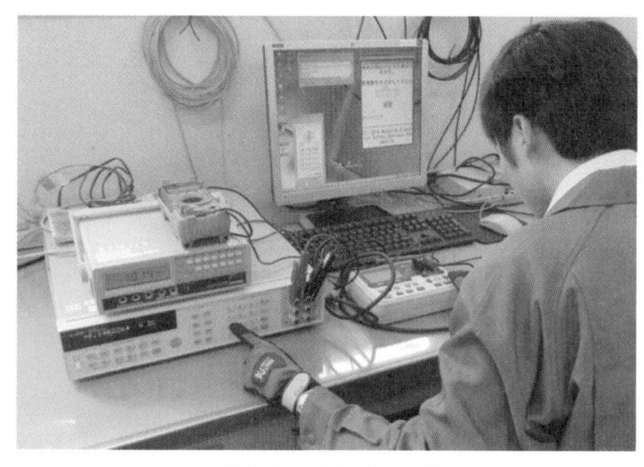

사진 1 계기 교정작업

(2) 정밀도 관리의 순위 정하기

사진 2와 같은 현장측정기와 사진 3과 같은 표준기를 모두 일률적으로 동일한 기준으로 관리하는 것은 관리에 필요한 노력, 비용 대비 얻을 수 있는 효과의 관계로부터 판단할 때 유리하다고는 할 수 없습니다.

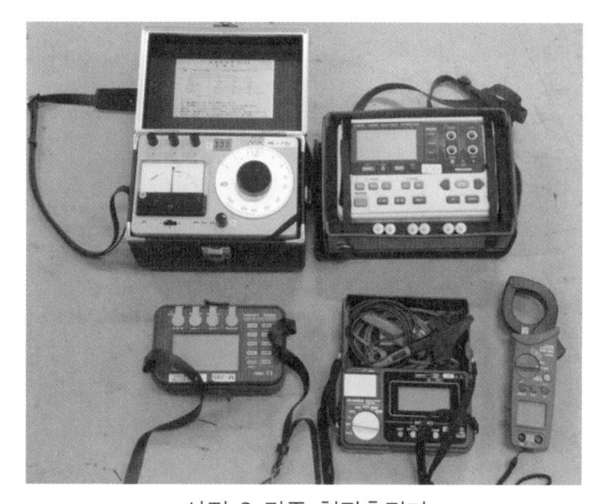

사진 2 각종 현장측정기

측정기마나 그 사용목적을 명확하게 하여, 어느 정도의 정밀도가 필요한지, 정밀도가 떨어진 경우에 발생하는 리스크를 고

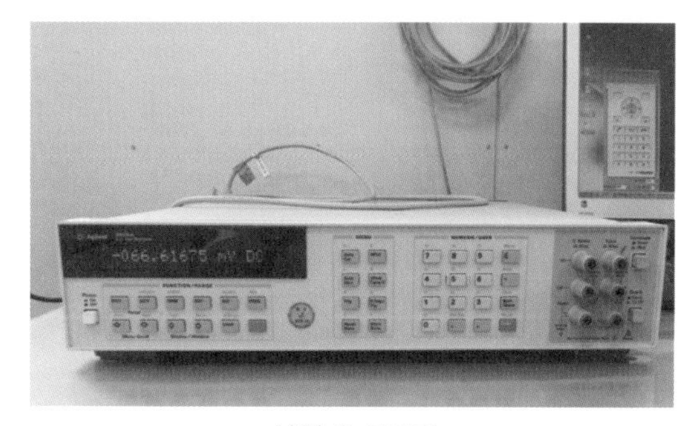

사진 3 표준기

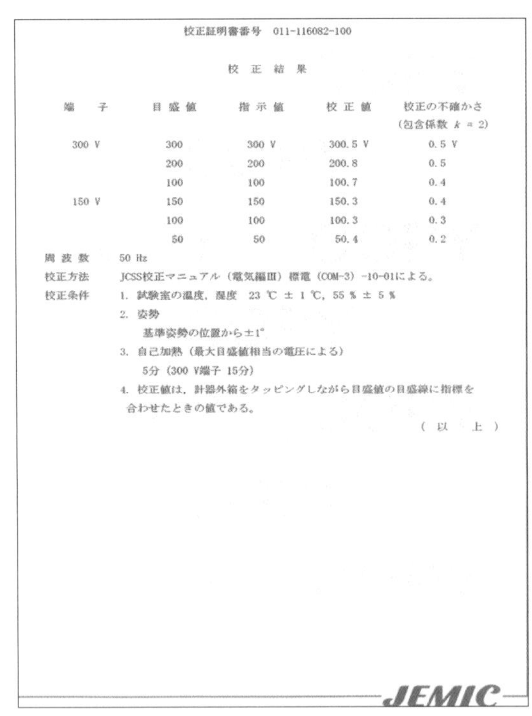

校正証明書番号　011-116082-100

校　正　結　果

端　子	目盛値	指示値	校正値	校正の不確かさ (包含係数 k = 2)
300 V	300	300 V	300.5 V	0.5 V
	200	200	200.8	0.5
	100	100	100.7	0.4
150 V	150	150	150.3	0.4
	100	100	100.3	0.3
	50	50	50.4	0.2

周 波 数　50 Hz

校正方法　JCSS校正マニュアル（電気編III）標電（COM-3）-10-01による。

校正条件　1. 試験室の温度，湿度　23 ℃ ± 1 ℃，55 % ± 5 %

2. 姿勢

基準姿勢の位置から±1°

3. 自己加熱（最大目盛値相当の電圧による）

5分（300 V端子 15分）

4. 校正値は，計器外箱をタッピングしながら目盛値の目盛線に指標を合わせたときの値である。

（以　上）

JEMIC

사진 4 사외 교정 시험표

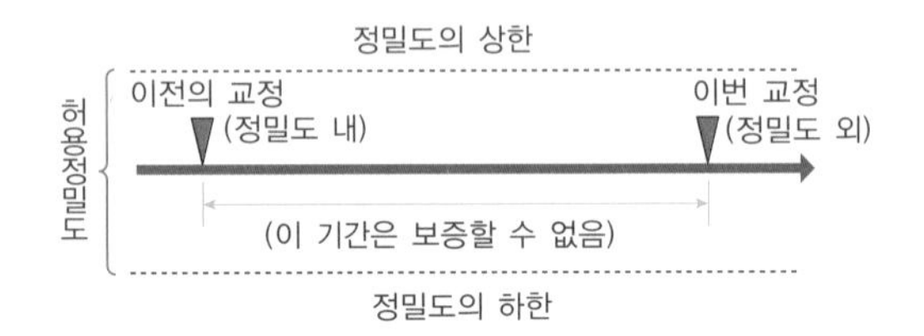

그림 1 교정주기

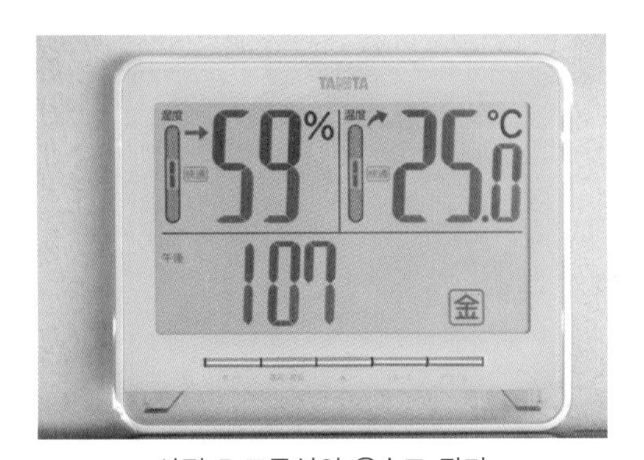

사진 5 표준실의 온습도 관리

려하여 정밀도의 순위를 정할 필요가 있습니다.

(3) 교정순서의 명확화

① 사내·사외 교정

어느 측정기를 사내에서 교정할 것인지 또는 사외에서 교정하는 측정기는 무엇인지를 명확하게 합니다.

사내에서 측정기를 교정할 수 있으면,

- 교정비용이 불필요
- 교정 시기, 빈도의 자유도가 높음

등의 장점이 있지만, 이것과는 반대로,

- 교정을 위한 표준기를 보유해야 함
- 교정자의 육성이 필요
- 사내교정의 노력이 필요

등의 단점도 있습니다.

교정은 측정기의 대수나 교정주기, 교정 작업의 난이도 등을 고려하여 사내 교정을 할지 사외 교정을 하지를 결정합니다.

사진 4는 사외 교정 시험표의 일례입니다.

② 교정주기

측정기는 교정에 의해 정밀도가 보증되지만, 보정값이 설정되어 있다 하더라도 그것이 앞으로도 계속해서 보증된다고 할 수 없습니다. 측정기는 취급이나 보관 중에 손상이나 열화될 가능성이 있습니다. 그 때문에 측정기의 신뢰성을 계속 유지하기 위해서는 정기적으로 교정을 할 필요가 있습니다.

교정주기는 그림 1과 같이 정밀도를 벗어난 영향의 크기, 교정 비용을 고려하여 결정합니다.

③ 교정 환경

교정을 하는 작업환경(온도, 습도, 진동, 충격 등)이 교정결과에 영향을 미치는 경우가 있습니다. 따라서 교정작업 방법과 함께 이 작업환경 조건들(사진 5)도 설정해 둘 필요가 있습니다.

표 1에 표준실 환경 조건의 예를 나타냈습니다.

표 1 교정환경의 예

JEMIS 017-2007 전기표준실의 환경조건(일본전기계측기공업회 규격)

표준실의 등급	적용
E급 (Excellent)	특히 정밀도가 좋은 표준기, 측정기를 취급하는 표준실로, 국립표준연구기관과 거의 동일한 정도의 정밀도를 얻을 수 있는 등급.
G급 (Good)	정밀도가 좋은 표준기를 취급하는 표준실로, 환경조건을 매우 엄밀하게 규정해야 하는 등급.
S급 (Standard)	실용계기를 교정하는 표준실로, 환경조건을 비교적 엄밀하지 않게 규정해도 되는 등급.

표준실의 등급 / 환경의 종류	E		G	S	비고
환경항목	AA	A	B	C	
온도	23℃±0.5℃	23℃±1℃	23℃±2℃	23℃±5℃	필요에 따라 20℃ 또는 25℃를 고를 수 있음
온도변화율	0.5℃/h 이내	1.5℃/h 이내	측정에 영향을 미치지 않는 범위에 있을 것		
온도	50% 또는 65% 중 어느 하나의 ±5%		35~65% 범위의 임의의 값 ±10%	35~75% 범위 내에 들어 있을 것(허용차는 특별히 규정 안 함)	
먼지	전기표준실의 창문은 외부에서 먼지가 쉽게 침입하지 않는 구조로 함. 공기조화기 등을 통하여 전기표준실 내에 도입되는 공기는 보수하기 쉬운 공기 필터에 의해 제진할 것. AA급 및 A급인 경우에는 공기조화기에 부수된 필터는 공기집진기를 병용하는 것이 바람직함				
실내기압	실외에 대하여 0.02kPa (≒2mmH20) 이상	틈새에서 공기가 실외를 향하여 빠저나갈 수 있는 정도의 압력이 유지될 것		특별히 규정하지 않음	
진동	외부에서 진동, 충격이 전해지기 어려운 구조의 바닥 또는 제진대를 구비하여 진동의 영향을 받기 쉬운 기기를 보호함				
전자계 또는 전도방해	측정에 영향을 미치는 외래 전자파·전원선·신호선 경유의 방해 등이 제거될 수 있을 것. 필요에 따라 실드, 필터 등의 설비를 갖춤				
측정용 전원	전원압력 : (정격전압) ±1% 전원주파수 : (정격주파수) ±1% 파형: 특별히 규정하지 않음(직접, 전원을 측정용 신호원으로 하는 경우에는 그 변형율을 고려할 것)				
접지	10Ω 이하	특별히 규정하지 않음			
조명	작업면의 밝기는 700lx 이상으로 함. 눈부심을 느끼지 않도록 배려할 것. 국소조명을 사용하는 경우가 많음				
소음 레벨	50dB 이하	작업에 지장을 주지 않는 소음 레벨			

사진 6 아날로그 타입

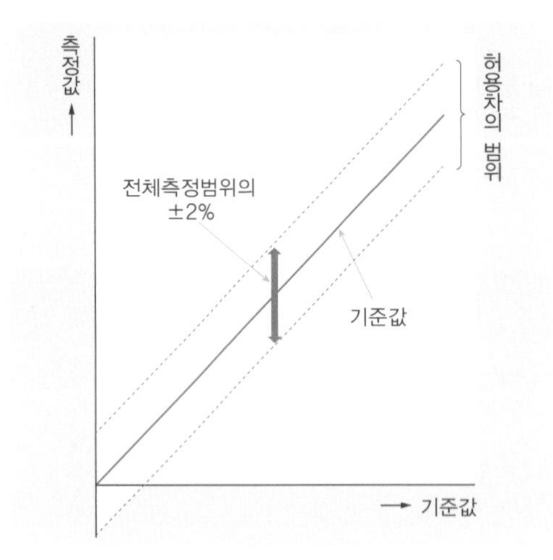

그림 2 아날로그 타입의 정밀도

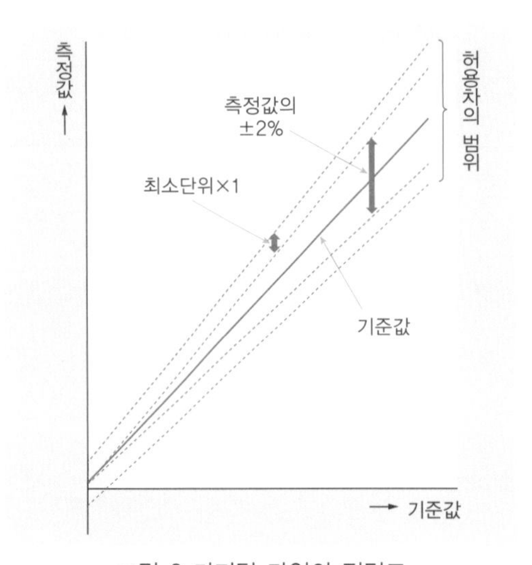

그림 3 디지털 타입의 정밀도

(4) 정밀도 표시방법

① 아날로그 타입(사진 6)

아날로그 타입의 측정기에는 [±2.0% F.S.] 등으로 표시됩니다. F.S.란 'full scale'의 약자로, '전체측정범위'를 나타냅니다. 따라서 이 측정기의 정밀도는 '전체측정범위×2%'가 됩니다.

이 경우, 그림 2와 같이 측정값에 상관없이 전측정범위에 있어서 허용차의 범위(정밀도 폭)는 같아집니다.

② 디지털 타입(사진 7)

디지털 타입의 측정기에는 [±(2.0% rdg+1dig)] 등으로 표시됩니다. rdg란 'reading'의 약자로, '읽어낸 값(측정값)'을 나타냅니다. 또한 dig란 'digit'의 약자로, '분해능(최소단위)'을 나타냅니다. 따라서 이 측정기의 정밀도는 '측정값×2%'와 '최소단위×1'을 합친 것이 됩니다.

이 경우 그림 3과 같이 측정값에 따라 허용차의 범위(정밀도 폭)가 달라집니다.

그림 3

3 트레이서빌리티(Traceability)

(1) 트레이서빌리티란

트레이서빌리티는 trace+ability이며, 그 의미는 트레이스할 수 있는 능력을 뜻하는 말입니다.

트레이스라는 말은 제도 등에서 자주 사용되는 말로, 사진 1과 같이 아래에 놓인 면을 따라 그리는 것을 말합니다. 측정기에 있어서의 트레이스도 똑같은 의미로, 그림 1과 같이 측정기의 교정이 국가 계량표준값에 근접할 수 있게 되는 것을 말합니다.

(2) 국가 계량표준

통상 측정기는 사내 표준기를 사용하여 교정을 합니다. 그러나 교정에 사용하는 이 표준기도 무언가의 표준기를 사용하여 교정하지 않으면 그 정밀도를 보증할 수 없습니다. 이 때문에 외부의 교정 사업자에게 교정을 의뢰합니다.

교정 사업자는 자사에서 소유하는 표준기로 교정을 합니다. 이 표준기도 더욱 상위의 표준기로 교정되어 있습니다.

이와 같이 교정의 연쇄를 따라 올라가면 최종적으로 국가 계량표준에 이릅니다. 사진 2는 계측기로부터 국가 계량표준까지의 교정의 연쇄를 나타낸 것으로, 트레이서빌리티 체계도라고 불립니다.

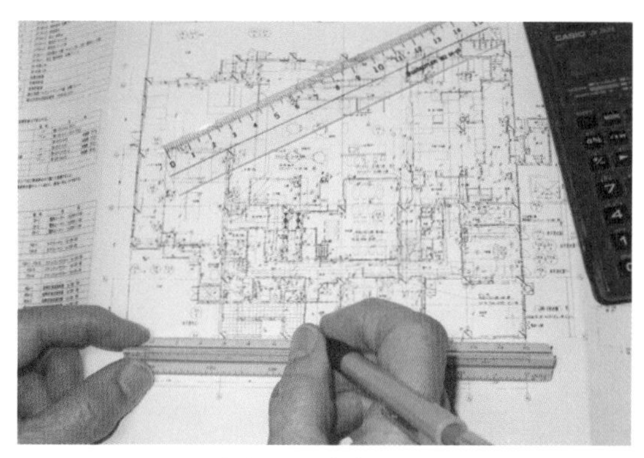

사진 1 트레이스 작업

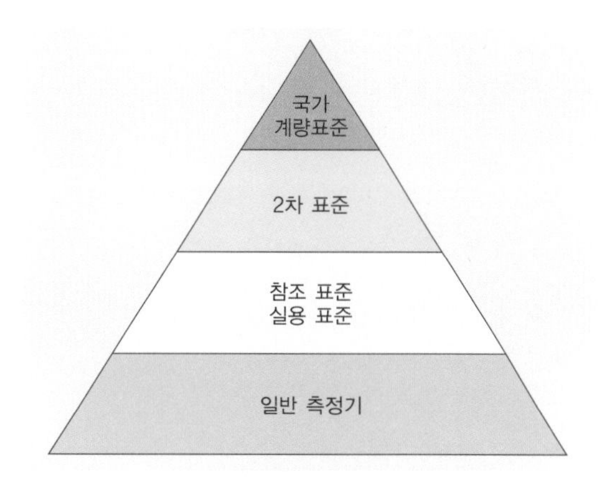

그림 1 트레이서빌리티의 개념

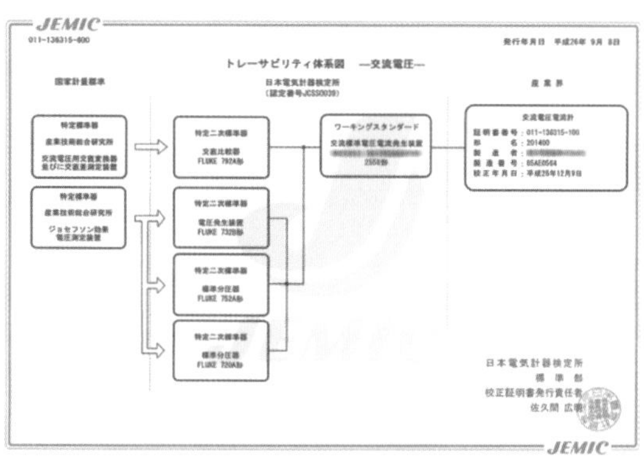

사진 2 트레이서빌리티 체계도의 예

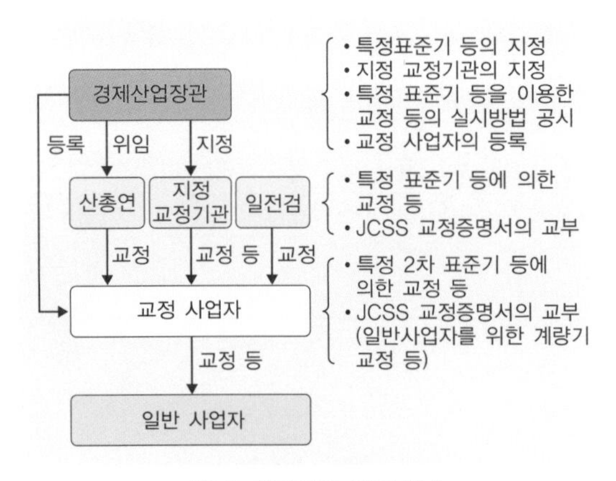

그림 2 계량표준 공급체제

그림 3 JCSS 표장

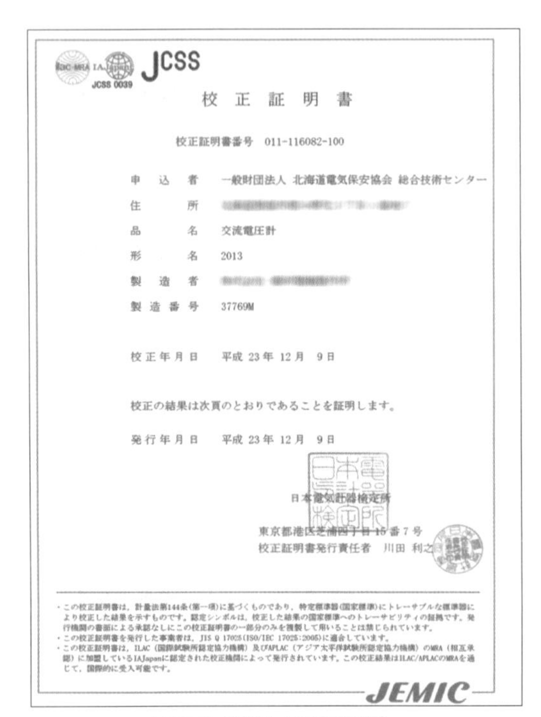

JCSS 0039 JCSS

校 正 証 明 書

校正証明書番号 011-116082-100

申 込 者	一般財団法人 北海道電気保安協会 総合技術センター
住 所	
品 名	交流電圧計
形 名	2013
製 造 者	
製 造 番 号	37769M

校正年月日 平成 23 年 12 月 9 日

校正の結果は次頁のとおりであることを証明します。

発行年月日 平成 23 年 12 月 9 日

日本電気計器検定所

東京都港区芝浦四丁目 15 番 7 号

校正証明書発行責任者 川田 利之

・この校正証明書は，計量法第144条(第一項)に基づくものであり，特定標準器(国家標準)にトレーサブルな標準器により校正した結果を示すものです。認定シンボルは，校正した結果の国家標準へのトレーサビリティの証拠です。発行機関の書面による承認なしにこの校正証明書の一部分のみを複製して用いることは禁じられています。
・この校正証明書を発行した事業者は，JIS Q 17025(ISO/IEC 17025:2005)に適合しています。
・この校正証明書は，ILAC（国際試験所認定協力機構）及びAPLAC（アジア太平洋試験所認定協力機構）のMRA（相互承認）に加盟しているIAJapanに認定された校正機関によって発行されています。この校正結果はILAC/APLACのMRAを通じて，国際的に受入可能です。

JEMIC

사진 3 JCSS 교정증명서

(3) JCSS 제도

JCSS(Japan Calibtaion Service System)은 계량기의 교정에 관한 제도이며, 1993년에 계량법에 도입되었습니다.

이 제도는 교정한 계량기를 계량법 상으로 명확하게 자리매김하여, 국가 계량 표준과 연결함으로써 그 신뢰성을 대외적으로 확보하는 제도를 정비한 것입니다. 이 제도에는 계량표준 공급제도와 교정사업자 등록제도 등이 있습니다.

① 계량표준 공급제도(그림 2)

경제산업장관이 국가 계량표준으로서 특정 표준기를 지정하여, 이 특정 표준기를 사용한 계량기의 교정을 경제산업장관(독립행정법인 산업기술종합연구소), 일본 전기계기검정소 또는 지정교전기관이 수행합니다.

② 교정사업자 등록제도

계량법의 중요사항에 적합하다고 인정된 업자를 등록합니다. 이 등록사업자는 그림 3의 JSCC 표장이 새겨진 교정증명서를 발생할 수 있습니다.

JSCC 표장은 국가 계량표준으로의 트레이서빌리티가 확보되고, 교정사업자의 기술능력을 증명하는 것입니다.

사진 3은 JCSS 표장이 새겨진 교정증명서입니다.

전기설비 보수·관리

알기 쉬운 측정 실무

2018. 3. 23. 초 판 1쇄 발행
2023. 2. 8. 초 판 3쇄 발행

지은이 | 타누마 카즈오
감역자 | 백주기
옮긴이 | 고운채
펴낸이 | 이종춘
펴낸곳 | BM (주)도서출판 성안당
주소 | 04032 서울시 마포구 양화로 127 첨단빌딩 3층(출판기획 R&D 센터)
10881 경기도 파주시 문발로 112 파주 출판 문화도시(제작 및 물류)
전화 | 02) 3142-0036
031) 950-6300
팩스 | 031) 955-0510
등록 | 1973. 2. 1. 제406-2005-000046호
출판사 홈페이지 | **www.cyber.co.kr**
ISBN | 978-89-315-2676-9 (13560)
정가 | 25,000원

이 책을 만든 사람들
책임 | 최옥현
교정·교열 | 임숙경
전산편집 | 김인환
표지 디자인 | 박원석
홍보 | 김계향, 박지연, 유미나, 이준영, 정단비
국제부 | 이선민, 조혜란
마케팅 | 구본철, 차정욱, 오영일, 나진호, 강호묵
마케팅 지원 | 장상범
제작 | 김유석

■ 도서 A/S 안내

성안당에서 발행하는 모든 도서는 저자와 출판사, 그리고 독자가 함께 만들어 나갑니다.
좋은 책을 펴내기 위해 많은 노력을 기울이고 있습니다. 혹시라도 내용상의 오류나 오탈자 등이 발견되면 **"좋은 책은 나라의 보배"**로서 우리 모두가 함께 만들어 간다는 마음으로 연락주시기 바랍니다. 수정 보완하여 더 나은 책이 되도록 최선을 다하겠습니다.
성안당은 늘 독자 여러분들의 소중한 의견을 기다리고 있습니다. 좋은 의견을 보내주시는 분께는 성안당 쇼핑몰의 포인트(3,000포인트)를 적립해 드립니다.
잘못 만들어진 책이나 부록 등이 파손된 경우에는 교환해 드립니다.